装备科技译著出版基金

扑翼空气动力学
An Introduction to Flapping Wing Aerodynamics

［美］史维（Wei Shyy）
［日］青野光（Hikaru Aono）　著
［荷］姜昌權（Chang-kwon Kang）
［日］刘浩（Hao Liu）

张庆　宋超　译

国防工业出版社
·北京·

著作权合同登记　　图字:01-2022-3552号

图书在版编目(CIP)数据

扑翼空气动力学/(美)史维(Wei Shyy)等著;
张庆,宋超译. —北京:国防工业出版社,2023.5
书名原文:An Introduction to Flapping Wing
Aerodynamics
　ISBN 978-7-118-12772-0

Ⅰ.①扑… Ⅱ.①史… ②张… ③宋… Ⅲ.①扑翼机
-空气动力学 Ⅳ.①V276

中国国家版本馆 CIP 数据核字(2023)第021024号

This is a Simplified-Chinese translation of the following title published by Cambridge University Press:An Introduction to Flapping Wing Aerodynamics.
ISBN 978-1-107-03726-7

© Wei Shyy,Hikaru Aono,Chang-kwon Kang,Hao Liu 2013

This Simplified-Chinese translation for the People's Republic of China(excluding Hong Kong,Macau and Taiwan)is published by arrangement with the Press Syndicate of the University of Cambridge,Cambridge,United Kingdom.

© Cambridge University Press and National Defense Industry Press 2023

This Simplified-Chinese translation is authorized for sale in the People's Republic of China(excluding Hong Kong,Macau and Taiwan)only. Unauthorized export of this Simplified-Chinese translation is a violation of the Copyright Act. No part of this publication may be reproduced or distributed by any means,or stored in a database or retrieval system,without the prior written permission of Cambridge University Press and National Defense Defense Industry Press.

Copies of this book sold without a Cambridge University Press sticker on the cover are unauthorized and illegal.

此版本仅限在中华人民共和国境内(不包括香港、澳门特别行政区及台湾省)销售。

本书封面贴有 Cambridge University Press 防伪标签,无标签者不得销售。

本书简体中文版由 Cambridge University Press 授予国防工业出版社独家出版发行。

版权所有,侵权必究。

※

国防工业出版社出版发行

(北京市海淀区紫竹院南路23号　邮政编码100048)
北京龙世杰印刷有限公司印刷
新华书店经售

＊

开本 710×1000　1/16　插页 21　印张 17½　字数 326 千字
2023 年 5 月第 1 版第 1 次印刷　印数 1—1000 册　　定价 188.00 元

(本书如有印装错误,我社负责调换)

国防书店:(010)88540777　　书店传真:(010)88540776
发行业务:(010)88540717　　发行传真:(010)88540762

译 者 序

飞行是人类有史以来的伟大梦想，众多航空先驱都曾进行过勇敢的飞行尝试。直到 1903 年 12 月 17 日，莱特兄弟在鸟类滑翔飞行的启发下制造并成功试飞了他们的"飞行者"一号，人类可控的、有动力的飞行梦想终于从理想变为了现实，现代航空工业也由此开启。虽然飞机已经诞生了将近 120 年，在这期间，各式各样的新型飞行器也层出不穷，但是直到现在，飞行动物高超的飞行能力仍然令各种人造飞行器望尘莫及。目前的民用客机和军用飞机大多利用固定翼产生升力，而飞行动物大多采用扑翼以产生飞行所需的升力和推力。传统的定常或者准定常空气动力学理论可以用来预测固定翼飞机的气动性能，但是这些经典理论很难准确地评估飞行动物扑动时的空气动力学特性。虽然有部分学者对扑翼空气动力学展开了初步研究，但是这些研究都是分散的，还没有形成系统性的理论框架，人类对扑动飞行的理解和认识仍然十分有限。

进入 21 世纪以来，得益于航空科学技术的不断发展和微机电系统相关技术的快速进步，微型飞行器迅猛发展，机动性和稳定性更好的仿生扑翼飞行器已成为当前的研究热点和未来飞行器的一个重点发展方向，人类急需先进的扑翼空气动力学理论来指导微型扑翼飞行器的设计、研究和深入发展。针对目前没有扑翼空气动力学专著的现状，本书梳理了原作者及其研究团队在过去二十年来针对扑翼空气动力学的研究成果，系统地构建了扑翼飞行时非定常增升机制的理论框架，讨论了采用不同尺度、不同类型飞行动物翅膀的非定常气动效应以及与翅膀柔性相关的气动弹性效应。书中涉及的前缘涡、快速上仰、尾迹捕获、翼尖涡、合拢－打开机制等非定常气动效应的数值模拟和实验方法均为最新的研究成果，这些研究为扑翼飞行的非定常增升机制的解释和扑翼空气动力学问题的研究提供了理论和方法，也为扑翼非定常空气动力学的数值模拟程序的开发提供了验证数据。

译者出生在鄂西北一个叫作后洲的村庄，村子三面环水，译者从小在河边游玩时就对鸟类飞行和鱼类游动十分着迷，并立志要搞清楚自然界鸟飞鱼游的奥秘。因此，大学时选择了飞行器设计与工程专业，并在硕、博期间继续深入研究空气动力学。希望本书的出版能够对从事扑翼空气动力学研究的人员、相关高校的师生有所帮助，也希望能对未来微型飞行器的发展提供参考和指导。

本书的翻译工作由张庆博士统稿,第1、2、5章由宋超博士完成,其余部分由张庆博士完成,叶正寅教授对全书进行了审阅和校对。从2018年8月底的第一次交流开始,原作者史维教授在百忙之中就原书的几十处细节与译者进行了深入细致的讨论与沟通。他对待科学一丝不苟、精益求精的态度值得我们学习。此外,史维教授还对书籍的版权查询和出版协调提供了很多帮助。"飞豹"战机总设计师、中国工程院陈一坚院士戴着老花镜,拿着放大镜审阅并修订了部分书稿内容,令译者十分感动。北京航空航天大学李椿萱院士、向锦武院士,中国科技大学陆夕云院士对本书的出版提供了很多有益的建议,在此深表谢意!最后,感谢中央军委装备发展部"装备科技译著出版基金"的出版资助。

由于译者学术水平有限,书中难免存在错误和不当之处,敬请广大读者批评指正。关于全书内容的意见和建议,欢迎与译者联系(zhangqing2220@mail.nwpu.edu.cn,409352994@qq.com)。

张庆 宋超
2022年8月于西安

关于本书

本书涵盖了飞行动物、微型飞行器(MAV)等众多科学和工程交叉的重大问题,非常适合对小型鸟类、蝙蝠、昆虫,特别是对微型飞行器的空气动力学、结构动力学和飞行动力学感兴趣的研究者。自然飞行动物的灵活性和惊人的飞行性能意义重大,它们通过自身灵活、可变的翼结构以及出色的翼、尾和身体的协调性来实现飞行。为了设计和制造性能与自然飞行动物相当的微型飞行器,必须要先理解自然飞行动物的结构动力学和空气动力学的相互作用规律。本书的主要关注点是扑翼空气动力学的最新进展。本书对低雷诺数飞行器相关的研究内容(《低雷诺数飞行器空气动力学》,史维等,2008年)进行了拓展。

史维博士是现任香港科技大学校长,是 Clarence L. "Kelly" Johnson Collegiate 杰出学者,曾任密歇根大学航天工程系主任。他编著或与他人合著了四本著作,同时也是众多杂志和会议论文的作者,他的研究内容广泛,涉及与航空航天飞行器相关的众多主题。他与杨威迦(Vigor Yang,佐治亚理工大学)一起担任剑桥航空航天系列丛书的主编,并担任第9卷《航空航天工程百科全书》(2010年)的总编。他获得了2003年美国航空航天协会 Pendray 航空航天文献奖和2005年美国机械工程师协会热传递纪念奖。他在美国国家航空航天局、美国空军研究实验室和工业部门的资助下领导了多所大学的研究中心,他的学术观点被多个媒体引用,包括《纽约时报》和《今日美国》。

青野光博士是日本航空航天探索局空间与宇宙航行科学研究所的科学家。他对生物空气动力学和相关的流体-结构相互作用问题研究做出了很多贡献。

姜昌權博士是密歇根大学博士后研究人员。他的专业知识包括微型飞行器机翼性能的分析与建模、扑翼气动弹性动力学以及其他复杂系统。

刘浩博士是日本千叶大学生物力学工程教授。他以对生物扑翼飞行研究的贡献而闻名,包括大量的关于昆虫空气动力学模拟和微型飞行器物理实现的原创性文献。

前　言

这是一本关于扑翼空气动力学的书,介绍了自然飞行动物(如鸟类、蝙蝠和昆虫)以及采用刚性和柔性机翼结构的人造微型飞行器(MAV)的空气动力学相关知识。本版重点介绍了自本书第 1 版(《低雷诺数飞行器空气动力学》,史维等著,2008 年)出版以来的许多最新研究进展。我们对原书的第 1 章进行了大量拓展,对低雷诺数自然飞行动物和人造 MAV 进行了综合性的全面介绍。特别是,在简单的几何和动力学分析基础上,我们总结了将空气动力学特性和各种飞行特性与飞行物的尺寸、重量和速度联系起来的缩比律。在第 2 章中,我们紧密结合上一版,讨论了固定刚性机翼的空气动力学,并同时考虑了典型二维翼型和小展弦比机翼的三维翼型。第 3 章和第 4 章都进行了显著的扩展和更新。第 3 章研究了刚性机翼的扑动运动学和关键无量纲参数(如雷诺数、斯特劳哈尔数和减缩频率)之间的相互作用,讨论了各种非定常升力增强机制,包括前缘涡、快速上仰和旋转环量、尾迹捕获、翼尖涡和合拢 – 打开机制。通过对比实验观测结果,详细分析时间相关以及简化的准定常分析结果。从几何结构、翼尖以及失速裕度等方面考虑,比较了固定翼和扑翼的空气动力学特性。针对与扑翼相关的优化问题,在第 3 章提出了针对扑翼的单个及多个设计目标,包括最大化升力、减小阻力和最小化功率。

第 4 章论述在低雷诺数机翼空气动力学中结构柔性的作用。由于结构动力学和流体动力学之间的相互作用,会出现额外的无量纲参数,从而产生多个时间和长度尺度。对于固定翼,结构柔性可以进一步提高失速边界和飞行稳定性;对于扑翼,被动控制可以补充并可能取代主动俯仰,以使飞行更加平稳且更高效。第 4 章还讨论了机翼形状、随时间变化的流体动力学和结构动力学,以及机翼的展向和弦向柔性。缩比律可以将升力和功率与流体和结构参数联系起来,因此可以为未来低雷诺数飞行器的研发提供参考和指导。最后,在第 5 章中总结和介绍了最新进展和未来展望。与上一版一样,我们从与许多同事的合作和互动中获益。除了上一版中提到的同事外,我们还要感谢美国空军研究实验室,特别是飞行器理事会(现为航空航天系统理事会)和科学研究办公室提供的智力和财政支持。

我们确信未来扑翼空气动力学在科学和工程方面还会出现重大进展,我们热切期待着这些新的突破和发展。

史维　青野光　姜昌權　刘浩

第1版(《低雷诺数飞行器空气动力学》)前言

低雷诺数空气动力学对很多自然飞行动物和人造飞行器是十分重要的。鸟类、蝙蝠和昆虫多年来一直受到生物学家的关注,航空航天工程界的活跃研究也在迅速增加,部分原因就是微型飞行器(MAV)的出现。微型飞行器的最大尺寸为15cm,名义飞行速度约为10m/s,能够执行环境监测、侦查和敌对环境评估等任务。与民用运输机和许多军用飞行器相比,这些小型飞行器的雷诺数范围在 10^5 或更低。众所周知,从低雷诺数到高雷诺数,飞行器的升阻比等气动特性会发生很大的变化。特别是流动分离和层流湍流转捩会导致翼型的有效形状发生明显变化,使气动性能降低。因为这些飞行器重量轻、运行速度慢,所以它们对阵风很敏感。此外,它们的机翼结构是柔性的,所以飞行时容易变形。因此,这些飞行器的空气/流体和结构动力学相互紧密影响,使得整个飞行器难以分析。

本书的重点是与固定翼和扑动翼相关的空气动力学。第1章对低雷诺数飞行器进行概述,考虑了自然界的飞鸟和人造微型飞行器,然后总结了缩比律,该缩比律可以在简单的几何和动力学分析的基础上,将空气动力学和飞行特性与飞行器的尺寸联系起来。第2章讨论固定刚性机翼空气动力学。考虑了典型二维翼型和小展弦比机翼的三维翼型。在固定翼空气动力学的背景下,第3章考察了结构柔性。重点研究了层流湍流转捩的含义、多时间尺度、翼型形状、迎角、失速边界、结构柔性以及时变的流体和结构动力学。

第4章介绍了非定常扑翼空气动力学,特别是扑动运动学和几个关键的无量纲参数(如雷诺数、斯特劳哈尔数以及减缩频率)之间的相互作用。本章还讨论了几种不同的非定常增升机制,包括前缘涡、快速上仰、尾迹捕获和合拢-打开等。

本书所提供的资料基于我们自己的研究、现有文献和与同事们的交流。在不同的阶段,我们从与佛罗里达大学的 Peter Ifju、David Jenkins、Rick Lind、Raphael Haftka、Roberto Albertani 和 Bruce Carroll 等博士的合作和互动中获益,还有密歇根大学的 Luis Bernal、Carlos Cesnik 和 Peretz Friedmann 等博士,美国空军研究实验室的 Michael Ol、Miguel Visbal、Gregg Abate 等博士及 Johnny Evers 先生,巴斯大学的 Ismet Gursul 博士,剑桥大学的 Charles Ellington 博士,东京大学的 Keiji Kawachi 博士,千叶大学的青野光先生,还有北京航空航天大学的孙茂博士。我们特别关注了

Peter Ifju 博士及其研究团队的飞行器研发工作,并且很享受我们之间的合作。

微型飞行器和生物飞行现在是一个活跃的综合研究领域,吸引了广泛的人才参与其中。具有不同训练背景的研究人员的互补视角使我们能够发展新的生物学观点、数学模型、物理解释、实验技术和设计理念。

回顾我们十多年的奋斗历程,我们看到相关的研究取得了长足的进步,大家都期待在可预见的将来会有更大的进步。我们期待着!

史维　练永生　Jian Tang　Dragos Viieru
美国密歇根安娜堡

刘浩
日本千叶
2006 年 12 月 31 日

目　　录

第1章　引言 ··· 001
　1.1　自然界中的扑动飞行 ··· 014
　1.2　缩比 ·· 015
　　　1.2.1　几何相似性 ··· 017
　　　1.2.2　翼展 ··· 018
　　　1.2.3　翼面积 ·· 018
　　　1.2.4　翼载荷 ·· 018
　　　1.2.5　展弦比 ·· 019
　　　1.2.6　振翼频率 ·· 020
　1.3　滑翔、前飞及悬停的简单力学分析 ······························ 021
　　　1.3.1　滑翔和翱翔 ··· 021
　　　1.3.2　有动力飞行：扑动 ·· 023
　1.4　扑动所需功率 ··· 030
　　　1.4.1　上、下极限 ··· 031
　　　1.4.2　阻力和功率 ··· 032
　1.5　本章小结 ··· 035

第2章　固定刚性翼空气动力学 ··· 037
　2.1　层流分离和湍流转捩 ··· 038
　　　2.1.1　Navier-Stokes方程和转捩模型 ······················· 043
　　　2.1.2　e^N方法 ·· 045
　　　2.1.3　算例：SD7003翼型 ······································· 046
　2.2　低雷诺数空气动力学影响因素 ···································· 050
　　　2.2.1　$Re = 10^3 \sim 10^4$ ···································· 050
　　　2.2.2　$Re = 10^4 \sim 10^6$ ···································· 057
　　　2.2.3　自由来流湍流效应 ·· 061

XI

  2.2.4 非定常来流效应 ·· 064
 2.3 三维机翼空气动力学 ·· 066
  2.3.1 大迎角非定常现象 ·· 067
  2.3.2 展弦比和翼尖涡 ·· 068
  2.3.3 翼尖效应 ·· 071
  2.3.4 非定常翼尖涡 ·· 074
 2.4 本章小结 ·· 074

第3章 刚性扑翼空气动力学 ·· 076

 3.1 扑翼及其运动 ·· 081
 3.2 控制方程和无量纲参数 ·· 085
  3.2.1 雷诺数 ·· 085
  3.2.2 斯特劳哈尔数和减缩频率 ·· 086
 3.3 扑翼非定常空气动力学原理 ·· 088
  3.3.1 前缘涡（LEV） ·· 090
  3.3.2 快速上仰 ·· 095
  3.3.3 尾迹捕获 ·· 096
  3.3.4 翼尖涡（TiV） ·· 097
  3.3.5 合拢–打开机制 ·· 099
 3.4 雷诺数范围 $O(10^2 \sim 10^3)$ 的流动机理 ·· 102
  3.4.1 运动学特性对悬停翼型的影响 ·· 102
  3.4.2 阵风对悬停空气动力学的影响效果 ·· 113
 3.5 雷诺数范围 $O(10^4 \sim 10^5)$ 的流动机理 ·· 118
  3.5.1 雷诺数为 60000 时平板流动的轻度失速和深度失速 ·· 119
  3.5.2 雷诺数效应 ·· 122
  3.5.3 翼型形状效应:Sane 采用的 Polhamus 类比法 ·· 124
  3.5.4 二维平板和三维平板的深度失速 ·· 129
 3.6 非静态翼型的近似分析 ·· 132
  3.6.1 前飞翼型俯仰和沉浮时的气动力估算 ·· 132
  3.6.2 简化气动力模型 ·· 133
  3.6.3 对部分简化模型的讨论 ·· 139
  3.6.4 浸入在流体中的运动物体的受力换算 ·· 143
  3.6.5 扑翼模型和旋翼模型 ·· 145
 3.7 刚性翼飞行动物建模 ·· 146
  3.7.1 悬停天蛾 ·· 146
  3.7.2 悬停雀形目鸟 ·· 150

3.7.3 前缘涡和展向流动的雷诺数效应:悬停飞行的天蛾、蜂鸟、
果蝇及牧草虫 ………………………………………………… 151
3.8 本章小结 ………………………………………………………… 154

第4章 柔性翼空气动力学 ……………………………………………… 156
4.1 柔性翼飞行器背景介绍 ………………………………………… 156
4.2 翅膀结构控制方程 ……………………………………………… 164
4.2.1 线性梁模型 ……………………………………………… 165
4.2.2 线性翼膜模型 …………………………………………… 165
4.2.3 超弹性翼膜模型 ………………………………………… 169
4.2.4 平板和壳模型 …………………………………………… 170
4.3 柔性翼缩比参数 ………………………………………………… 170
4.4 弹性结构动力学和空气动力学的相互耦合 …………………… 173
4.4.1 固定膜翼 ………………………………………………… 173
4.4.2 扑动柔性翼 ……………………………………………… 185
4.5 柔性翼力生成的换算参数 ……………………………………… 200
4.5.1 推进力和无量纲翼尖变形参数 ………………………… 201
4.5.2 昆虫大小的悬停柔性翼的缩比和升力生成 …………… 207
4.5.3 功率输入和推进效率 …………………………………… 213
4.5.4 缩比参数对扑动柔性翼气动性能的影响 ……………… 217
4.6 飞行动物和柔性翼 ……………………………………………… 220
4.6.1 各向异性翅膀结构对悬停空气动力学的影响:天蛾 …… 222
4.7 蝙蝠飞行空气动力学 …………………………………………… 226
4.8 本章小结 ………………………………………………………… 228

第5章 未来展望 …………………………………………………………… 231

参考文献 ……………………………………………………………………… 237

符号表 ………………………………………………………………………… 264

XIII

第1章 引　　言

一直以来,鸟类、蝙蝠和昆虫的飞行总是令人羡慕和着迷。正如热情的Dial[1]所观察到的那样,大多数的动物都会飞翔。莱昂纳多·达·芬奇(Leonardo Da Vinci)根据他对鸟类飞行的敏锐观察,设计了一些概念飞行器。这些飞行器可以在大约1505年出版的《鸟类飞行手稿》中看到[2]。达·芬奇作品中的一些插图如图1.1所示。奥托·李林达尔(Otto Lilienthal)是人类飞行启蒙时期最为专注和最成功的创造者之一。他设计并演示了许多悬挂式滑翔机(图1.2)。不幸的是,由于缺乏足够的飞行科学知识,李林达尔在一次致命的坠毁事故中丧生。约翰·安德森(John Anderson)的《创造飞行》一书[3]对于那些希望更详细地了解早期飞行历史和技术的读者提供了有趣并且详尽的信息。当然,从艺术的角度来讲,也有大量记录证实了人类对于大自然飞行家的强烈兴趣。图1.3给出了四个例子:中国战国时期的艺术品装饰(大约在2500年前完成)(图1.3(a));秦始皇(公元前210年去世)陵遗址中发掘的青铜鹤(图1.3(b));亚述宫殿(在今天的伊拉克)中发现的一对浅浮雕(图1.3(c)、(d)),可以追溯到公元前8世纪;中国商代的一只站立猫头鹰石雕,创作于公元前12世纪或更早时期(图1.3(e))!

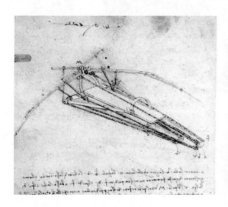

图1.1　莱昂纳多·达·芬奇绘制的飞行器设计图(约1488年)。该飞行器是一种扑翼飞行器,类似于鸟扑动的翅膀,首次出现在大约1505年的《鸟类飞行手稿》中[2]

大自然中有近百万种会飞的昆虫和13000种温血脊椎动物(包括哺乳动物,和约9000种鸟类、1000种蝙蝠)占领着天空。在空中,鸟类、蝙蝠和昆虫能够有效地操纵身体,这些都是自然动物运动能力的最好代表。虽然航空技术在过去100年

图 1.2 德国工程师奥托·李林达尔在 1891—1896 年期间试飞他的悬挂式滑翔机大约 2000 次,之后遭遇了致命的坠落事故

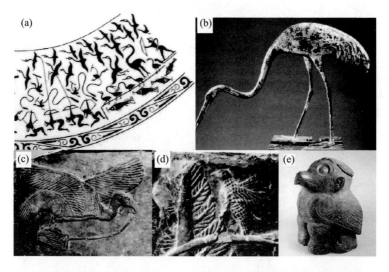

图 1.3 人类历史早期记录的鸟类。(a)羽翅纹壶拓印,战国初期(公元前 475 年—公元前 400 年),中国上海(上海博物馆);(b)中国西安秦始皇陵园出土的啄鱼青铜鹤(西安秦始皇陵博物院);(c)、(d)亚述浅浮雕,大约公元前 8 世纪(大英博物馆,伦敦);(e)中国商代的一只站立猫头鹰石雕,公元前 12 世纪或更早("中央研究院",中国台北)(见彩图)

中发展迅速,但自然界动物飞行的进化历史已经超过 1.5 亿年,这着实令人惊叹。人类的最高移动速度可以达到每秒 3~4 个身体长度,赛马每秒运动大约 7 个身体长度,猎豹每秒运动约 18 个身体长度[4],而超声速飞机,如 SR-71"黑鸟"在马赫数 3(约 900m/s)运行时,每秒运动约 32 个体长。然而值得注意的是,普通鸽子(Columba livia)的速度可以达到 22.4m/s,约等于每秒 75 个体长。欧洲椋鸟(Sturnus vulgaris)能够以每秒 120 个身体长度的速度飞行,各种雨燕的飞行速度甚至更快,可以达到每秒 140 个身体长度。高速特技飞机(如 A-4"天鹰")的滚转速率约为 720(°)/s,但是家燕(Hirundo rustics)的滚转速率能够超过 5000(°)/s。大多数通用航空飞机允许的最大正向过载是 4~5,特种军用飞机可以承受过载为 8~10,然而许多鸟类通常经历超过 10,甚至高达 14 的正向过载。这种优越的机动和飞行特性主要是因为相对于自身几何尺寸的"缩比律",以及高度发达的本能感知、导航和控制能力。正如 McMasters 和 Henderson 所说,人类的飞行以商业或娱乐为目的,而动物则以飞行为生[5]。

与具有扑翼的飞行动物相比,传统的固定翼飞行器结构相对简单:相对于空气的向前运动使得机翼产生升力,同时发动机通过作用于螺旋桨或向后喷气产生推力。然而,在动物飞行过程中,翅膀不仅相对于空气向前移动,而且还可以上下扑动、沉浮和挥动[1,4,6-8],因此翅膀可以同时产生升力和推力并根据实时飞行任务进行调节。Aymar[9] 和 Storer[10] 提供了一些早期的照片和常规观察结果。虽然在飞行研究的早期阶段,扑翼空气动力学的大部分分析是基于与固定翼的类比,但众所周知,这种方法遇到了定性的难题,特别是当飞行器的尺寸缩小时,比如在小鸟、小蝙蝠和昆虫的尺度下。1934 年,昆虫学家 Antoine Magnan 讨论了工程师 Andre Sainte-Lague 的分析,虽然机翼产生的升力足够支持飞机停留在空中,但蜜蜂在等效速度下却并非如此[11]。换句话说,一只蜜蜂大小的飞机,如果仅仅像蜜蜂一样缓慢移动,是飞不起来的[12]。然而,如图 1.4 所示,大黄蜂当然是可以飞行的。

图 1.4 根据简化的静态空气动力学原理,大黄蜂并不适合飞行

这个例子以简单的方式说明了一个隐含的结论——固定翼空气动力学理论无法解释扑翼空气动力学的某些关键问题。上述固定翼的观点本质上将扑翼动力学视为一系列"快照"(图 1.5),基于所谓的准定常做法,忽略了前一时刻空气动力

和机翼运动对后一时刻空气动力的影响。实际上，小型飞行器通常可以利用扑翼空气动力学来控制非定常流动。如图1.6所示，可以观察到丰富多样的自然飞行物拍动翅膀的瞬间。根据实时飞行要求，这些复杂的运动和翅膀形状可以在不同的飞行环境中产生所需的升力和推力。

图1.5　在一系列准静态的条件下，扑翼瞬时形态有时看起来可能与固定翼类似（见彩图）

图1.6　实际上，扑翼瞬时形态非常复杂。根据实时飞行的要求，必要的升力和推力由翅膀的非定常运动和形状变化导致的动态机制产生（见彩图）

另一个例子是，Franco 等[13]研究的水母的流体-结构相互作用（fluid-structure interactions，FSI）。他们指出，尽管水母的体形和运动相对简单，但是流动仍然是非周期性的，如图 1.7 所示。肌肉收缩减小了伞下空腔的体积（即其伞形体下面的区域），产生了向下的净流量。在游动周期的收缩和松弛阶段，钟形部位的下缘运动产生了与其旋转方向相反的涡环。Franco 等[13]观察到这些旋涡的作用是将流体从水母的上方带入伞下腔内，它的进食和感觉器官位于其中。此外，尽管水母游动具有近似的周期性，但是通过对其周围流动的观察表明，流动确实是非周期性的。因为水母不以恒定的速度游动，所以不能在伽利略变换的框架下得到周期性流动。Franco 等[13]使用数字粒子图像测量法（PIV）测量了流场的瞬时流线，证实了在整个游动周期中流体从水母上方被夹带到伞下空腔的过程。同时，如图1.8 所示，向下的静动量通量推动水母前进。该研究表明：①流场以及力的形成过程与时间高度相关，在没有实质修正的前提下，无法基于简单的准定常框架进行描述；②身体的运动和形状改变是影响动物运动的主要方式。

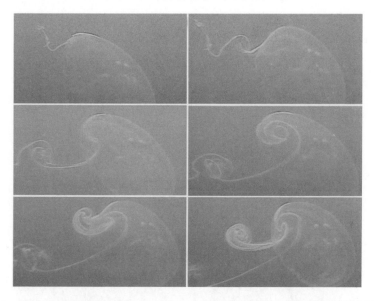

图 1.7　水母涡流尾迹的染料流动显示。不同时刻的图像分别展示出在游动周期的收缩和松弛阶段产生的顺时针方向和逆时针方向的旋涡。钟形部位直径为 10cm。图片来自 Franco 等[13]

除了产生空气动力之外，拍动翅膀也可以显著提高飞行动物的机动性。图 1.9 展示了飞行动物的几种机动特性，这些功能难以通过人造机器模仿。通过结合拍动动作、翅膀变形、身体轮廓和尾部调节，飞行动物可以惊人的速度精确地跟踪目标。另一个令人感兴趣的问题是翅膀重量在动物总重量中的占比。如表 1.1 所列，根据物种的不同，蝙蝠翅膀接近蝙蝠总重量的 20%。如表 1.2 所示，其他自然界飞行动物的翅膀占体重的 20% 以上，其中包括大型鸟类，如鱼鹰和秃

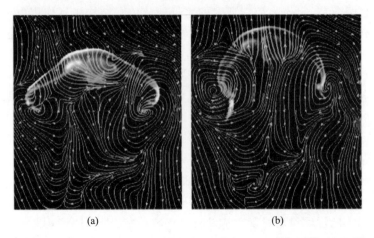

图1.8 当水母垂直游动时,水母周围流体的瞬时流线。(a)游动周期松弛阶段结束;(b)游动周期收缩阶段结束。钟形部位直径为10cm。图片来自Franco等[13]

鹰。许多蝴蝶(如稀有燕尾、大菜粉蝶)也有相对较重的翅膀,占体重的15%~25%。潘非珍眼蝶,一种靠近地面飞行的小型黄橙色蝴蝶,其翅膀约占体重的5%。蜜蜂、黄蜂、苍蝇等都有非常轻的翅膀,通常不到它们体重的1%。

图1.9 自然界飞行动物的机动能力。(a)加拿大鹅对阵风的反应;(b)海鸥对速度的控制和目标跟踪;(c)雀鸟精确着陆;(d)蜂鸟与蜜蜂对抗;(e)黑鸢狩猎时翅膀和尾巴的不对称运动(见彩图)

表1.1 八种不同蝙蝠的翅膀、身体质量以及翅膀尺寸。利用相对较重的翅膀,蝙蝠可以在一两个行程内进行机动和转弯,但是它们扑动翅膀时更加费力

物种	m_b/kg	m_w/kg	(m_w/m_b)/%	b/m	S/m^2	AR	$(W/S)/(N/m^2)$
埃及果蝠 (Rousettus aegyptiacus)	8.34×10^{-2}	2.06×10^{-2}	24.70	5.30×10^{-1}	4.65×10^{-2}	6.4	22
小肩毛果蝠 (Epomophorus anurus)	4.16×10^{-2}	8.76×10^{-3}	21.03	4.00×10^{-1}	2.90×10^{-2}	5.8	18
伏翼 (Pipistrellus pipistrellus)	4.57×10^{-3}	7.34×10^{-4}	16.08	2.09×10^{-1}	6.50×10^{-2}	6.7	8.0
夜蝠 (Nyctalus noctula)	2.35×10^{-2}	3.00×10^{-3}	12.76	3.44×10^{-1}	1.61×10^{-2}	7.4	16
大棕蝠 (Eptesicus nilssonii)	8.20×10^{-3}	1.70×10^{-3}	20.73	2.77×10^{-1}	1.15×10^{-2}	6.7	8.4
普通蝙蝠 (Vespertilio murinus)	1.24×10^{-2}	1.72×10^{-3}	13.87	2.98×10^{-1}	1.22×10^{-2}	7.3	11
褐大耳蝠 (Plecotus auritus)	7.83×10^{-3}	1.17×10^{-3}	14.94	2.70×10^{-1}	1.23×10^{-2}	5.9	7.2
纳塔耳游尾蝠 (Otomops martiensseni)	3.01×10^{-2}	5.48×10^{-3}	18.19	4.49×10^{-1}	2.17×10^{-2}	9.3	16

注:m_b是身体质量,m_w是翅膀(总)质量,b是翼展,S是翅膀(总)面积,AR 是展弦比。身体质量通过总质量减去翅膀总质量来计算。
资料来源:文献[47]

表1.2 一些昆虫[48]和鸟类[49]的翅膀和身体的质量,以及翅膀尺寸。由于翅膀较轻,导致翅膀运动与身体运动之间存在时间尺度差异,因此大黄蜂等飞行动物需要多次扑动才能转弯

飞行动物/物种	m_b/kg	m_w/kg	(m_w/m_b)/%	R/m	S/m^2	AR	$(W/S)/(N/m^2)$
鸟类							
兀鹫 (Gyps fulvus)	7.27×10^{0}	1.60×10^{0}	22.00	6.98×10^{-1}	1.05×10^{0}	1.85	67.59
鱼鹰 (Pandion haliaetus)	1.11×10^{0}	3.10×10^{-1}	28.05	4.96×10^{-1}	2.92×10^{-1}	3.37	37.07
草原鹞 (Circus macrourus)	3.86×10^{-1}	7.51×10^{-2}	19.46	3.57×10^{-1}	1.41×10^{-1}	3.61	26.77

（续）

飞行动物/物种	m_b/kg	m_w/kg	(m_w/m_b)/%	R/m	S/m²	AR	(W/S)/(N/m²)
蜂鸟(Lampornis clemenciae)	8.4×10^{-3}	6.00×10^{-4}	7.14	8.5×10^{-2}	3.50×10^{-3}	8.26	25.2
昆虫							
大孔雀蛾(Saurnia pyri)	1.89×10^{-3}	3.00×10^{-4}	15.87	7.00×10^{-2}	1.20×10^{-2}	1.85	1.54
蝴蝶							
虎斑玳瑁凤蝶(Papilio podalirius)	3.00×10^{-4}	8.00×10^{-5}	26.67	3.70×10^{-2}	3.60×10^{-3}	1.52	0.82
欧洲粉蝶(Pieris brassicae)	1.27×10^{-4}	2.10×10^{-5}	16.54	3.10×10^{-2}	1.84×10^{-3}	2.09	0.68
潘非珍眼蝶(Coenonympha pamphilus)	4.60×10^{-5}	3.50×10^{-6}	7.61	1.61×10^{-2}	4.80×10^{-4}	2.13	0.94
飞蛾、蜜蜂和其他昆虫							
赭带鬼脸天蛾(Acheronia atropos)	1.60×10^{-3}	6.70×10^{-5}	4.19	5.10×10^{-2}	2.05×10^{-3}	5.08	7.65
小豆长喙天蛾(Macroglossum stellatarum L.)	2.82×10^{-4}	9.18×10^{-6}	3.26	2.13×10^{-2}	3.79×10^{-4}	4.79	7.29
烟草天蛾(Manduca sexta)	1.60×10^{-3}	9.00×10^{-5}	5.63	4.85×10^{-2}	1.80×10^{-3}	5.23	9.20
德国黄胡蜂(Vespula germanica F.)	2.40×10^{-4}	1.39×10^{-6}	0.58	1.62×10^{-2}	1.33×10^{-4}	7.89	17.68
黄边胡蜂(Vespa crabro L.)	5.97×10^{-4}	5.68×10^{-6}	0.95	2.43×10^{-2}	3.04×10^{-4}	6.08	19.25
长尾管蚜蝇(Eristalis tenax)	1.29×10^{-4}	1.13×10^{-6}	0.88	1.27×10^{-2}	8.26×10^{-5}	7.78	15.31
西方蜜蜂(Apis mellifica)	9.75×10^{-5}	4.25×10^{-7}	0.44	9.95×10^{-3}	5.98×10^{-5}	6.62	15.98
红尾大黄蜂(Bombus lapidaries)	4.95×10^{-4}	3.10×10^{-6}	0.63	1.65×10^{-2}	1.65×10^{-4}	6.60	29.40
欧洲熊蜂(Bombus terrestris)	3.88×10^{-4}	2.50×10^{-6}	0.64	1.60×10^{-2}	1.42×10^{-4}	7.21	26.78
蓝蝇(Caliphora erythorocephala)	6.10×10^{-5}	5.27×10^{-7}	0.86	1.04×10^{-2}	6.33×10^{-5}	6.83	9.44

注：R 是翅膀长度。
资料来源为昆虫[48]、鸟类[49]。

较重的翅膀需要更多的能量来扑动,然而较大的惯性使得飞行动物能够在一个或两个扑动周期内转向。那些具有较高的质量比和惯性矩(如蝙蝠和蝴蝶)的翅膀具有更好的机动性,能够在与扑动周期相当的时间内突然改变轨迹。当然,它们为这种能力付出了代价,因为较重的翅膀在拍动时会消耗更多的能量。许多体型小的蜂鸟和昆虫(很多蝴蝶是明显的例外)拍动翅膀的时间尺度往往比它们身体的响应时间尺度更小。对于具有较高的翅膀－身体质量比的动物,拍动翅膀的时间尺度和身体的响应时间尺度相当,这类动物的飞行动力学和控制与瞬时空气动力学紧密相关,因为扑翼空气动力学的时间历程直接影响动物的飞行特性。对于翅膀－身体质量比较低的动物,其拍动翅膀的时间尺度明显短于其身体响应的时间尺度,在整个的拍动周期内,升力、阻力和推力变化趋势平滑。

然而,这个特征并不意味着小型动物的扑翼空气动力学可以简单地被认为是准定常的。正如将要在第 3 章中详细讨论的那样,翅膀运动的时间历程对于扑翼空气动力学通常很重要。图 1.10 显示了蜂鸟正在进行高难度和精确的飞行控制。如图 1.11 所示,其中几张照片突出显示了其拍动模式以及 Warrick 等[14]给出的流场图。蜂鸟翅膀运动呈现出 8 字形图案,并且具有高度适应性,可以应对阵风、目标跟踪以及缓解潜在干扰和威胁带来的挑战。

图 1.10　自然界飞行动物可以精确即时地跟踪目标。这里展示的是蜂鸟扑动翅膀、调节身体轮廓和尾巴,以进行飞行控制

自然界的飞行动物同步协调它们的翅膀、身体、腿和尾巴来执行许多任务。如图 1.12 所示,它们可以从水上、陆地上和树上起飞,呈现出各种各样的复杂模式。在滑翔时,如图 1.13 所示,它们弯曲翅膀来控制速度和方向。在着陆时,如图 1.14所示,鸟类使用翅膀和尾巴来校正飞行轨迹并调整到可以着陆的位置。如果需要减速并仔细调整飞行轨迹,它们会完全展开翅膀以增加阻力并降低速度;否则,它们只需折叠翅膀以减少升力而不减速。

图 1.11　蜂鸟翅膀的扑动模式和附近流场。在各种不确定的环境中进行敏捷机动至关重要。右图的图片来自 Warrick 等[14]（见彩图）

图 1.12　在起飞过程中，自然界飞行动物展示出更大的扑动幅度，更宽、更大的翅膀和尾翼面及更大幅度的弹跳。翅膀、尾巴和身体之间的协调水平非常突出（见彩图）

自 20 世纪 90 年代末以来，工程和科学界对微型飞行器（MAV）越来越感兴趣。MAV 定义为最大尺寸不超过 15cm（与小型鸟类或蝙蝠的大小相当）、飞行速度为 10～20m/s[15]的飞行器。MAV 可配备摄像机或传感器，可以在远程或其他

图 1.13　像海鸥这样的鸟类在滑翔的同时弯曲翅膀以调整速度以及控制方向(见彩图)

图 1.14　鸟类着陆时有各种选择。如果飞行速度合适并且没有诸如阵风之类的环境干扰,它们可以折叠翅膀以减小升力。它们还经常故意在着陆的最后时刻使其完全伸展的翅膀失速,最大化阻力以快速减速并且不关心飞行最后阶段的升力(见彩图)

危险场所进行监视、侦察、定位和生物化学传感。随着结构和材料技术的快速发展,动力、通信、可视化和控制设备实现了小型化,许多团队已经开发出成功的 MAV。在此过程中,人们进行了基于固定翼、旋翼和扑翼的许多 MAV 概念研究[16]。图 1.15(a)显示了 Ifju 等[17]创造性地采用了柔性固定翼概念所设计的 15cm MAV。图 1.15(b)展示了一个旋翼 MAV,其旋翼直径为 8.5cm,由 Muren(http://www.proxflyer.com)设计。图 1.15(c)是由 Jones 和 Platzer[18]设计的双翼 MAV,它采用扑翼-固定翼混合式设计,扑翼产生推力,固定翼产生必要的升力。图 1.15(d)展示了 Kawamura 等[19]的 MAV。它依靠扑翼来产生升力和推力,并具备一定的飞行控制能力。图 1.15(e)是 AeroVironment(http://www.avinc.com/)最近开发的一种 16.5cm 的 MAV,采用类似蜂鸟的扑翼设计。它可以在没有外部动力的情况下悬停 8min,以 4.9m/s 的速度向前飞,并返回悬停,能从侧面承受 2m/s 的阵风,漂移不超过 1m。图 1.15(f)展示了最近开发的长度为 10cm、质量为 3g 的扇形翼 MAV(http://www.delfly.nl/?ite=diii&menu=home&lang=en)。它可以携带一个小型相机和质量为 1g 的电池,飞行速度高达 5m/s,能够持续 3min。

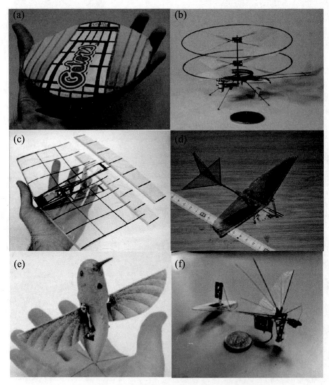

图 1.15 代表性的 MAV。(a)柔性固定翼[17];(b)小型旋翼;(c)扑翼-固定翼混合式设计,固定翼用于产生升力,扑翼用于产生推力[18];(d)同时产生升力和推力的扑翼[19];(e)仿蜂鸟纳米飞行器;(f)一个翼展 5cm 的扑翼 MAV

正如美国国防高级研究计划局(DARPA)所证明的那样,人们对开发和使用具有鲁棒"栖息和凝视"能力的 MAV 非常感兴趣,此类飞行器可以在没有外部辅助的情况下起飞。此类飞行器有许多可能的候选者,包括前面提到的扑翼式飞行器和旋翼飞行器,如四旋翼[20]。

图 1.16 重点介绍了 Ifju 及其同事设计的柔性机翼 MAV 的详细特性。由佛罗里达大学发起并在全球范围内广泛开展的各种国际 MAV 竞赛大大促进了 MAV 的发展。MAV 以低雷诺数(表征流体的惯性和黏性效应之间的相对重要性)运行,与大型载人飞行器相比,处于不利的空气动力学工况,如低升阻比[21]。然而,MAV 的小几何尺寸产生了有利的缩比特性,如更低的失速速度和更好的结构生存性。

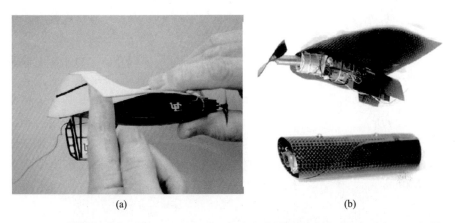

图 1.16 柔性翼 MAV。(a)可以根据瞬时气动载荷被动地进行形状自适应;(b)根据需要非常容易包装。Peter Ifju 提供

在 Alexander[22-23]、Azuma[24]、Biewener[25]、Brodsky[26]、Dudley[27]、Grodnitsky[28]、Norberg[4]、Tennekes[29]、Videler 等[30]、Vogel[31]、Ward – Smith[32]、Dalton[33]、Pringle[34]、Henderson[35]和 Floreano[36]等的文献中可以找到关于生物飞行的概论,包括几何缩比定律,动力和形态,以及简化模型。Wu 等编辑的专题[37]及 Pedley[38]和 Maddock 等[39]提供了关于生物飞行和游动的多方面讨论。Lighthill[40]、Wu[41]、Childress[42]和 Maxworthy[43]主要从简化问题定义的分析角度讨论游动和飞行。最后,由 Anderson[44]、Katz 和 Plotkin[45]以及 Shevell[46]撰写的标准介绍了与生物和 MAV 相关的人造空气动力学的基本知识。

在接下来的章节中,提供了一个介绍性的、简化的扑翼飞行器升力和推力产生机制的概念框架。具体而言,给出了与鸟类飞行的力学和能量相关的缩比定律。然后,采用简单的机理来描述滑翔、前进和悬停飞行,以及与鸟类飞行相关的阻力和动力。不同的功率分量首先单独描述,然后汇总在一起,给出悬停和前飞所需的总动力。这些不同功率计算的结果可以功率曲线的形式总结。这种分析基于准定常方法,忽略了翅膀运动的时间历程。这种方法虽然在某些重要方面不完善(如

翅膀和流体之间以及翅膀与身体和尾翼之间的耦合和多尺度力学,形状变化和力生成的时间历程),但可以在扑翼飞行的一些重要和基本问题方面提供有益的启示。关于非定常流体和流体-结构相互作用的更详细和关键的讨论将在后面的章节中介绍。

1.1 自然界中的扑动飞行

在扑动过程中,鸟类系统性地扭转它们的翅膀,产生的空气动力学效果类似于传统飞机机翼上的副翼。具体来说,一个翅膀向下扭转(俯旋)以减小迎角(AoA)和相应的升力,而另一个翅膀向上扭转(仰旋)以增加升力。一对翅膀存在不同程度的扭曲,因此鸟类能够做出滚转运动[1]。为了使翅膀能够变形并扭转,鸟类的骨骼和肌肉系统需要与之相适应。最为关键的特征是需要在上下行程、扭转、翼面积伸展和蜷缩以及横向弯曲的过程中实现翅膀弯度的改变和翅膀平面形状的弯曲。为了实现这些功能,鸟类的翅膀骨骼结构类似于人类手臂或蝙蝠的翅膀结构,如图1.17所示。尽管存在一些相似之处,但是在飞行期间,鸟类翅膀中的肌肉和骨骼运动比人类手臂能够完成的动作更为复杂。图1.18比较了鸽子翅膀和传统运输机翼的横截面形状。很明显地,前者沿着展向呈现出更丰富的弯度和厚度变化。

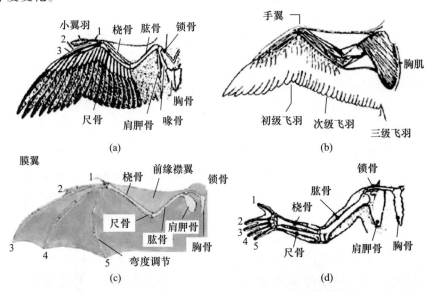

图1.17 鸟翼、蝙蝠翼和人类手臂示意图。(a)、(b)鸟翼;(c)蝙蝠翼;(d)人类手臂。对于鸟类,上臂即"肱骨"按比例变短,并且"手腕"和"手掌"骨头融合在一起,以便在支撑初级飞行羽毛时具有更大的强度。对于蝙蝠,骨膜组合形成了前缘襟翼,并允许翼膜区域被动地弯度适应。(a)、(b)和(d)根据Dhawan[50]修改而来;(c)来自Anders[51]

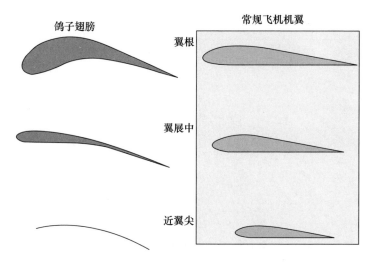

图 1.18　鸽子翅膀和常规运输机翼的横截面形状比较。鸽子翅膀沿翼展方向的弯度和厚度变化更为明显

1.2　缩　比

在研究自然界中的飞行动物时,基于量纲的分析方法更能深刻地理解不同参数(例如翅膀面积和翅膀展长)对飞行特性的影响[4,29,52-54]。量纲分析提供了非常有趣的相关性,可用于总结从鸟类和昆虫到飞机的各种缩比定律。Tennekes[29]考虑了巡航速度、重量和翼载荷之间的关系,并建立了飞行图,如图 1.19 所示。

随着技术的进步,MAV 尺寸、翼载荷和速度将继续降低,向图 1.19 中的左下角移动。从图 1.19 可以比较并找出具有明显尺寸差异的物种之间的关系。例如,可以将小果蝇(Drosophila melanogaster)与波音 747 进行比较,后者为前者重量的 5000 亿倍还多。通过使用缩比分析,可以在整个自然飞行物种中或某一特定种群中预测某一参数(如翼展)如何随着另一参数(如体重)而变化。

例如,考虑到定常状态飞行过程中升力(L)和重量(W)之间的平衡:

$$L = W = \frac{1}{2}\rho U^2 S C_L \tag{1.1}$$

从公式(1.1)可以了解机翼面积(S)、空气速度(U)、密度(ρ)和翼载荷(W/S)是如何联系在一起的。其中:机翼面积(S)通常定义为从正上方看机翼时的投影面积,并且通常包括机身内部的"机翼面积"的贡献;空气速度(U)定义为飞行器的前飞速度。在一定的迎角下,速度增加 2 倍将导致升力增加 4 倍;对于鸟类和昆虫飞行的情况,空气的密度(ρ)基本不变,因为鸟类在海平面附近有限的海拔高度内飞行。通常,由于高度增加而导致密度降低,进而使升力减小。

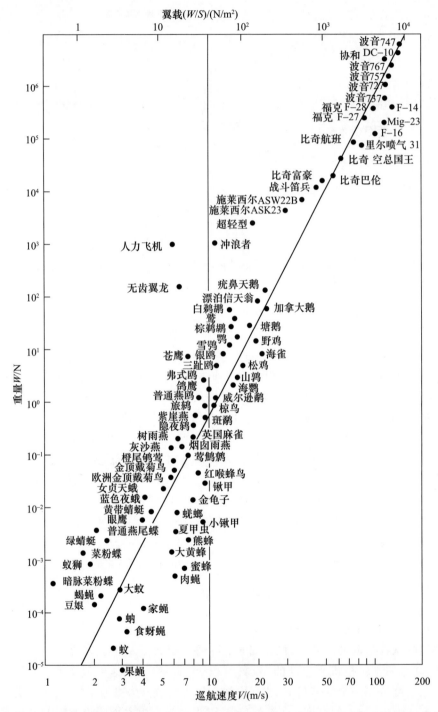

图 1.19 飞行图给出了翅膀载荷、重量和巡航速度之间的关系。图片来自 Tennekes[29]

可以从式(1.1)明显看出,巡航速度取决于翼载荷(W/S):

$$\frac{W}{S} = \frac{1}{2}\rho U^2 C_L \tag{1.2}$$

式(1.2)表明,飞行器的翼载荷越大,飞行速度越快。鸟类身体质量与相关参数之间的一些关系如表1.3所示。图1.19提供了尺寸和速度之间的关系,表1.3总结了更详细的关系。以下各节将讨论更多细节。

表1.3 翅膀尺寸和飞行参数与身体质量 m 的指数关系

参数	量纲	相关性(基于几何相似性)	所有鸟类(基于实验数据)	除蜂鸟外的所有鸟类(基于实验数据)	蜂鸟(基于实验数据)
翼展	m	$m^{0.33}$	—	$1.17m^{0.39}$	$2.24m^{0.53}$
翼面积	m²	$m^{0.67}$	—	$0.16m^{0.72}$	$0.69m^{1.04}$
翼载荷	N/m²	$m^{0.33}$	—	$62.2m^{0.28}$	$17.3m^{-0.04}$
展弦比	—	0	—	$8.56m^{0.06}$	$7.28m^{0.02}$
最小功率速度 U_{mp}	m/s	$m^{0.17}$	$5.70m^{0.16}$	—	—
最小功率 P_{mp}	W	$m^{0.17}$	$10.9m^{0.19}$	—	—
最小运输成本 C_{min}	—	0	$0.21m^{-0.07}$	—	—
扑动频率 f_w	Hz	$m^{-0.33}$	$3.87m^{-0.33}$	$3.98m^{-0.27}$	$1.32m^{0.60}$

注:资料最初由 Norberg[4]、Greenewalt[55]和 Rayner[56]编辑。

1.2.1 几何相似性

几何相似性的概念可以通过量纲分析法将不同的物理量关联起来。在几何相似性假设的情况下,图1.20将翼载荷与飞行器重量联系起来。例如,如果空气动力学参数保持不变(如详细讨论的话并非如此),则翼载荷与重量的1/3次幂成比例。如果假设飞行器在几何上相似,则匀速水平飞行下的重量 W、升力 L 和质量 m 可以表示为特征长度 l(如弦长 c、平均弦长 c_m,或翼长 R)的关系:

$$W = L = mg \tag{1.3}$$

机翼面积和飞行器的重量表示为

$$S \sim l^2, W \sim l^3 \tag{1.4}$$

然后翼载荷也可以表示为

$$\frac{W}{S} = k_1 W^{1/3} \tag{1.5}$$

式中:k_1 是根据经验确定的常数。Liu[57]表明,适用于飞机和鸟类的 k_1 值分别为53和30.6。重量和翼载荷的关系如图1.20所示。

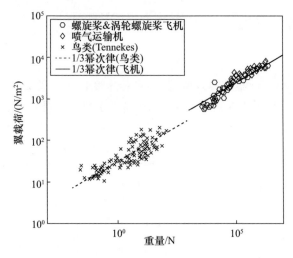

图 1.20 重量和翼载荷之间的关系。来自 Liu[57]

1.2.2 翼展

当研究扑翼动物时,感兴趣的参数通常与动物的体重 m 有关。使用量纲分析法并假设所考虑的动物具有几何相似性,可以确定翼展和质量之间的关系。Liu 收集了 Tennekes[29] 的数据,涵盖了从 0.026N 的黑色蜂鸟到 116N 的天鹅,以及 Jackson[58] 发布的螺旋桨/涡轮螺旋桨飞机和喷气式飞机的数据,其中涵盖了广泛的飞机数据,包括 1800kN 波音 747-400 与 1500N 超轻型飞机。Liu 的分析结果表明,在很大的重量范围内,鸟类和飞机基本遵循幂指数律:

$$l = 1.654 m^{1/3} (飞机), \quad l = 1.704 m^{1/3} (鸟类) \tag{1.6}$$

1.2.3 翼面积

据 Norberg[4] 报道,动物翅膀面积之间的差异大于展长之间的差异。翅膀面积偏离几何相似关系是很明显的,如表 1.3 所列。至于翼展,蜂鸟与几何相似关系的偏差最大。对于给定的体重,它们似乎比一般的鸟类具有更大的翅膀面积。根据不同鸟类群体翅膀面积的变化,Greenewalt[55] 将鸟类划分为不同的类别或"模型"。他的模型有如下相关性:

(1) 雀形目模型(苍鹭、猎鹰、鹰和猫头鹰):$s \sim m^{0.78}$。
(2) 岸禽类模型(鸽子、鹦鹉、鹅、天鹅和信天翁):$s \sim m^{0.71}$。
(3) 鸭模型(䴙䴘(潜水鸟)、北美食鱼大鸟、黑鸭):$s \sim m^{0.78}$。

除蜂鸟之外,这些关系与表 1.3 中所有鸟类的关系一致。

1.2.4 翼载荷

关于翼载荷,虽然如式(1.5)所示的总体相关性似乎是合理的,Greenewalt[55]

发现,在许多情况下,翼载荷和质量之间的关系增长速度比式(1.5)中所示的更慢。例如,三种鸟类(雀形目鸟类、岸禽类和鸭子类)不符合1/3次幂指数律。如表1.3所列,对于蜂鸟来说,翼载荷几乎与体重无关;因此不同的物种可以具有相同的翼载荷。Tennekes[29]使用Greenewalt收集的数据[55]并总结了各种海鸟的比例关系,如表1.4所列。所有海鸥及其近亲都有细长的翅膀和流线型的身体,所以假设几何相似是合理的。从表1.4可以看出,翼载荷和巡航速度通常随着重量的增加而增加。

表1.4 假设各种海鸟的重量、翅膀面积、载荷和飞行速度具有几何相似性

海鸟	重量 W/N	翅膀面积 S/m^2	翼载荷 (W/S)/(N/m^2)	飞行速度/(m/s)
普通燕鸥	1.15	0.05	23	7.8
南极海燕	1.7	0.046	37	9.9
黑头翁	2.3	0.075	31	9
黑剪嘴鸥	3	0.088	34	9.4
海鸥	3.67	0.115	32	9.2
三趾鸥	3.9	0.101	39	10.1
橙嘴凤头燕鸥	4.7	0.108	44	10.7
暴风鹱	8.2	0.124	66	13.2
银鸥	9.4	0.181	52	11.7
大贼鸥	13.5	0.214	63	12.9
大黑背鸥	19.2	0.272	71	13.6
乌信天翁	28	0.34	82	14.7
黑眉信天翁	38	0.36	106	16.7
漂泊信天翁	87	0.62	140	19.2

注:资料最初由Tennekes[29]编辑

1.2.5 展弦比

就像飞机一样,展弦比(AR)可以展示扑翼动物的飞行特性。AR是翼展 b 和翼面积 S 之间的关系:

$$AR = \frac{b^2}{S} \tag{1.7}$$

一般而言,对于人造飞行器和自然飞行动物,灵活性和操纵性随着AR的减小而提高。拥有高AR的飞行器,例如信天翁和U-2,定常状态向前飞行时十分优秀,但不适应快速变换航线的情况。

另一个考虑因素是由升力引起的诱导阻力,诱导阻力随着AR的增加而降低。显然,一个无限长的机翼有最小的诱导阻力。类似地,对于定常的向前飞行,升阻

比(L/D)或所谓的滑翔比随着 AR 的增加而增加。拥有最大 AR 的鸟类通常将大部分时间用于翱翔,而不是扑动飞行。一个典型的例子是漂泊信天翁(Diomeda exulans),它的展弦比约为 15。Tennekes[29]指出漂泊信天翁的滑翔比约为 20。人类现在可以设计出滑翔机的滑翔比约为 60。

1.2.6 振翼频率

翼骨的主要功能是在飞行过程中将力传递到外部环境。然而,由于骨骼或肌肉存在失效的风险,力不能太大。这些限制,以及用于飞行的肌肉功率,决定了扑翼动物翅膀频率的上限和下限[59-61]。基于对翅膀拍动频率的深入了解,可以估计鸟类用于飞行的肌肉输出功率,并估算飞行所需的功率。如下面的讨论所示,根据 Pennycuick 的研究[62],可以估计几何相似的动物的最大翅膀频率 $f_{w,max}$。假设肌肉产生的力 F_m 与其附着物的横截面积成正比,可以得到

$$F_m \propto S \sim l^2 \tag{1.8}$$

Pennycuick[62]假设肌肉和骨骼中的应力是恒定的,并且围绕肢体近端旋转中心的扭矩可以表示为

$$J_T = F_m l \tag{1.9}$$

现在可以确定肢体的惯性矩如下:

$$I = m_{\text{limb}} \left(\frac{l}{2}\right)^2 \sim l^5 \tag{1.10}$$

肢体的质量由 m_{limb} 表示,并且假设肢体具有均匀的密度。动作中的肌肉具有角加速度,可以确定为

$$\dot{\omega} = \frac{J_T}{I} \sim \frac{l^3}{l^5} \sim l^{-2} \tag{1.11}$$

从式(1.11)很容易确定行程时间尺度 T,并且有频率 $f \sim T^{-1}$:

$$T = \dot{\omega}^{-1/2} \Rightarrow f \propto \dot{\omega}^{1/2} \tag{1.12}$$

还可以得到体重 m 与最大翼拍频率 $f_{w,max}$ 之间的关系:

$$f_{w,max} \sim T^{-1} \sim l^{-1} \sim m^{-1/3} \tag{1.13}$$

根据几何相似性的假设,拍动频率存在上限。拍动频率的下限对应于大多数鸟类在慢速向前飞行或悬停时的情况。诱导速度 w_i(即在动物正下方的尾流中的气流速度)占主导地位。同样,飞行生物的重量 W 必须通过升力 L 平衡,参考式(1.1),得到了诱导速度的以下关系:

$$W = L = \frac{1}{2}\rho w_i^2 S C_L \Rightarrow w_i = \sqrt{\frac{2mg}{\rho S C_L}} \tag{1.14}$$

翅膀的角速度可以有量纲的表示,为

$$\omega \sim w_i / l \tag{1.15}$$

通过式(1.3)、式(1.4)和式(1.15),得到扑动频率下限的最终表达式:

$$f_{w,min} = \frac{\omega_{min}}{2\pi} \sim \frac{w_i}{l} = \frac{1}{l}\sqrt{\frac{2mg}{\rho S C_L}} \sim \sqrt{\frac{2mg}{\rho C_L l^4}} \sim \left(\frac{l^3}{l^4}\right)^{1/2} \sim l^{-1/2} \sim m^{-1/6} \tag{1.16}$$

由于这两个物理极限的存在,动物飞行具有拍动频率的上限和下限。

1.3 滑翔、前飞及悬停的简单力学分析

1.3.1 滑翔和翱翔

动物飞行通常会拍动翅膀以产生升力和推力。但如果它们停止拍动并保持翅膀伸展,它们的翅膀将主动产生升力,而没有推力。当出现这种情况时,称之为滑翔。当动物下降时,可以通过重力产生推力。除了蝙蝠和大型鸟类之外,还可以在鱼类、两栖动物、爬行动物和哺乳动物中发现滑翔运动。

为了保持水平飞行,飞行动物必须分别产生升力和推力以平衡垂直方向上的重力和水平方向上的阻力。由于滑翔是发生在没有主动推力产生的情况下,此时动物总是需要采用重力来克服阻力。在滑翔过程中,动物的运动方向微向下倾斜。此时运动方向和水平方向的角度就是滑翔角度。滑翔角度直接决定升阻比。升阻比越高,滑翔越平缓。回顾一下基本的流体动力学知识,升阻比是随着雷诺数的增加而增加的,雷诺数是一个与动物大小和飞行速度成比例的参数。大型飞行动物以高雷诺数飞行并具有较大的升阻比。例如,据报道一个翼展超过3m的漂泊信天翁的升阻比为19,而果蝇的翼展长度为6mm,升阻比为1.8[22]。如果动物的升阻比较低,即使能够滑翔,那么它也必须以很大的滑翔角滑翔。例如,来自东南亚的蜥蜴(Draco属)的升阻比为1.7,以30°的角度滑翔,而北美飞鼠以18°~26°的角度滑翔,其升阻比为2或3[22]。

虽然滑翔的动物向下倾斜可以获得重力驱动的飞行,但许多鸟类可以在没有拍动翅膀的情况下爬升。这被称为翱翔。翱翔不是依靠重力,而是利用大气中的能量,例如上升气流[22]。

考虑相对于自由流成θ角度的滑翔动物(图1.21)。升力垂直于飞行方向,阻力平行于飞行方向,而重力是不变的。众所周知,具有优异飞行品质的鸟类的最大滑翔比通常为10~15($\theta \leq 5°$),而漂泊信天翁的最大滑翔比为23($\theta = 2.5°$)。利用参考面积S和升力系数C_L,有

$$L = \frac{1}{2}\rho S U^2 C_L = mg\cos\theta \approx mg(当\theta 很小时) \tag{1.17}$$

通过衡量 m、S 和 U，会发现升力系数通常小于 1。鸟类在它们失速之前开始拍动翅膀，此时对应一个最小滑翔速度和最大 C_L（约 1.5）。还可以根据飞行动物的尺寸估算滑翔速度：

$$U \approx \sqrt{\frac{2W}{\rho S C_L}} \tag{1.18}$$

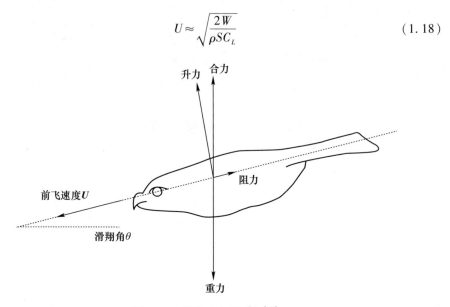

图 1.21 滑翔时力的平衡[63]

表 1.5 总结了所选自然飞行动物的滑翔特性，表明滑翔速度与翼载荷的平方根有很好的相关性。此外，表 1.5 所示的统计显示，对于除蜂鸟以外的大多数鸟类，平面形状面积为 $S \propto m^{0.72}$，翼载荷为 $W/S \propto m^{0.28}$，由此得到滑翔速度为 $U \propto m^{0.14}$。

表 1.5 所选飞行动物（飞机）的滑翔特性表明滑翔速度通常与（翼载荷）$^{1/2}$ 成正比

参数	翼载荷/(N²/m)	滑翔速度/(m/s)
疣鼻天鹅	170	21
漂泊信天翁	140	19
超轻型飞机	133	18
灰雁	115	17
海鸥	32	9

注：资料最初由 Norberg[4]、Greenewalt[55] 和 Rayner[56] 编辑。

因为升力（L）与飞行速度的平方成正比，所以鸟类通过改变 S 来改变翼载荷（W/S），从而控制它们的速度。这使得鸟类能够调节速度范围，使得翅膀得以在所有速度下以最佳迎角运行。为了补充图 1.13 中显示的趋势，图 1.22 说明了在不同飞行条件下猎鹰和鸽子的这种变化趋势。

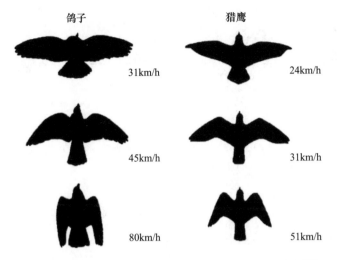

图 1.22 可变翼展的滑翔动物(翅膀变形以适应滑翔速度[29])

1.3.2 有动力飞行:扑动

许多动物用扑动翅膀的方法产生升力和推力,实现滑翔和翱翔。扑翼空气动力学与旋翼空气动力学之间的相似性虽然有限,但也能说明一些关键思想。例如,直升机的旋翼围绕其中心轴连续旋转,使周围的气流相对于旋翼运动而产生升力。同样地,扑动的翅膀围绕其肩关节以弧形旋转摆动,并且每半个行程反转方向。直升机和动物也使用类似的技术实现从悬停到前飞的加速过程。直升机将旋翼的旋转平面从水平方向向前进方向倾斜。旋翼倾斜越陡,直升机加速越快。飞行动物同样倾斜它们的翅膀拍动行程的平面:在下行程中向下和向前倾斜,在上行程中向上和向后倾斜。为了更快地飞行,飞行动物通过增加运动的上下振幅使得行程更加垂直。当飞行动物要降低速度时,它们倾向于更加水平地拍动翅膀,类似于直升机改变旋翼角度的方式。

鸟类、蝙蝠和昆虫在悬停和向前飞行过程中采用各种不同的拍动模式以产生升力和推力。较大的鸟类具有相对简单的翼尖路径。例如,信天翁翼尖的路径通常为椭圆形(图 1.23)。较小的飞行动物展现出更复杂的扑动模式。图 1.23 显示了蝗虫和果蝇的高度弯曲的翼尖路径,鸽子翼尖的 8 字形图案(图 1.23(b)),以及六月甲虫和苍蝇更为复杂的路径。

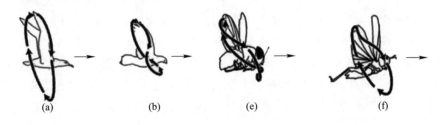

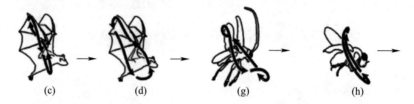

图 1.23 如箭头所示,飞行动物相对于身体的翼尖路径。(a)信天翁,步态快;(b)鸽子,步态缓慢;(c)菊头蝠,快速飞行;(d)菊头蝠,步态缓慢;(e)绿头苍蝇;(f)蝗虫;(g)六月甲虫;(h)果蝇。来自 Alexander[22]

1.3.2.1 前飞

在分析自然飞行动物的空气动力学性能时,前飞速度和拍动速度之间的比率是一个重要的参数,用减缩频率 k 表示:

$$k = \frac{2\pi fc}{2U_{\text{ref}}} \tag{1.19}$$

式中:f、c 和 U_{ref} 分别是拍动频率、弦长和参考速度,在此 U_{ref} 是动物向前飞行的速度。随着拍动频率的降低,非定常效应增加,因此,根据前飞速度的不同,需要利用不同的方法来计算作用于特定飞行动物的力。

在慢速前飞过程中,减缩频率和翅膀的振幅都较高,导致流动结构高度非定常。根据升力线理论[64],机翼上的升力与附着涡的强度有关,尾涡(翼尖涡)具有与附着涡相同的环量。在下行程开始或结束时,拍动速度的方向改变,在后缘产生横向涡(起动或终止旋涡)。根据开尔文的环量定理,这两个横向旋涡连接两个翼尖旋涡并且导致涡环的脱落。一些飞行动物(如鸽子)利用合拢-打开机制来产生起始旋涡,并且通过这种方式减少下行程初期最大升力建立过程的延迟。第 3 章将重点介绍这种机制。

在快速向前飞行过程中,减缩频率和翅膀的振幅较低,并且尾流由一对连续起伏的涡流管(或涡线)组成,其位置大约在翼尖后面。在这种情况下,翅膀靠外部分的折叠并不罕见,这使得其方向与自由流方向对齐(用于减小阻力)。当这种情况发生时,只有主翼在上行程中提供升力。

为了评估飞行动物的升力和推力,可以使用非定常或准定常的方法,这取决于减缩频率的大小。Ellington[65] 的早期工作表明,准定常分析大大低估了平衡昆虫重力所需的空气动力。正如第 3 章和第 4 章所讨论的那样,近期的扑翼研究主要集中在对机翼运动产生的非定常空气动力学机制的理解上。图 1.24 显示了飞行动物质量与减缩频率之间的相关性。这些数据基于 Azuma[24] 和 Pennycuick[59] 的报道,并辅以 Tennekes 记录的巡航速度估计[29]。总体而言,随着尺寸和质量的增加,减缩频率会降低,这表明,相对于大型飞行动物,小型飞行动物的流动非定常特性更显著。虽然这些数据并没有解释它们如何利用这种非定常特性,但它确实表明非定常特性在小型飞行动物的运动中起着至关重要的作用。

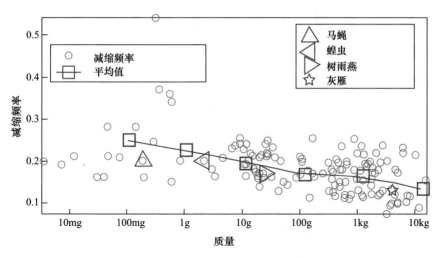

图 1.24 鸟类和昆虫的质量与减缩频率的关系

要量化扑动产生的升力和推力,需要更复杂的工具。然而我们可以通过减缩频率来分析前飞速度和拍动速度之间的关系,以此来理解非定常效应的作用。还应注意,翅膀的不同部分在力的产生过程中起不同的作用。通过引入相对流速(U_r)可以更好地理解这个概念,其定义为

$$U_r = U + U_f + w_i \qquad (1.20)$$

式中:U 是鸟的前飞速度;U_f 是拍动速度;w_i 是下洗(诱导)速度。相对速度决定了翅膀上的空气动力。对于快速向前飞行,下洗速度很小并且可以在很大程度上被忽略。随着翼展的增加,U_f 增加并改变方向,U_r 的大小和方向也会因此发生变化。由于 U_r 决定了沿着展向作用在各个机翼部分上的最终空气动力 F,因此 F 的大小和方向也会发生变化。这些变化可以在图 1.25 中看到。

通常认为,在下行程中,翅膀的内侧产生升力和阻力,而外侧产生升力和推力。在下行程中,由翅膀产生的净空气动力向上并向前,提供升力和推力。为了获得这种有利的力分布,翅膀必须扭转。通过扭转翅膀,可以在整个翅膀运动行程中使每个剖面获得最佳相对速度。由于相对速度决定了合成空气动力的方向,因此该力在翼根处向后指,并且沿翼展向外时逐渐向前转动。在翼尖区域,合成的空气动力指向前进方向,提供升力和推力。

飞行动物采用不同的机制执行不同的飞行任务,如起飞、着陆或滑翔等。即使在前飞期间,它们也会随飞行速度的改变而调整其翅膀和身体的运动。Tobalske 和 Dial[8] 分析了在风洞中以 4~14m/s 的速度飞行的黑嘴鹊(喜鹊)和以 6~20m/s 的速度飞行的鸽子(家鸽)的高速(60Hz)录像带。与喜鹊相比,鸽子具有更高的翼载荷和更大的展弦比。这两种动物都在定速飞行阶段和加减速飞行阶段之间交替

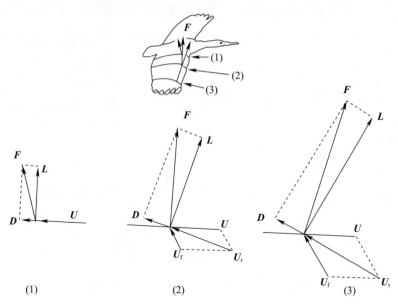

图 1.25　在快速前飞状态下不同翼展位置的速度矢量图。这里基于有效速度来定义升力和阻力,有效速度结合了前飞速度和当地拍动速度。对于飞行动物整体而言,升力定义为垂直于前飞速度(U)的力(即升力在垂直方向上),阻力或推力定义为水平方向上的力。根据图中所示的合力矢量 F,内翼产生阻力,而外翼产生推力

进行,特别是在中等的飞行速度下。鸟类在不同阶段调整它们的翅膀运动方式,并且在减速时经常表现出非拍动运动。在定速飞行期间,翅膀拍动频率不会随着水平飞行速度而明显改变。相反地,随着飞行速度的增加,相对于水平面的身体角度在减小,从而说明翅膀扑动的主要功能从慢速时的重量支撑变为快速飞行时的正向推力。在滑翔阶段,随着飞行速度的增加,鸽子逐渐弯曲它们的翅膀,但从不会进行跳跃。对于喜鹊,滑翔期间的翼展不随飞行速度而变化,但非拍动间隔中的跳跃百分比在 10~14m/s 范围内随着速度的增加而增加。使用非拍动翼姿势似乎与拍动期间使用的姿态和翅膀的展弦比有关。

一般来说,外翼主要是在下行程中(图 1.26)负责产生重量支撑和推力。对于大多数鸟类而言,通常在上行程中尽量产生较小的力,以防止出现过大的负推力。此外,内翼部分的小幅波动对推力没有显著的贡献(图 1.27(a))。然而,施加在内翼上的力可以在整个循环中用于重量支撑而不用付出太大的代价(图 1.27)。

1.3.2.2　悬停飞行

飞行动物是否可以悬停取决于它的大小、翅膀的惯性矩、翅膀运动的自由度以及翅膀形状。由于这些限制,一般较小的鸟类和昆虫才能实现悬停,较大的鸟类只

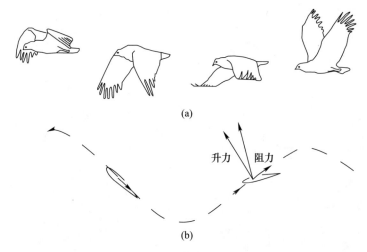

图1.26 秃鹫快速拍动翅膀飞行[66]。(a)鸽子慢速飞行中的不对称行程[67];(b)在上、下行程中作用在外翼或内翼上的合力示意图

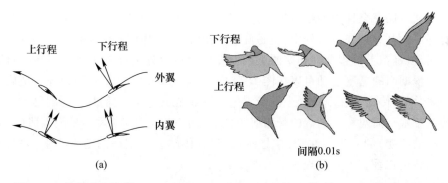

图1.27 外翼和内翼作用的示意图。(a)鸟类飞行的内外翼;(b)上、下行程。外翼部分是下行程中支撑重量和产生推力的主要来源。在上行程期间,力被最小化。上行程适用于缓慢飞行过程,产生少量推力,重量支撑的作用很小

能短暂地悬停。虽然一些较大的鸟类(如红隼)似乎经常性地悬停,但事实上它们利用了迎面的风来产生足够的升力。Norberg[4]和Weis-Fogh[68]描述了两种悬停:对称悬停和不对称悬停。

因为较大的鸟类不能在向前和向后的行程之间旋转它们的翅膀,它们会在下行程中伸展翅膀以提供更大的升力,而在上行程中使翅膀向后弯曲以减少阻力。一般来说,弯曲在慢速前飞中比在快速前飞中更明显。这种类型的不对称悬停通常称为"禽类动作"[24],如图1.28所示。图中,为了避免较大的阻力和负升力,这些鸟在上行程期间通过旋转主翼(尖端羽毛)来弯曲它们的翅膀以使空气通过。

对称悬停,也称为正常或真正的悬停,或"昆虫行程",是由蜂鸟或昆虫在整个

图 1.28　海鸥在拍动翅膀期间的不同构型,图中显示了行程的不同阶段。请注意,翅膀通常会随着主羽翼的旋转而弯曲

扑动周期中以完全伸展的翅膀拍动进行的。除了在反转点之外,翅膀在整个行程期间都产生升力。在下行程中,翅膀旋转并扭转,使得翅膀的前缘在整个循环中保持相同,但是在上行程期间翅膀的上表面在向后行程期间变为下表面。在下行程和上行程期间的翅膀运动可以在图 1.29 中看到。如图所示,蜂鸟可以充分地旋转它的肩关节,使翅膀在上行程中翻转。像大多数昆虫一样,它们悬停时翅膀的运动轨迹关于水平面对称。它们的胸鳍肌肉(负责向下拉动翅膀)尺寸是胸大肌(负责向上拉动翅膀)的一半。注意,在悬停期间,身体轴线以期望的角度倾斜,并且翅膀运动轨迹在垂直平面呈现 8 字形图案。

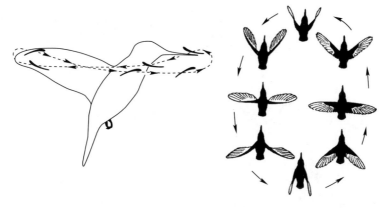

图1.29 蜂鸟扑翼模式的图解:前后行程,柔性和非对称的翅膀运动,以及8字形轨迹(下部图像来自Stolpe和Zimmer[69])

　　大多数鸟类和蝙蝠在悬停时的拍动平面与水平面的夹角约为30°。如图1.30所示,下行程的合力是垂直的,其升阻比为1.7。除了以蜂鸟为典型代表的小型物种,飞行动物的翅膀通常在上行程中弯曲,以使翅膀上的力最小。在倾斜的悬停飞行中,下行程产生的升力和阻力用来支撑身体重量。

　　图1.31显示了在不同飞行速度下大黄蜂的翅膀路径和相关运动学。翅膀在拍动平面内拍动并在半行程之间翻转,从而在悬停时产生几乎对称的力。随着前飞速度的增加,上、下行程之间产生的力在量值上的差异逐渐变大,其中下行程的力越来越占主导地位。

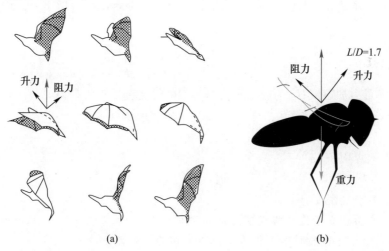

图1.30 在倾斜的悬停中,所产生的力是垂直的并且与重量平衡。(a)蝙蝠的倾斜悬停模式,拍动是不对称的,因此在下行程期间产生大部分所需的力;(b)倾斜悬停在下行程中的合力是垂直的[70]

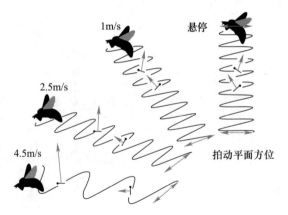

图 1.31 大黄蜂翅膀路径和运动。悬停时的力几乎是对称的,但随着大黄蜂向前移动,下行程的力占主导地位[71]

1.4 扑动所需功率

体型较大的动物比体型较小的同类动物扑动翅膀的频率要低,Hill 最早研究了这一趋势所引起的后果[72]。他得出结论:特定飞行肌肉产生的机械动力与收缩频率成正比。这个结论使得扑动频率成为试图描述扑翼理论的一个重要参数。Pennycuick[73]对扑动频率进行了最全面的研究。他认为存在一个强加给飞行动物的固有频率,由翅膀的物理特性和飞行时必须克服的力所决定。为了提高效率,运动肌必须以特定频率工作。例如,对于行走动物,Alexander[74]指出一阶固有频率正比于

$$f_n \sim \sqrt{\frac{g}{l_{\text{leg}}}} \tag{1.21}$$

式中:g 为重力加速度;l_{leg} 为腿部长度。类似的方法可用于飞行。

Pennycuick[73]确定了几个影响扑翼频率的物理变量:

(1) b:翼展(m)。
(2) S:翼面积(m^2)。
(3) I:翼惯性矩($kg \cdot m^2$),$I = m(b/2)^2$。
(4) ρ:空气密度(kg/m^3)。

这些变量独立变化并假设翅膀的转动惯量与 $m(b/2)^2$ 成正比,Pennycuick[73]利用来自 32 个不同物种的数据推导出以下相关的翼频率:

$$f = 1.08(m^{1/3} g^{1/2} b^{-1} S^{-1/4} \rho^{1/3}) \tag{1.22}$$

在一项更新的研究中,Pennycuick[59]增加了 15 个物种的数据并进行了更详细的分析,得到以下表达式:

$$f = m^{3/8} g^{1/2} b^{-23/24} S^{-1/3} \rho^{3/8} \tag{1.23}$$

式(1.21)可用于预测已知质量、翼展和翼面积的物种的翅膀频率。如前所述,机翼的转动惯量 I 取决于展长 b 和身体质量 m,因此任何一个变量的变化都会导致转动惯量的变化。这种结果不恰当,因为体重的变化不一定会影响转动惯量 I 的值。因此,如果预测这些量对翅膀拍动频率的影响,那么将 I 作为一个独立的参数更为合适[59]:

$$f = (mg)^{1/2} b^{-17/24} S^{-1/3} I^{-1/8} \rho^{3/8} \tag{1.24}$$

Pennycuick 等[75]观察到另一种关系:当体重发生变化时空气速度对翅膀频率的影响。采用最小二乘法处理翅膀频率和风速 U 的数据,可得

$$f = k_2 + k_3/U + k_4 U^3 \tag{1.25}$$

式中:k_2、k_3 和 k_4 是比例常数。

1.4.1 上、下极限

缩比参数是否可以提供有关能够持续飞行的扑翼飞行动物大小限制的任何信息? 如前所述,很久以前曾有大型翼龙翱翔在空中,其中一些物种比今天的鸟类大得多。有人讨论过它们是否能够扑动飞行或只能翱翔[4]。研究扑翼飞行时需要考虑许多参数,但这种飞行的界限主要取决于"可用功率"和"结构限制"。

这些限制因素密切相关,因为拍动频率会影响功率和结构限制。为了产生飞行所需的动力,大多数鸟类和其他扑翼动物具有发育良好的飞行肌肉。对于鸟类,这些肌肉是胸肌,它为翅膀的下行程提供动力,而胸鳍肌肉则为上行程提供动力。人们在确定飞行肌肉输出功率和频率水平,并在比较它们的质量与整个样本的质量方面已经做了很多工作。根据 Rayner 的研究[56],得出身体质量 m 与胸肌和胸鳍肌的质量之间的关系,m_p 和 m_s 分别表示为

$$m_p = 0.15 m^{0.99} \tag{1.26}$$

$$m_s = 0.016 m^{1.01} \tag{1.27}$$

这意味着飞行肌肉约占身体质量的 17%。相比之下,根据 Collins 和 Graham[76]的研究,人类的肌肉约占身体质量的 5%。鸟类肌肉与人体"快速"肌肉输出功率大致相同,约为 150W/kg。因为在上行程期间,翅膀经常弯曲并且不承受像在下行程期间那样的空气动力或惯性矩,与胸肌的身体质量相比,胸鳍肌肉的身体质量通常较小。蜂鸟有所不同,它具有活跃的空气动力学的上行程(产生升力)。对蜂鸟来说,胸鳍肌肉的身体质量更大(Norberg[4]),这个肌肉群可以占身体质量的 12%。在翼展较大的物种中发现了最小的胸鳍肌肉,其质量约占总质量的 6%。该值与人体的值相当,因此,这些物种在没有逆风、助跑或处于斜坡高处时难以起飞。然而,具有大展弦比的物种通常能够翱翔,因此可以缩短拍动飞行模式的持续

时间。

Pennycuick[62,77-78]将"功率裕度"定义为从飞行肌肉获得的功率与在水平飞行所需最小功率之比。如前所述,可用功率取决于拍动频率,它决定了飞行动物大小的上限和下限。Pennycuick[78]根据有动力飞行的体型最大的鸟类得出结论:扑动飞行的身体质量上限是 12~15kg。更大的鸟类不可能足够快地拍动它们的翅膀来产生升力以维持水平飞行。较小的鸟具有能够使用不同扑动频率的优点,但对于身体质量约 1g 的动物,还存在另一个上限,它们的肌肉每次收缩后需要时间来重置收缩机制[4]。对于翅膀扑动频率高达 400Hz 的昆虫,这个问题通过能够在非常高的频率下收缩和重置的特殊纤维肌肉来解决。这种限制导致鸟类和蝙蝠的最小质量分别为 1.5g 和 1.9g。

翅膀的上、下拍动频率也受到结构限制。骨骼、肌腱和肌肉不能大于某一频率进行运动。在飞行期间必须将力传递到外部环境,翼骨必须足够坚固才能在外部载荷下不会失效。这意味着骨骼必须有一定的刚度和强度,同时不能太重。Kirkpatrick[61]研究了鸟、蝙蝠的体型与翅膀的几个形态变量之间的比例关系,以估计它们翅膀的应力水平。他还估计了飞行过程中翼骨的弯曲、剪切和断裂应力。他提出,蝙蝠骨的断裂应力约为 75MPa,鸟类为 125MPa。这种结构限制有助于解释为什么没有蝙蝠身体质量超过 1.5kg。Kirkpatrick[61]发现在滑翔期间和在悬停中的下行程期间,弯曲或剪切应力与翼展之间不存在联系。一般来说,鸟类的安全系数要高于蝙蝠。因此,鸟类能够承受更高的翼载荷。Kirkpatrick[61]的最终结论是,所关心的应力与尺度无关。

1.4.2 阻力和功率

像飞机一样,自然界的飞行动物必须输出功率,以产生升力并克服飞行期间的阻力。当翱翔或滑翔期间没有拍动翅膀时,飞行动物所需的功率来自势能到动能的转化,反之亦然。当飞行动物拍动翅膀时,功率是飞行肌肉做功的速率。对于本节中讨论的基本空气动力学概念,请参考如 Anderson[44]和 Shevell[46]的标准教科书。

作用在飞行动物上的总空气动力学阻力(D_{aero})是其通过空气时空气阻止其运动的结果,可以分为两个部分。在定常飞行时作用在翅膀上的两个阻力分量是由升力引起的诱导阻力(D_{ind}),以及与翅膀的形状阻力和摩擦阻力相关联的型阻(D_{pro})。有限展长翅膀上的总阻力(D_w)是这两个分量的总和:

$$D_w = D_{ind} + D_{pro} \tag{1.28}$$

寄生阻力(D_{par})定义为仅仅是在身体上的阻力,是鸟类的总阻力的一部分。这种阻力分量是由"非升力体"的形状阻力和摩擦阻力引起的(如果身体倾斜,并与自由流成一定角度,它将对升力有贡献,但这种贡献非常小,通常是可以忽略的)。如果将翅膀和身体的阻力相加,则可以将鸟的总空气动力学阻力(D_{aero})表示为

$$D_{\text{aero}} = D_{\text{ind}} + D_{\text{pro}} + D_{\text{par}} \tag{1.29}$$

本节中介绍的不同功率定义为在一定速度下为了克服特定阻力所需的功率。通过将阻力乘以前飞速度(U_{ref})可以获得向前定常飞行时所需的总空气动力学功率：

$$P_{\text{aero}} = D_{\text{aero}} U_{\text{ref}} \tag{1.30}$$

本节的主要目标是描述用于确定飞行所需总功率(P_{tot})的不同方法。功率分量根据向前速度以不同方式计算。由于在零速度(悬停飞行)和向前飞行之间存在明显差异，因此在计算功率分量时会分别处理这两种情况。

对于悬停飞行，如1.2.6节所述，悬停所产生的速度就是诱导速度(w_i)。由于向前速度可忽略不计，诱导速度是飞行器正下方尾流中的空气速度。在这种情况下，升力等于推力 T，即重力，悬停飞行所需的总空气动力是

$$P_{\text{aero}} = Tw_i \tag{1.31}$$

对于向前飞行，存在三个不同的功率分量，分别与式(1.29)[①]中的三个阻力分量相对应。这三个分量是：诱导功率(P_{ind})，是用于产生涡流并进一步产生升力和推力的功率；型功率(P_{pro})，这是克服翅膀形状阻力和摩擦阻力所需的功率；寄生功率(P_{par})，这是克服身体形状阻力和摩擦阻力所需的功率。与阻力分量的情况一样，功率分量加在一起就是水平飞行所需的总空气动力学功率：

$$P_{\text{aero}} = P_{\text{ind}} + P_{\text{pro}} + P_{\text{par}} \tag{1.32}$$

式中：P_{ind}是飞行期间产生升力所需的功率，随着飞行速度的增加而降低。在 Rayner[79]发展的理论中，假设上行程不会产生任何有用的空气动力影响，因此不考虑上行程。认为翅膀仅在拍动平面内移动(即没有向前或向后移动)。诱导功率由单次行程的尾流中的动能增量来计算得到。脱体涡环是椭圆形的，并且与水平方向成一定角度。动能有两个组成部分，即新生成的涡环自身的能量，和新涡环与尾流中已有涡环的耦合能量。耦合能量的贡献随着向前速度的增加而减小，并且在高于最小功率飞行的速度时，可以忽略。利用这种方法，可以以总能量的增量除以形成周期，计算出以前飞速度函数的诱导功率。

根据向前速度，使用不同的方法来估计式(1.32)中的功率分量。如果向前速度较高，则非定常效应很小，此时准定常假设可以给出良好的近似。对于慢速前进，旋涡理论更准确，尤其是在估计诱导功率时。

除了先前介绍的功率分量之外，惯性功率(P_{iner})指的是仅仅移动翅膀所需的动力。计算此功率时最重要的参数是翅膀的惯性矩。主要有两种方式获得较小的惯性矩：使翅膀质量尽可能低，并尽可能地将质量集中在旋转轴附近。在中等到快

---

① 原文误写为式(1.27)。

速飞行速度下,惯性功率通常很小,可以忽略不计[80]。但是,对于缓慢飞行或悬停飞行,必须考虑这种功率。

飞行所需的总功率(P_{tot})是总空气动力学功率和惯性功率之和,即

$$P_{tot} = P_{aero} + P_{iner} = P_{ind} + P_{pro} + P_{par} + P_{iner} \tag{1.33}$$

注意,这只是飞行所需的功率,与输入功率[81]不同。由于飞行肌肉受到自身机械效率的限制,并且所有动物都受到自身新陈代谢的调节,因此所需的输入功率高于方程(1.33)中所需的总功率。

所需功率(P)与前飞速度密切相关。描述这种关系的常用方法是采用功率曲线。对于固定翼飞行器,诱导功率与 U^{-1} 成比例,轮廓和寄生功率与 U^3 成正比,所需的功率由下式给出:

$$P \sim k_5 U^{-1} + K_6 U^3 \tag{1.34}$$

式中:k_5 和 k_6 是常数。

将每个功率分量表示为速度的函数,分别为 $P = f(U^3)$ 和 $P = f(U^{-1})$,可以绘制出两条曲线(图1.32)。图1.32 中的实线表示固定翼飞机定常飞行时所需的功率。如图1.32 所示,最常见的动力飞行速度曲线是 U 形曲线(在图1.33 中进一步说明),其中存在特定的速度 U_{mp},对应的功率为最小值。图1.33 中的直虚线从原点开始,并在某一点与 U 形曲线相交并具有相同的斜率。此时的速度是对应最大航程的速度 U_{Mr}。当飞行动物迁移时,它们需要在给予有限的能量下飞行很长的距离,因此倾向于以此速度飞行。

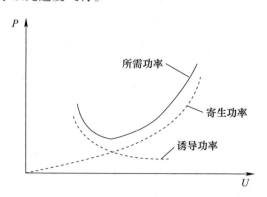

图1.32 固定翼飞行器的飞行所需功率及其两个分量。寄生功率曲线代表函数 $P = f(U^3)$,诱导功率曲线代表 $P = f(U^{-1})$

对于固定翼飞行器,如 Lighthill[52] 所述,U_{mp} 和 U_{Mr} 关系如下:

$$U_{Mr} = 1.32 U_{mp} \tag{1.35}$$

对于鸟类,功率曲线不一定是 U 形的。鸟类飞行领域的不同研究人员已经提出了不同形状的功率曲线[82],这取决于他们研究的功率分量和肌肉效率指标。然而,如图1.34 所示,在自然飞行物中确实观察到了 U 形的功率-飞行速度曲线。

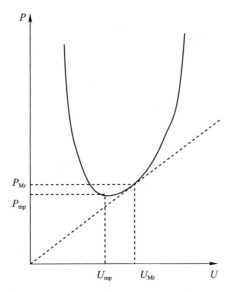

图 1.33　固定翼飞机的 U 形功率曲线。U_{mp}是最小功率(P_{mp})速度，U_{Mr}是最大航程速度

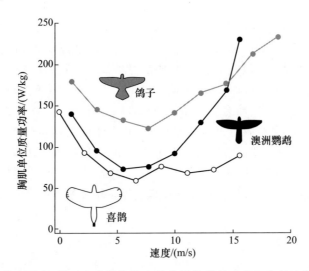

图 1.34　澳洲鹦鹉、鸽子和喜鹊的胸大肌的单位质量功率与飞行速度的函数关系。鸟类轮廓由视频数字化缩比而来[83]

1.5　本章小结

本章概述了各种低雷诺数飞行动物，讨论了几种飞行模式的简单机理，并强调了与翼展、翼面积、翼载荷、扑翼频率、动物尺寸和重量相关的飞行特性和缩比规律。

缩比律表明，随着飞行动物几何尺寸的减小，它必须更快地扑动以停留在空中，承受更低的翼载，能够更慢地巡航，具有更低的失速速度，并且因此可以更好地在紧急着陆时幸存。此外，随着飞行动物的体型变小，其重量以更快的速率减小，这意味着它只能够携带非常少的"燃料"并且必须经常重新补给。鸟类、蝙蝠和昆虫在悬停和向前飞行时利用不同的拍动模式以产生升力和推力。通常，在慢速前飞时，减缩频率和翼振幅倾向于较高的值，导致高度非定常的流动结构。在快速前进飞行时，减缩频率和翼振幅趋向于较高的值，并且尾流通常由一对连续的起伏涡管或涡线组成。与较小型的飞行动物相比，较大型的鸟类具有相对简单的翼尖路径。这里还讨论了与飞行相关的功率要求，包括特定功率和飞行速度之间的 U 形曲线。

随着飞行动物的减小，其飞行的雷诺数也会降低。如后所述，随着雷诺数的降低，固定翼的升阻比也将受到不利影响。由于重量轻且飞行速度慢，小型飞行器受飞行环境（如阵风）的影响比大型飞行器大得多。为了克服这些挑战，自然飞行动物使用扑翼和翼尾协调来改善飞行性能，包括力的产生和机动性。固定翼设计（除了诸如三角翼之类的明显例子之外）往往倾向于没有大规模旋涡流动的流动模式，而扑翼动物，特别是蜂鸟和昆虫等较小的物种，会产生连贯的具有低压区域的大规模涡流。正如将在第 3 章中详细讨论的那样，有几种流动机制有助于产生必要的升力和推力，包括通过在动态俯仰下（通过主动的肢体和肌肉运动，或被动的结构形状变形引起的）迎角改变引起的前缘涡流、在适当展弦比下的展向流动等。当然，翅膀的运动、阵风和环境不确定性的重大影响，以及在拍动期间翅膀的相关结构变形使扑翼空气动力学更加复杂且难以分析。

在下一章中，将总结固定翼空气动力学，并介绍低雷诺空气动力学的基本知识，如流动分离、层流 – 湍流转捩等。在第 3 章中，将讨论刚性扑翼空气动力学，并关注机翼运动学以及由此产生的涉及扑翼的非定常流动特征。在第 4 章中，将讨论柔性扑翼的气动弹性，包括主动和被动机制以及相关的结论。

第 2 章 固定刚性翼空气动力学

如前所述,MAV 的飞行有以下几个突出特点:①低雷诺数($10^4 \sim 10^5$),导致空气动力学性能下降;②较小的几何尺寸,导致有效载荷能力大大降低,但也带来一些有利的缩比特性,包括较小的结构强度、较低的失速速度和较好的抗冲击性;③低飞行速度,导致对飞行环境(如阵风)以及固有的非定常飞行特性产生一阶影响。优选的低雷诺数翼型形状,包括厚度、弯度和展弦比,通常有别于有人驾驶飞机的翼型。在本章中,将讨论与刚性固定翼相关的低雷诺数空气动力学,包括翼型形状、层流-湍流转捩和非定常自由来流对飞行性能的影响。

Schmitz[84]是德国最早研究模型飞机空气动力学的人之一,于 1942 年发表了研究成果。他的工作通常被认为是有记录的最早的低速风洞研究。然而,Brown[85]和 Weiss[86]更早在《国际航空模型杂志》(The Journal of International Aeromodeling)的两期(也是唯一的两期)中发表了关于低雷诺数空气动力学的实验研究。Brown 的实验主要集中在由两段圆弧构成的弧形翼型上,最大弯度固定为 8%,而最大弯度的位置是变化的。机翼的实验截面均为 12.7cm×76.2cm,AR 固定为 6,实验均在 94cm/s 的自由来流速度下进行。虽然 Brown 没有在研究[85]中提及雷诺数,但估计约为 8×10^3。

我们很难判断这些早期工作报告中的测量质量(图 2.1)。尽管如此,这些出版物已经清楚地表明,模型飞机的工作为科学研究提供了很多探索,并且持续激发了人们关于低雷诺数空气动力学多方面的热情。这里展示了 Brown 实验[85]的代表性图形,以帮助我们从历史的角度看待问题。

许多已发表的论文增进了我们对低雷诺数流动的理解,充实了已有的实验数据库,并为低雷诺数翼型设计提供了指导。例如,Liebeck[87]、Selig 等[88-90]提供了有价值的见解,Hsiao 等[91]与 Liebeck[87]已经解决了雷诺数在 $2 \times 10^5 \sim 2 \times 10^6$ 之间的层流分离和翼型设计的问题。Hsiao 等[91]研究了 NACA①$63_3$-018 翼型在雷诺数 $3 \times 10^5 \sim 7.74 \times 10^5$ 之间的空气动力和流动结构。Selig 等公布了多种翼型的基本空气动力学数据,雷诺数为 $6 \times 10^4 \sim 3 \times 10^5$[88,90],和 $4 \times 10^4 \sim 3 \times 10^5$[89]。在接下来的部分中,将讨论雷诺数在 $10^2 \sim 10^6$ 之间的空气动力学特性和流动机理,重点是关于雷诺数为 10^5 或更低的问题。

---

① 美国国家航空咨询委员会。

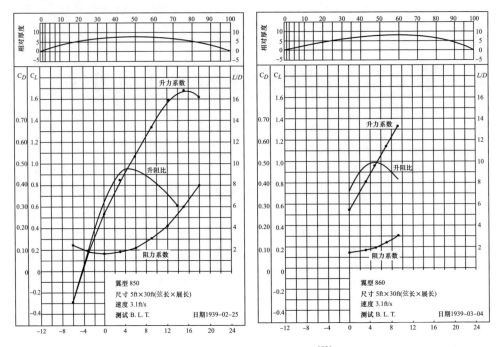

图 2.1 Brown 记录的两个翼型的低速空气动力学实验[85]。翼型弦长为 12.7cm,自由来流速度为 94cm/s

2.1 层流分离和湍流转捩

图 2.2 显示了定常自由来流下几种典型翼型的空气动力学性能和形状。随着雷诺数变低,升阻比显著降低。空气动力特征与层流-湍流转捩过程有关。对于雷诺数超过 10^6 的常规有人飞行器机翼,其周围的流动通常是湍流,近壁流体能够通过与自由来流的能量"混合"来增强其动量。因此,在迎角变大之前不会遇到流动分离。在低雷诺数时,流动最初是层流,即使在中等的逆压梯度下也易于分离。在某些情况下,如下所述,分离的流动重新附着并形成层流分离泡(Laminar Separation Bubble, LSB),同时从层流状态转变为湍流状态。层流分离可以改变翼型的有效形状,因此它影响空气动力学性能。

LSB 的实验观察是由 Jones[92] 首次记录的。通常,在足够大的逆压梯度下,层流趋于在变成湍流之前分离。分离后,流动结构变得越来越不规则,超过一定的阈值后,流动经历从层流到湍流的转捩。湍流混合过程中,自由来流里的高动量流体被带到近壁区域,这可以克服不利的压力梯度,导致流动重新附着。

LSB 的主要特征如图 2.3(a)所示。分离后,层流形成自由剪切层,包含在黏性区域的外边缘 $S''T''$ 和平均分流线 ST' 之间。在转捩点 T 的下游,湍流可以通过扩散

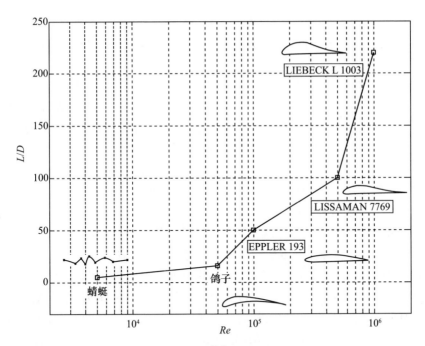

图 2.2 典型翼型的气动特性。基于 Lissaman[21] 的数据绘制。Re 表示雷诺数,L/D 为升阻比

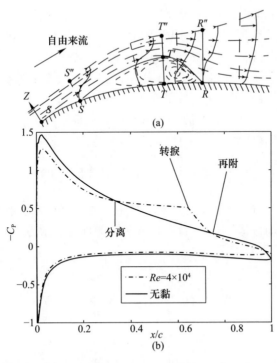

图 2.3 (a)层流 - 湍流转捩的流动结构示意图[93](美国航空航天协会(AIAA)版权所有);(b) XFOIL 预测的 SD7003 翼型上的压力分布[96]

带来大量的高动量流体[93],这使得分离的流动能够重新附着到壁面上并形成湍流的自由剪切层。湍流自由剪切层包含在线 $T''R$ 和 $T'R$ 之间。涡流区域由 $ST'R$ 和 STR 界定。

在分离点的下游存在"死水区",其中的流动速度显著低于自由流速度,可以认为流动几乎是静止的。因为自由剪切层是层流,掺混效果明显比湍流低,所以分离和转捩之间的流速实际上是恒定的[93]。速度几乎恒定这一点也反映在图2.3(b)的压力分布中。压力"平台"是分离流层流部分的典型特征。

LSB的动力学取决于雷诺数、压力分布、几何形状、表面粗糙度和自由流湍流。Carmichael[94]给出的经验规则表明,以自由流速度和从分离点到重新附着点的距离为参考的雷诺数约为 5×10^4。这表明,如果雷诺数小于 5×10^4,则翼型将在没有重新附着的情况下发生分离;相反地,如果雷诺数略高于 5×10^4,则会出现长的分离气泡。此规则提供了预测重新附着的一般指导,但应谨慎使用。正如稍后讨论的那样,转捩和重新附着过程太复杂,不能单独用雷诺数来描述。

随着雷诺数的减小,黏性阻尼效应增加,并且倾向于抑制转捩过程或延迟重新附着。如果雷诺数足够低以使流动完全保持层流或者压力梯度太大,那么流动将不再重新附着。因此,在没有重新附着的情况下,不会形成分离泡,然后流动发生完全分离。

根据其对压力和速度分布的影响,LSB可分为短泡或长泡[95]。短泡覆盖了翼型的一小部分,在改变翼型上的速度和压力方面的作用很小。在这种情况下,压力分布除了在气泡位置附近与无黏分布略有偏差外,其余部分与无黏压力分布一致。相比之下,长泡覆盖了翼型相当大的部分并且显著地改变了无黏压力分布和速度峰值。长泡的存在导致了升力的降低和阻力的增加。

通常,分离气泡在再附点处的边缘速度 u_e 和动量厚度 θ 具有非常陡峭的梯度,导致 u_e 和 θ 在短距离内跳跃。对于不可压缩流动,动量厚度定义为

$$\theta = \int_0^{\xi\to\infty} \frac{u}{U}\left(1 - \frac{u}{U}\right)\mathrm{d}\xi \tag{2.1}$$

式中:u是流向速度;U是自由流速度。对于平板绕流,动量厚度等于阻力除以 ρU^2。如果忽略表面摩擦,则这些跳跃之间的相关性可表示为

$$\frac{\Delta\theta}{\theta} \approx -(2+H)\frac{\Delta u_e}{u_e} \tag{2.2}$$

式中:H是形状因子,定义为附面层位移厚度 δ^* 和动量厚度 θ 之比。附面层位移定义为

$$\delta^* = \int_0^{\xi\to\infty}\left(1 - \frac{u}{U}\right)\mathrm{d}\xi \tag{2.3}$$

由于流动结构的变化,形状因子 H 在分离点的下游迅速增加。因此,根据公

式(2.2),动量厚度跳跃对分离泡的转捩位置十分敏感。此外,由于翼型阻力直接受到动量厚度跳跃的影响,因此精确的层流-湍流转捩模型对于阻力预测非常重要。

图2.4说明了LSB随雷诺数变化的规律。分析采用XFOIL求解器[96],该求解器使用薄层流体流动模型,假设横向尺度远小于流向尺度。在固定的迎角下,当雷诺数变化时,可以识别出四种流动状态。如图2.4所示,在雷诺数 $Re = 10^6$ 时,在上表面存在短的LSB,影响当地速度分布。在中间雷诺数(如 $Re = 4 \times 10^4$)下,短气泡破裂形成长气泡。峰值速度显著低于非黏性流动的峰值速度。随着雷诺数的减小(如 $Re = 2 \times 10^4$),速度峰值和环量进一步减小,减小了吸力峰值后的压力梯度。较弱的压力梯度减弱了层流附面层中扰动的放大,延迟了转捩并延长了自由剪切层。在该雷诺数下,流动分离不再重新附着到翼型表面,并且流动主结构不再对雷诺数的精确值敏感。

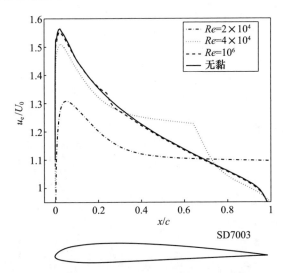

图2.4 在 AoA = 4°,不同雷诺数时,SD7003翼型的上表面流向速度分布。图中同时给出了无黏和有黏结果。在雷诺数 $Re = 10^6$ 时,观察到短气泡,除此之外,速度分布与无黏速度分布大部分吻合。在较低的雷诺数($Re = 4 \times 10^4$)下,观察到破裂后的长泡,对速度分布产生了显著影响。最后,在雷诺数 $Re = 2 \times 10^4$ 时,观察到没有重新附着的完全分离流动。u_e 是平行于翼型表面的附面层边缘的速度,U_0 是自由来流速度。结果由 XFOIL 计算[96]

对于固定的雷诺数,改变迎角会改变吸力峰值后的压力梯度,从而改变LSB。在这方面,改变迎角对LSB具有与改变雷诺数相同的效果。图2.5表明,在雷诺数固定为 6.01×10^4 时,Eppler E374 的升力-阻力极曲线中出现了锯齿形:

(1)在较低的迎角(如2.75°)下,翼型表面上有一个长泡,导致很大的阻力。

(2)当迎角增加(从4.03°到7.82°)时,上表面的逆压梯度增大,使Tollmien-

Schlichting(TS)波增强,导致加速的层流-湍流转捩过程。

(3)当迎角进一步增加(超过 7.82°)时,分离的流动很快就会发生转捩,然而,在大分离情况下,湍流扩散不再能使流动重新附着,并且阻力迅速增加而升力几乎不变。

如前描述的升力-阻力极曲线中的 Z 形图案是低雷诺数空气动力学的显著特征。如图 2.5 所示,在足够高的雷诺数下,极曲线呈现出熟悉的 C 形。

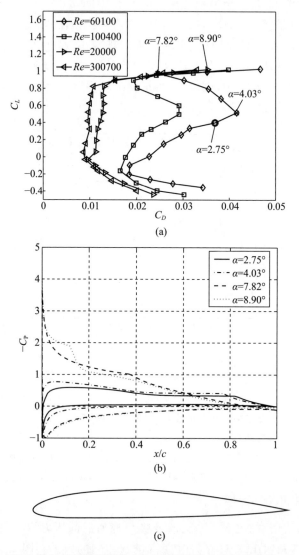

图 2.5 Eppler E374 翼型在不同雷诺数(基于弦长)下的升阻极曲线。(a)不同雷诺数下的升阻极曲线;(b)$Re = 6.01 \times 10^4$ 时,不同迎角下的压力系数分布;(c)Eppler E374 翼型形状。结果由 XFOIL 计算[96]

Young 和 Horton[97]回顾了早期关于低雷诺数空气动力学的实验研究。Carmichael[94]进一步回顾了雷诺数为 $10^2 \sim 10^9$ 的各种翼型的理论和实验结果。许多研究人员特别研究了雷诺数在 $10^4 \sim 10^6$ 范围内机翼的近壁面流动和空气动力载荷。Crabtree[98]研究了薄翼型上短泡和长泡的形成。与前面对两种类型的分离泡的讨论一致,他认为长泡直接影响空气动力学特性,而短泡则起到引发湍流附面层的作用。

在过去的 20 年中,已经报道了关于近壁流动结构和空气动力学性能之间相互作用的大量研究。例如,Huang 等[99]研究了不同雷诺数下的空气动力学性能与表面流动模式的关系。Hillier 和 Cherry[100]以及 Kiya 和 Sasaki[101]研究了自由来流湍流对带直角平板分离泡的影响,发现了气泡的长度、分离区域涡流的大小、吸力峰值压力水平都与剪切层外部和分离点附近的湍流有很好的相关性。

2.1.1 Navier–Stokes 方程和转捩模型

在低雷诺数飞行器通常所处的飞行雷诺数范围内,定常性质 Navier–Stokes 方程足以描述层流和湍流计算所需的流动机理。

$$\frac{\partial u_i}{\partial x_i} = 0 \tag{2.4}$$

$$\frac{\partial u_i}{\partial t} + \frac{\partial}{\partial x_j}(u_i u_j) = -\frac{1}{\rho}\frac{\partial p}{\partial x_i} + \nu \frac{\partial^2}{\partial x_j^2}(u_i) \tag{2.5}$$

式中:u_i 是平均流速;ν 是运动黏度。对于湍流,如果求解 Navier–Stokes 方程的时间平均(简称"时均")形式,则需要闭合湍流项。文献[102]中提出了许多闭合模型。这里以两方程 $k-\omega$ 湍流模型[102]为例。为清楚起见,湍流模型用笛卡儿坐标表示如下:

$$\frac{\partial k}{\partial t} + \frac{\partial(u_j k)}{\partial x_j} = \tau_{ij}\frac{\partial u_i}{\partial x_j} - \beta^* \omega k + \frac{\partial}{\partial x_j}\left[(\nu + \sigma^* \nu_T)\frac{\partial k}{\partial x_j}\right] \tag{2.6}$$

$$\frac{\partial \omega}{\partial t} + \frac{\partial(u_j \omega)}{\partial x_j} = \frac{\alpha \omega}{k}\tau_{ij}\frac{\partial u_i}{\partial x_j} - \beta \omega^2 + \frac{\partial}{\partial x_j}\left[(\nu + \sigma \nu_T)\frac{\partial \omega}{\partial x_j}\right] \tag{2.7}$$

$$\nu_T = \frac{\alpha^* \omega}{k}, \tau_{ij} = 2\nu_T S_{ij} - \frac{2}{3}k\delta_{ij}, S_{ij} = \frac{1}{2}\left(\frac{\partial u_i}{\partial x_j} + \frac{\partial u_j}{\partial x_i}\right) \tag{2.8}$$

$$\alpha^* = \frac{\alpha_0^* + Re_T/R_k}{1 + Re_T/R_k}, \alpha = \frac{13}{25}\frac{\alpha_0 + Re_T/R_k}{1 + Re_T/R_k}\frac{1}{\alpha^*} \tag{2.9}$$

$$\begin{cases} \beta^* = \frac{9}{100}\frac{4/15 + (Re_T/R_\beta)^4}{1 + (Re_T/R_\beta)^4}, Re_T = \frac{k}{\omega \nu} \\ \beta = \frac{9}{125}, \sigma^* = \sigma = \frac{1}{2}, \alpha_0^* = \frac{1}{3}\beta, \alpha_0 = \frac{1}{9} \end{cases} \tag{2.10}$$

$$R_\beta = 8, R_k = 6, R_\omega = 2.95 \qquad (2.11)$$

对于前面的等式,k 是湍流动能,ω 是耗散率,v_T 是湍流运动涡黏度,Re_T 是湍流雷诺数,α_0、β、R_β、R_k 和 R_ω 是模型常数。为了解决从层流到湍流的转捩,需耦合不可压缩的 Navier-Stokes 方程与转捩模型。

层流-湍流转捩的发生对各种干扰很敏感,如由压力梯度、壁面粗糙度、自由流湍流、气动噪声和热环境等产生的扰动。目前尚不存在考虑所有这些因素的综合转捩模型。即使将注意力集中在自由流的湍流上,提供准确的数学描述仍然是一个挑战。总的来说,转捩预测的方法可以分为:①经验方法和基于线性稳定性分析的方法,如 e^N 方法[96];②线性或非线性抛物化稳定性方程[103];③大涡模拟(LES)[104] 或直接数值模拟(DNS)方法[105]。

人们发展了一些经验方法来预测分离泡中的转捩。例如,Roberts[93]、Volino 和 Bohl[106] 发展了基于当地湍动水平的模型,Mayle[107]、Praisner 和 Clark[108] 以及 Roberts 和 Yaras[109] 通过使用基于动量厚度的当地雷诺数来验证其概念。这些模型仅使用一个或两个当地参数来预测转捩点,因此通常过度简化了下游因素,如压力梯度、表面几何形状和表面粗糙度。对于附着流,Wazzan 等[110] 提出了一个基于形状因子 H 的模型。他们的模型给出了各种问题的转捩点和雷诺数之间的统一相关性。然而,对于分离流动,不存在类似的模型,部分原因是难以估计形状因子。

在采用线性稳定性分析的方法中,e^N 方法已被广泛采用[111-112]。它通过求解 Orr-Sommerfeld 方程,根据固体表面的速度和温度分布来评估非定常波的局部增长率。它的成功应用体现在翼型分析软件(如 XFOIL[96])的广泛使用。XFOIL 使用定常欧拉方程来求解非黏性流,以两方程的耗散封闭积分公式来表示附面层和尾流,并用 e^N 方法来处理转捩。Radespiel 等[113]、Stock 和 Haase[114]、He 等[115] 将雷诺平均 Navier-Stokes(RANS)求解器与 e^N 方法耦合以预测转捩。这种方法在低雷诺数中的应用可以在 Yuan[116]、Lian 和 Shyy[117] 等的工作中找到。

e^N 方法基于以下假设:①速度和温度分布基本上是二维且定常的;②初始扰动是无穷小的;③附面层是薄的。尽管在实践中 e^N 方法已经扩展到研究三维流动,但严格来说,这种流动不符合前述条件。此外,即使在二维流动中,也不能满足所有这些假设[118]。然而,e^N 方法仍然是工程中实用且有效的方法。

湍流建模的进步使得转捩预测的新方法成为可能。例如,Wilcox 设计了一个低雷诺数 $k-\omega$ 湍流模型来预测转捩[119]。他的目标之一是匹配 TS 波在 Blasius 附面层背景下开始形成的最小临界雷诺数。然而,如果在达到最小雷诺数之前发生分离诱导的转捩,则该模型失效,这种情况在分离诱导的转捩中经常发生。Holloway 等[120] 使用非定常 RANS 方程来研究钝体上的流动分离,雷诺数范围为 $10^4 \sim 10^7$。如 Dick 和 Steelant[121] 所观察到的,即使对于平板流动情况,预测的转捩点也可能太早。此外,Dick 和 Steelant[122] 以及 Suzen 和 Huang[123] 将"间歇因子"的概念纳入了转捩流动的模型,可以通过使用时均的 Navier-Stokes 方程或通过将涡黏性乘以间歇因子来对此进行建模。在任一种方法中,间歇因子都是基于输运方程求解的,并辅以经验相关性。Mary 和 Sagaut[124] 使用 LES 研究了翼型周围的临近失速现象,Yuan 等[116]使用 LES 研究了在低雷诺数翼型上的转捩。

2.1.2 e^N 方法

在本节中,将更详细地介绍 e^N 方法,因为它构成了低雷诺数空气动力学预测的基础,并且已证明 e^N 方法在实际工程中非常有用。如上所述,e^N 方法基于线性稳定性分析,其表明转捩发生在附面层中最不稳定的 TS 波受某种因素的影响而放大的时候。给定速度分布,可以通过求解 Orr – Sommerfeld 特征值方程来确定局部扰动增长率。然后,通过将生长速率(通常是空间生长率)从中性稳定性点开始积分来计算放大系数。Wazzan 及其合作者[125]的转捩分析程序系统(TAPS)和 Malik[126] 的 COSAL 程序可用于计算给定速度剖面的增长率。Schrauf 还开发了一个名为 Coast3 的程序[127]。然而,求解特征值方程非常耗时。Gleyzes 等提出了另一种方法[128],他发现积分放大系数 $\tilde{n}$ 可以用经验公式近似如下:

$$\tilde{n} = \frac{d\tilde{n}}{dRe_\theta}(H)[Re_\theta - Re_{\theta_0}(H)] \tag{2.12}$$

式中:Re_θ 是动量厚度雷诺数;Re_{θ_0} 是将在后面定义的临界雷诺数;H 是前面讨论过的形状因子。通过这种方法,可以在不求解特征值方程的情况下以相当好的精度逼近放大系数。对于相似的流动,放大系数 $\tilde{n}$ 由以下经验公式确定:

$$\frac{d\tilde{n}}{dRe_\theta} = 0.01\{[2.4H - 3.7 + 2.5\tanh(1.5H - 4.65)]^2 + 0.25\}^{1/2} \tag{2.13}$$

对于非相似流(即那些不能通过 Falkner – Skan 剖面族得到的相似变量处理的流动[129]),相对于空间坐标 ξ 的放大系数表示为

$$\frac{d\tilde{n}}{d\xi} = \frac{d\tilde{n}}{dRe_\theta}\frac{1}{2}\left(\frac{\xi}{u_e}\frac{du_e}{d\xi} + 1\right)\frac{\rho u_e \theta^2}{u_e \xi}\frac{1}{\theta} \tag{2.14}$$

然后,积分形式的放大因子可以显式表达为

$$\tilde{n}(\xi) = \int_{\xi_0}^{\xi} \frac{d\tilde{n}}{d\xi}d\xi \tag{2.15}$$

式中:ξ_0 是 $Re_\theta = Re_{\theta_0}$ 的点,临界雷诺数由以下经验公式表示:

$$\lg Re_{\theta_0} = \left(\frac{1.415}{H-1} - 0.489\right)\tanh\left(\frac{20}{H-1} - 12.9\right) + \frac{3.295}{H-1} + 0.44 \tag{2.16}$$

一旦积分增长率达到阈值 N,流动就变为湍流。为了结合自由流湍流度的效应,Mack[130] 提出了自由流强度 T_i 和阈值 N 之间的相关性:

$$N = -8.43 - 2.4\ln T_i, \quad 0.0007 \leq T_i \leq 0.0298 \tag{2.17}$$

然而,使用这种相关性时应该注意,自由来流湍流度本身不足以描述扰动,还应考虑其他信息,如频谱上的分布。所谓的感应性,即附面层内的初始扰动与外部扰动的相关性是一个至关重要的问题。实际上,如果知道"有效 T_i",我们只能确定 N 因子,这只能通过比较测量的转捩位置和计算得到的放大率来定义[131]。

使用耦合 RANS 方程和 e^N 方法预测转捩点的典型过程如下:首先,将 Navier - Stokes 方程与湍流模型一起求解,而不调用湍流产生项,流动实质上是层流的。然后沿流向根据式(2.12)积分放大系数 $\tilde{n}$。一旦该值达到阈值 N,就激活湍流产生项用于转捩后的计算。在转捩点之后,流动不会立即变为湍流,相反,向完全湍流的发展是一个渐进的过程。该过程可以用间歇函数来描述,它允许流动由层流和湍流结构的组合来表示。利用间歇函数,在湍流模型中使用有效的涡黏度,可表示如下:

$$\nu_{Te} = \gamma \nu_T \tag{2.18}$$

式中:γ 是间歇函数;ν_{Te} 是有效的涡黏度。

在文献中已经提出了各种间歇分布函数。例如,Cebeci[132]通过改进 Chen 和 Thyson[133]先前提出的模型,提出适用于雷诺数范围为 $2.4 \times 10^5 \sim 2 \times 10^6$,具有 LSB 流动的间歇分布函数。然而,当雷诺数低于 10^5 时,还没有可用的模型。Lian 和 Shyy[117]认为,对于在如此低的雷诺数范围内的分离诱导转捩,间歇分布在很大程度上取决于从分离点到转捩点的距离:距离越短,流动越快变为湍流。此外,以前的工作表明转捩点的流动特性也很重要。根据现有的实验数据和我们的模拟,Lian 和 Shyy[117]提出了以下模型:

$$\gamma = \begin{cases} 1 - \exp\left(-\left[\exp\left(\frac{\max(H_T - 2.21, 0)}{20}\right)^2 - 1\right]\left(\frac{x - x_T}{x_T - x_S}\right)Re_{\theta T}\right) & (x \geq x_T) \\ 0 & (x < x_T) \end{cases} \tag{2.19}$$

式中:x_T 是转捩起始位置;x_S 是分离位置;H_T 是转变点处的形状因子;$Re_{\theta T}$ 是基于转捩点处动量厚度的雷诺数。

2.1.3 算例:SD7003 翼型

Lian 和 Shyy[117]使用一种由 e^N 方法增强的 Navier - Stokes 方程求解器研究了雷诺数效应。SD7003 翼型升力和阻力系数随迎角的变化如图 2.6 所示。该图生动地显示了数值结果[117]与 Ol 等[134]、Selig 等[88]的实验测量值之间的良好一致性。Ol 等的模拟和测量[134]都预测最大升力系数发生在 AoA = 11°。靠近失速的迎角范围,模拟预测的升力系数偏大。

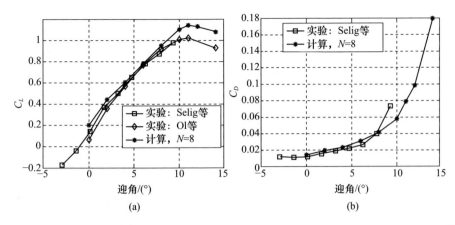

图 2.6 雷诺数 $Re = 6 \times 10^4$ 时的 SD7003 翼型。(a)升力系数;(b)阻力系数对迎角的曲线[117]

如图 2.7 所示,随着迎角的增加,吸力峰值下游的逆压梯度变得更强,分离点向前缘移动。较大的压力梯度放大了分离区的扰动并促使转捩发生。随着湍流的发展,增强的夹带作用导致重新附着。当迎角为 2° 时,分离点的位置约为弦长的 37%,转捩发生在弦长的 75% 处,形成了一个长泡。如图 2.7(a) 所示的压力分布平台是 LSB 的特征。如图 2.7(b) 所示,气泡长度随着迎角的增加而减小。

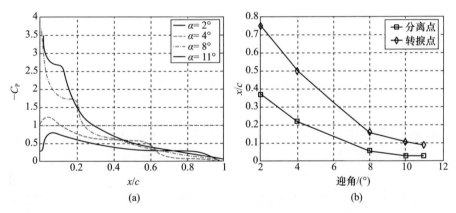

图 2.7 SD7003 翼型。(a)压力系数;(b)分离和转捩与迎角的关系,$Re = 6 \times 10^4$ [117]

Lian 和 Shyy[117] 将计算的剪切应力与 Radespiel 等的实验测量结果进行了比较[135]。考虑到低湍流性质,该实验采用了低湍流度风洞和水洞。Radespiel 等[135] 建议采用较大的临界 N 因子。如图 2.8 所示,Lian 和 Shyy[117] 在 $N = 8$ 时的模拟结果表明,在转捩位置、重新附着位置和涡核位置等方面与测量结果吻合良好。应该注意的是,在实验中,转捩位置被定义为归一化雷诺剪切应力达到 0.1% 并且表现出明显可见的上升点。然而,模拟中的转捩点被定义为最不稳定的 TS 波因 e^N 因子而放大的点。当比较转捩位置时,这种定义差异可能会引起一些问题。无论如何,通常模拟预测的剪切应力大小明显低于实验测量结果。最近,由 Galbraith、Visbal[136]和 Uranga 等[137]进行了雷诺数为 6×10^4 的 SD7003 矩形机翼 LES 模拟。他们讨论了基于瞬时和相平均的流动特征和湍流静力学的转捩机制。此外,使用时间分辨粒子图像测速(PIV),Hain 等[138]研究了雷诺数为 6.6×10^4 时 SD7003 机翼周围流动的转捩机制。他们认为 TS(Tollmien - Schlichting)波触发了 KH(Kelvin - Helmholtz)波的放大,这就解释了为什么分离气泡的大小受分离时 TS 波的大小影响。

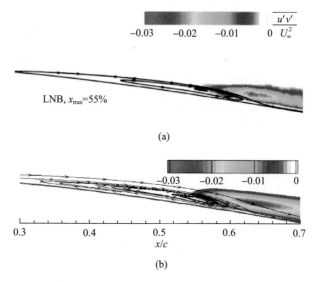

图 2.8　AoA = 4°时的流线和湍流剪切应力。(a) Radespiel 等的实验测量[135];
(b) Lian 和 Shyy[117]进行 $N = 8$ 的数值模拟(见彩图)

随着迎角的增加,分离位置和转捩位置都向上游移动,并且分离泡收缩。迎角为 8°和 11°的测量在水洞中进行,测得的自由流湍流度为 0.8%。在 AoA = 8°时,Lian 和 Shyy[117]的模拟预测流动在弦长的 15% 处发生转捩,接近实验测量的 14%。气泡长度约占翼型上表面的 8%。8°迎角的计算和实验结果如图 2.9 所示。在 AoA = 11°时,翼型接近失速。在层流气泡中,分离的流动需要更大的回复压力以重新附着。Lian 和 Shyy[117]预测,流动在弦长的 5% 处分离,在 7.5% 弦长位置转捩,然后分离流快速重新附着。然而实验测得的转捩实际上发生在 8.3% 弦长处。这种快速重新附着通常代表强迫转捩机制。图 2.10 中表明计算出的雷诺剪切应力与实验测量吻合良好。

对于低雷诺数翼型,基于弦长的雷诺数是用于表征总体空气动力学的关键参数。在分离位置和转捩位置之间,如图 2.11(a)所示,形状因子 H 和基于动量厚度的雷诺数随弦长雷诺数增加。如图 2.11(b)所示,有效翼型形状,即翼型与附面层

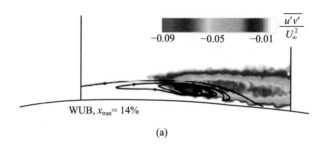

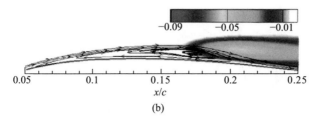

图 2.9　AoA = 8°的流线和湍流剪切应力。(a) Radespiel 等的实验测量[135]；(b) Lian 和 Shyy[117]进行 $N = 8$ 的数值模拟(见彩图)

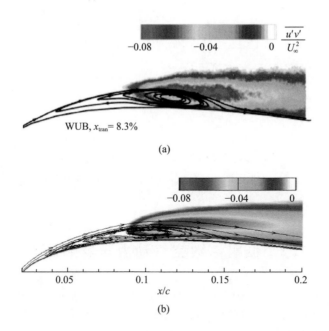

图 2.10　AoA = 11°的流线和湍流剪切应力。(a) Radespiel 等的实验测量[135]；(b) Lian 和 Shyy[117]进行 $N = 8$ 的数值模拟(见彩图)

位移厚度的叠加,在雷诺数 $Re = 4 \times 10^4$ 时具有最大的弯度。这有助于解释为什么在该雷诺数下获得了最大升力系数(图 2.11(c))。当雷诺数从 4×10^4 增加到 6×10^4

时,弯度显著减小,但当雷诺数进一步增加时,没有显示出相当大的变化。因此,即使在较高的雷诺数下 LSB 长度较短,也不会观察到升力系数的大幅增加。从图 2.11(d) 可以得出结论,升阻比的增加主要是由于随雷诺数变大时摩擦阻力的减小。随着雷诺数的增加,形状阻力不会像摩擦阻力那样明显变化。

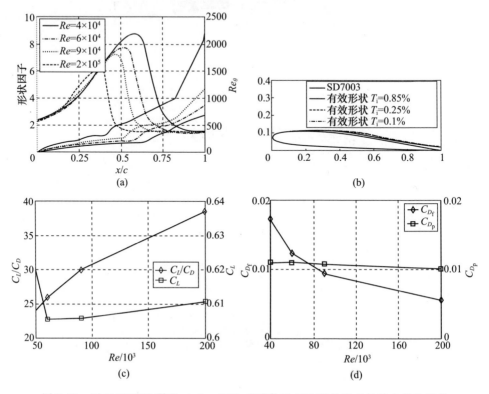

图 2.11 对于 SD7003 翼型,AoA = 4°时,雷诺数对 LSB 形状和空气动力学性能的影响[117]。(a)形状因子和基于动量厚度的雷诺数;(b)翼型有效形状;(c)升阻比;(d)阻力系数

2.2 低雷诺数空气动力学影响因素

由于流动分离和层流 - 湍流转捩的影响,低雷诺数流动中性能良好的翼型形状有别于高雷诺数流动中的形状。除了雷诺数之外,翼型弯度、厚度、表面光滑度、自由流不稳定性和展弦比在决定低雷诺数飞行器的空气动力学性能中起重要作用。本节将讨论这些因素。

2.2.1 $Re = 10^3 \sim 10^4$

Okamoto 等[139]进行了机翼弯度对其性能影响的实验研究,雷诺数范围为 $10^3 \sim$

10^4。他们的实验采用由铝箔或轻木制成的矩形机翼,其 AR = 6。图 2.12 说明了弯度对空气动力学特性的影响。随着弯度的增加,升力线斜率和最大升力系数也随之增加。弯度的增加使最大升力系数和最大升阻比对应的迎角增加。更有意思的是,3% 的弧形翼型表现出抗失速趋势,升力在迎角为 10° 以上仍保持稳定。虽然具有高阻力系数的缺点,但是低弯度翼型对迎角不太敏感,因此不需要复杂的操纵装置。

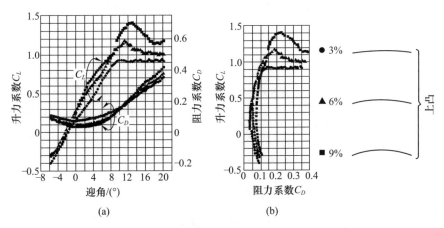

图 2.12 弯度对机翼气动特性的影响,机翼为铝制矩形模型,剖面厚 0.3mm,弦长 30mm。不同标记代表不同弯度。(a) C_L 和 C_D 随迎角变化的曲线;(b) 升阻极曲线。来自 Okamoto 等[139]

Sunada 等[140] 采用 AR = 7.25 的矩形机翼,比较了雷诺数为 4×10^3 时各种机翼的气动特性,其中代表性的机翼如图 2.13 所示。在对 20 个机翼进行测试后,他们得出结论:在约为 5% 的适当弯度下,机翼性能可以有所提高。图 2.14 给出了

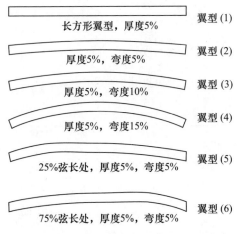

图 2.13 Sunada 等测试的翼型形状[140]。经许可重新绘制

随迎角变化的升力和阻力系数。在雷诺数 $Re = 4 \times 10^3$ 时，Sunada 及其同事发现的弯度对空气动力学特性的影响与 Okamoto 等报道的类似[139]。在他们的实验中，升力线斜率随着弯度的增加而增加；较高弯度的机翼具有较高的失速迎角，并且相比于较低弯度的机翼，在相同迎角下通常具有较大的阻力系数。如果进一步比较具有相当弯度的机翼，我们注意到它们具有几乎相同的失速迎角。Sunada 等[140]还研究了最大弯度位置的影响，如图 2.15 所示。他们发现随着最大弯度的位置逐渐接近尾缘，升力系数和阻力系数都会增加。当最大弯度位于 25% 弦长位置时，升阻比达到最大值。

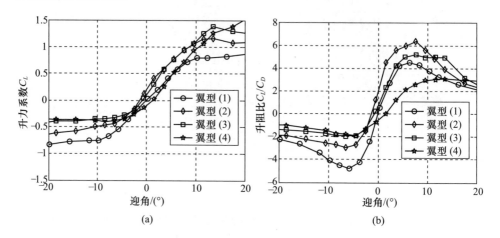

图 2.14　最大弯度位置对空气动力学特性的影响，$Re = 4 \times 10^3$。图片来自 Sunada 等[140]。经许可重新绘制

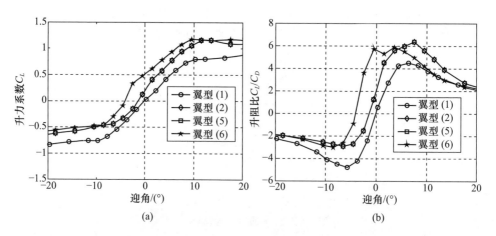

图 2.15　最大弯度位置对空气动力学特性的影响，$Re = 4 \times 10^3$。图片来自 Sunada 等[140]。经许可重新绘制

Okamoto 等[139]也研究了翼型"厚度"的影响。他们发现机翼的空气动力学特

性随着厚度的增加而恶化(图 2.16)。与光滑和流线型的传统翼型相比,昆虫翼型表现为粗糙的表面。例如,蜻蜓翅膀的横截面波纹(图 2.17(c))或翼面上的鳞片(蝴蝶和蛾)。有证据表明,波纹翼结构赋予了蜻蜓在结构和空气动力学上的优势。首先,它对超轻型翼的结构稳定性至关重要。其次,Newman 和 Low[141]以及 Buckholz[142]对波纹翼进行可视化实验,发现这种几何形状有助于改善空气动力学性能。原因正如 Kesel 所说,涡流填充了由这些弯曲形成的轮廓谷,因此使轮廓几何形状平滑[143]。

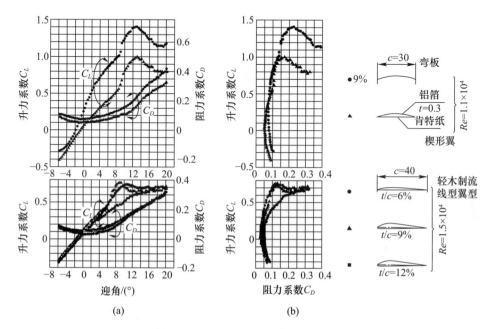

图 2.16　厚度对有弯度机翼模型气动特性的影响(翼型弯度 9%)。不同标记代表不同的翼型形状。c:弦长;t:厚度;Re:雷诺数。所有尺寸均以 mm 为单位。(a)C_L 和 C_D 随迎角变化的曲线;(b)升阻极曲线。图片来自 Okamoto 等[139]

Kesel[144]在雷诺数为 7.88×10^3 和 10^4 时,比较了蜻蜓翼型、传统设计的翼型和平板的空气动力学特性。她得出结论,波纹翼型,例如蜻蜓的翅膀(图 2.17),具有非常低的阻力系数,这一点与平板非常相似,但其升力系数远高于平板。她还通过简单地用固体材料填充轮廓谷来研究翼型的性能(图 2.18)。图 2.19 着重比较了三个自然翼型和轮廓填充翼型之间的升力和阻力随迎角变化的关键特征。图 2.20 显示了对应的升阻曲线。这些来自 Kesel[144]的图表明了填充翼型具有不太有利的空气动力学性能。因此很明显,这种波纹翼型的性能受其"有效"形状的影响,如先前所讨论的,其特征在于黏性效应。特别地,黏性和相关的旋涡结构导致翼型成为有弯度的几何形状[144]。

图 2.17 (a)蜻蜓翅膀表现出弹性和各向异性的波纹状结构;(b)与许多其他自然界飞行动物一样,蜻蜓表现出非常鲁棒的飞行能力,即使翅膀受损也能够充分发挥其功能;(c)蜻蜓翅膀结构的近景,左边显示的是后翅,右边是前翅;(d)蜻蜓正在接近目标(见彩图)

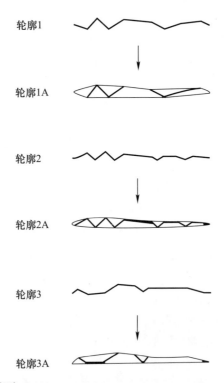

图 2.18 Kesel[144]研究中使用的翼型的几何形状。轮廓 1、2 和 3 通过测量蜻蜓翅膀来构造。轮廓 1A、2A 和 3A 通过连接各个横截面的峰值点来构造

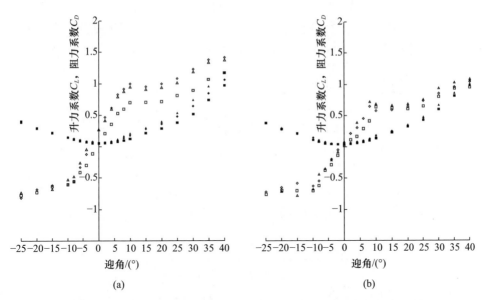

图2.19 （a）三个自然轮廓；（b）填充轮廓的升力系数（空心标记）和阻力系数（实心标记）随迎角的变化曲线，$Re = 1 \times 10^4$。图片来自 Kesel[144]

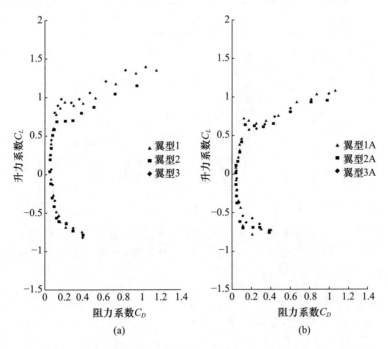

图2.20 （a）三个自然轮廓；（b）填充轮廓的升阻极曲线，$Re = 1 \times 10^4$。图片来自 Kesel[144]

Vargas 等[145]采用数值方法研究了褶皱对空气动力学性能的影响,其雷诺数范围为 $Re = 10^2 \sim 10^4$,迎角范围为 $0° \sim 10°$。褶皱对流动的影响在低迎角下最明显,此时流动基本上在机翼的上、下表面保持附着。在所测试的迎角下,尽管褶皱翼型的压差阻力增加,但是伴随着剪切阻力的降低,很大程度上抵消了压差阻力。剪切阻力的减小是因为在褶皱形成的空腔内存在再回流区域,导致负剪切阻力贡献(图 2.21)。Vargas 等也提到[145],雷诺数超过 5.0×10^3,在迎角为 5° 时,褶皱翼型比平板和流线翼型表现更好。Kim 等[146]还在 Re 为 1.5×10^2、1.4×10^3 和 10^5,迎角范围为 $0 \sim 40°$ 的情况下,对蜻蜓机翼的空气动力学性能进行了数值研究。结果表明,机翼波纹增强了升力的产生,而对阻力的影响很小。波纹谷中和波纹边缘这些局部范围的涡结构不同于椭圆形机翼的旋涡。然而,这种局部流动对时均的机翼性能几乎没有影响。机翼的吸力侧波纹对于在正迎角下的升力系数影响非常小。

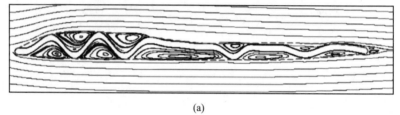

(a)

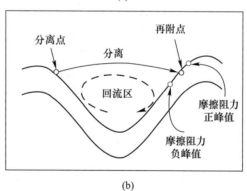

(b)

图 2.21 (a)由褶皱翼型在 $Re = 10^4$ 时产生的时均流线,其中由虚线描绘的轮廓是流动时的等效翼型;(b)表面剪切与典型波纹中流动模式的对应关系。图片来自 Vargas 等[145]

简而言之,正如 McMaster[12]所解释的那样,如图 2.17 所示,波纹翼形状蕴含的机理是,在低雷诺数范围内由于机翼周围流动的黏性效应,原始翼型形状表现出类似于传统飞机机翼的平滑包络轮廓。当然,对于蜻蜓来说,这种解释是不完整的,因为与拍动运动和可变翼形状相关的非定常流动机理以及前翼和后翼之间的相互作用也具有显著效果。

2.2.2　$Re = 10^4 \sim 10^6$

Shyy 等[147]使用 XFOIL[96]评估了基于弦长雷诺数为 $7.5 \times 10^4 \sim 2 \times 10^6$ 范围内的翼型空气动力学特性,包括两个常规翼型:NACA0012 和 CLARK-Y,以及两个低雷诺数翼型:S1223[148]和从 S1223 修改得到的 UF 翼型(图 2.22)。图 2.23 和图 2.24 显示了三个雷诺数(7.5×10^4、3×10^5 和 2×10^6)下的功率指数 $C_L^{3/2}/C_D$ 和升阻比 C_L/C_D。注意,对于定常状态下的飞行,维持固定翼飞行器在空中所需的功率是

$$P = W(C_D/C_L^{3/2})\sqrt{\frac{2W}{\rho_f S}} \tag{2.20}$$

式中:P 和 W 分别是所需功率和飞行器重量。对于所有翼型,C_L/C_D 表现出明显的雷诺数相关性。对于在 7.5×10^4 和 2×10^6 之间变化的雷诺数,对于测试的翼型,C_L/C_D 改变 2~3 倍。除了非常薄的 UF 翼型之外,随着雷诺数的减小,令人满意的空气动力学特性的迎角范围变得更窄。显然,弯度是重要的参数。NACA0012 弯度为 0,而 CLARK-Y 的弯度为 3.5%,在三个雷诺数下都表现出不太令人满意的性能。S1223 和 UF 都具有 8.89% 的弯度,性能表现更好。

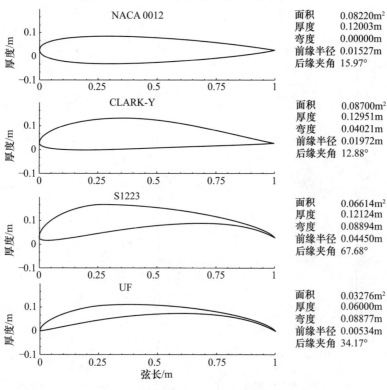

图 2.22　选择的四个评估翼型[147]

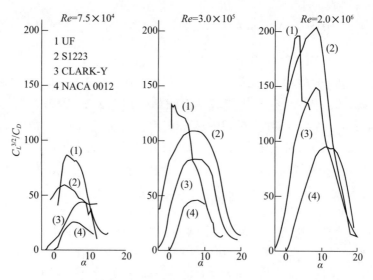

图 2.23 三个不同雷诺数下的 $C_L^{3/2}/C_D$ [147]

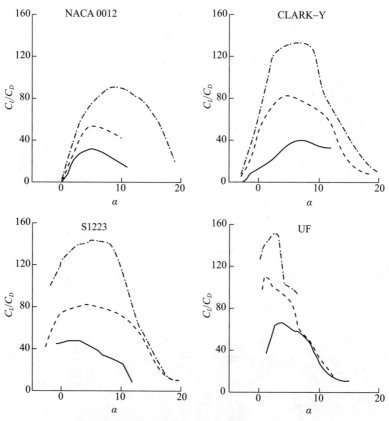

图 2.24 四种翼型的升阻比 C_L/C_D 与迎角 α 的关系[147]（——: $Re=7.5\times10^4$；---: $Re=3\times10^5$；—·—·—: $Re=2\times10^6$）

最后要说明的是,NACA0012,CLARK-Y 和 S1223 都具有约 0.12c 的最大厚度。相比之下,UF 翼型相当薄,最大厚度为 0.06c。对比雷诺数的效应很有意思。当雷诺数 $Re = 2 \times 10^6$ 时,S1223 和 UF 翼型在 $C_L^{3/2}/C_D$ 和升阻比 C_L/C_D 方面具有相当的峰值性能,然而 S1223 具有更好的宽工况特性。当雷诺数 $Re = 7.5 \times 10^4$ 时,情况完全不同。UF 是具有相同弯度的较薄翼型,具有明显更好的空气动力学性能,同时保持了较好的宽工况特性。这与之前讨论的 Okamoto 等[139]的发现一致。

Murphy 和 Hu[149]通过实验测量了"仿生波纹翼型"的空气动力学特性,并与光滑表面翼型和平板相比,测试雷诺数为 5.8×10^4 和 1.25×10^5。他们的测量结果表明,与平滑表面翼型和平板相比,波纹翼型在提供更高的升力和抑制低雷诺数($< 10^5$)的大规模流动分离和翼型失速方面具有更好的性能,如图 2.25 和图 2.26 所示。然而,与小迎角($< 8°$)的光滑表面翼型和平板相比,波纹翼型具有更高的阻力系数。波纹翼型对雷诺数的变化不太敏感。此外,如图 2.26 所示,Murphy 和 Hu[149]的流动测量结果表明,突出的波纹角将起到附面层转捩带的作用,以促进附面层从层流向湍流的转捩,同时保持"附着"在高速流线形成的包络剖面上。

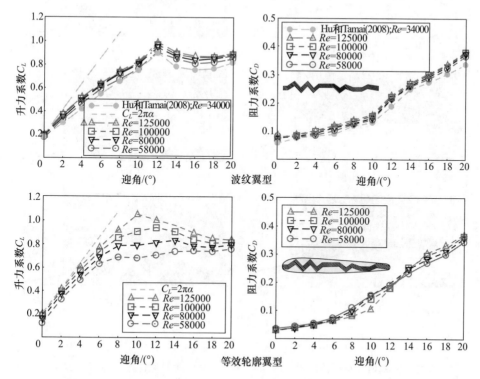

图 2.25 波纹翼型和等效轮廓翼型升力、阻力系数与迎角的关系。来自 Murphy 和 Hu[149]

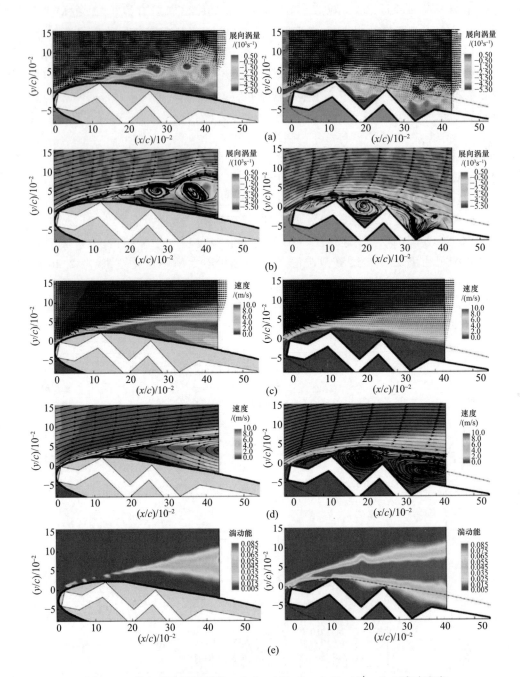

图 2.26 精密 PIV 测量结果。AoA = 12°, Re = 5.8 × 10⁴。(a) 瞬时速度场;(b) 瞬时流场的流线图;(c) 系综平均速度场;(d) 系综平均流场的流线图;(e) 归一化的湍动能分布。来自 Murphy 和 Hu[149](见彩图)

2.2.3 自由来流湍流效应

当迎角和弦长雷诺数都固定时,增加自由来流的湍动水平会促使转捩更早发生。Lian 和 Shyy[117]研究了不同湍流度下的空气动力学特性。他们研究得到的升力和阻力系数如图 2.27 所示。在 AoA = 4°时,五个测试湍流度之间的升力和阻力系数没有明显差异。这似乎与图 2.28 中的压力系数图相矛盾,因为在 T_i = 0.85% 时 C_p = 0 和 C_p 分布之间的积分面积小于 T_i = 0.07% 时的积分面积。然而,由于翼型曲率的原因,积分面积与升力不成线性比例。

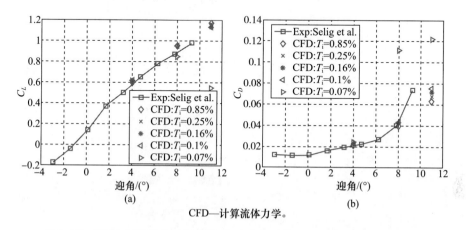

CFD—计算流体力学。

图 2.27 SD7003 翼型在不同湍流度下升力系数、阻力系数与迎角关系,$Re = 6 \times 10^4$。(a)升力系数;(b)阻力系数[117]

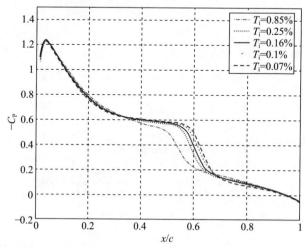

图 2.28 SD7003 翼型在不同湍流度下吸力面上的压力系数,AoA = 4°,$Re = 6 \times 10^4$ [117]

当 AoA = 8°,且 T_i 降低到 0.07% 时,升力系数急剧下降并且阻力系数增加。对流动结构的分析表明,在如此低的湍流度下,流动在其初始分离后不能重新附着。这种分离泡使升力系数下降 10%,阻力系数增加 150% 以上。对于 11°的迎角,也可以得出类似的结论。

通常,随着自由来流湍流度的增加,LSB 随之变薄变短。图 2.29 清楚地显示了这一点。从图中还可以看出,剪切应力随湍流度而降低。由于黏性效应,附面层和 LSB 改变了翼型的有效形状。如图 2.30 所示,相比低湍流度,具有较高湍流度的自由来流导致相对较薄的有效翼型形状。

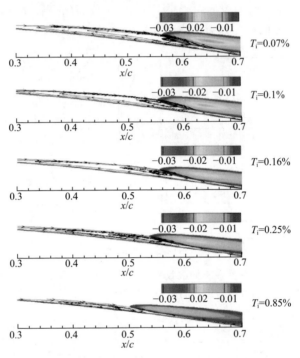

图 2.29 SD7003 翼型在不同湍流度下的流线和归一化剪切应力等值线,$AoA = 4°$,$Re = 6 \times 10^{4}$[117](见彩图)

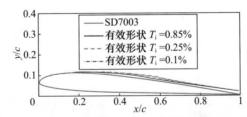

图 2.30 SD7003 翼型在不同湍流度下的有效翼型形状,$Re = 6 \times 10^{4}$[117]

O'Meara 和 Mueller[150] 通过实验研究了自由来流湍流对 $NACA66_3-018$ 翼型的分离气泡特征的影响。他们的研究显示,随着扰动的增加,气泡的长度和厚度都会减小,这与图 2.29 和图 2.30 的观察结果一致。正如稍后讨论的那样,增加扰动水平的效果类似于增加弦长雷诺数的效果。O'Meara 和 Mueller[150] 也发现了吸力峰值随着扰动水平的增加而增加。然而,如图 2.28 所示,SD7003 翼型上的压力峰值对扰动水平不敏感。这两个结论是根据不同的测试算例得出的,其中气泡大小和雷诺数的差别都很大。图 2.31 中的结果是在弦长雷诺数为 1.4×10^5 时获得的,气泡很短,约占弦长的 7%。如前所述,短泡仅局部影响压力分布。相比之下,在 Lian 和 Shyy[117] 的测试中,在雷诺数为 6×10^4 且 AoA = 4° 时,气泡覆盖了上表面的 30% 以上,属于长泡类别。该假设被进一步证实:在雷诺数为 6×10^4 且 AoA = 8° 时,分离泡为弦长的 8%,压力峰值幅度确实随着扰动水平的增加而增加。

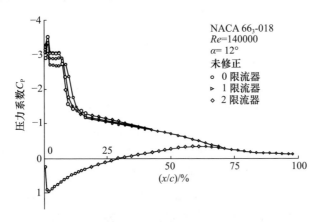

图 2.31 不同自由流湍流度下的压力系数[150]

Mueller 等[151]描述了自由来流湍流对 Lissaman 7769 翼型的升力和阻力性能的影响。如图 2.32 所示,当自由来流的扰动强度约为 0.10% 时,可以观察到升力系数和阻力系数的迟滞特性。然而,随着自由来流的湍流度增加到 0.30%,迟滞

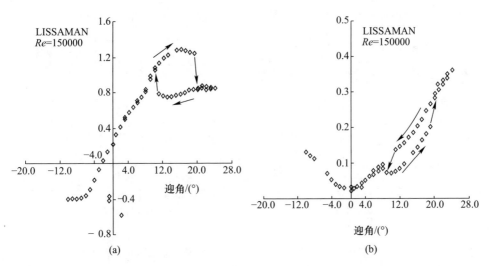

图 2.32 光滑 Lissaman 翼型的升阻力系数随迎角的变化[151]。(a)升力系数;(b)阻力系数

曲线消失。他们指明表面粗糙度也可以产生相同的结果。此外,在较高的自由来流湍流度下,气动升力系数和阻力系数的迟滞曲线的消失似乎与流动结构的变化有关。

2.2.4 非定常来流效应

MAV 的实际运行环境与传统的低湍流度风洞和水洞环境区别很大。在实际飞行过程中,MAV 通常在阵风中飞行。Obremski 和 Fejer[152]研究了非定常流动对转捩的影响。他们以平板为实验对象,自由来流的速度正弦变化,平均值为

$$U = U_{ref}[1 + N_A \sin(2\pi ft)] \quad (2.21)$$

式中:N_A 是振幅比;f 是频率;参考速度 U_{ref} 是自由来流速度平均值。他们发现,当非定常雷诺数 $Re_{ns} = N_A U_{ref}^2/2\pi f\nu$,高于约 2.6×10^4 的临界点时,转捩雷诺数受自由来流振荡的影响。在低于临界值,非定常的自由来流对转捩过程几乎没有影响。Obremski 和 Morkovin[153]观察到,在高 Re_{ns} 和低 Re_{ns} 范围内,扰动波包在空间和时间上先于初始湍流的爆发。应用准定常稳定性模型,他们得出结论,在高 Re_{ns} 范围内,波包迅速放大并爆发成湍流,而在低 Re_{ns} 范围内,波包在更高的雷诺数下爆发成湍流。在他们的研究指导下,Lian 和 Shyy[117]研究了自由流振荡对分离流转捩的影响。在他们的第一次测试中,他们设定 $N_A = 0.33$,$\omega = 0.3$,得到斯特劳哈尔数为 0.0318,Re_{ns} 为 9.9×10^4。他们使频率 ω 远低于预期的不稳定 TS 波频率(约为 10Hz)的范围。

图 2.33 显示了一个选定的循环周期的升力系数和升阻比。显然,在阵风情况下,空气动力学性能出现迟滞现象。例如,当流动加速(雷诺数从 6×10^4 增加到 8×10^4)时,升力系数不会立即达到其相应的定常状态值。相反地,在减速阶段能

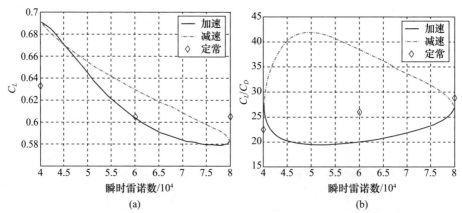

图 2.33 SD7003 翼型在阵风环境中一个周期内的空气动力系数表现出迟滞现象,非定常雷诺数 $Re_{ns} = 9.9 \times 10^4$。(a)升力系数;(b)升阻比[117]

够达到定常状态值。与定常自由来流相比,阵风在低速端导致较高的升力系数,在高速端导致较低的升力系数。升阻比在一个周期的变化很大。例如,在雷诺数为6×10^4时,具有定常状态自由流的升阻比,约为26;对于阵风流动,瞬时升阻比在流速加速时减小到20,但在流动减速时升高到38。

随着升力和阻力的变化,转捩位置也受到阵风的影响。如图2.34所示,当流动加速时,转捩位置向前缘移动,当流动减速时,转捩位置向后缘移动。在加速阶段,瞬时雷诺数增加,流动提前转捩。在Lian和Shyy[117]的模拟中,转捩点简单地与计算网格点相关联而没有进一步光顺,从而得到图2.34中的阶梯图。

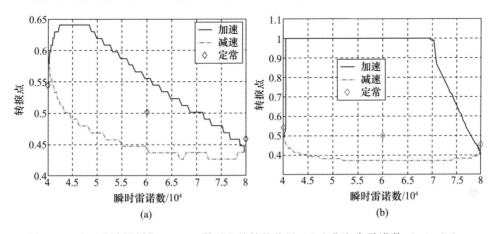

图2.34 在一个阵风周期SD7003翼型上的转捩位置。(a)非定常雷诺数,$Re_{ns} = 9.9 \times 10^4$;(b)非定常雷诺数,$Re_{ns} = 1.98 \times 10^{4[117]}$

Lian和Shyy[117]也研究了$f = 0.24$的更高频率,比前一种情况高5倍,得到的$Re_{ns} = 1.98 \times 10^4$,低于临界值。他们的数值结果表明,转捩位置随瞬时雷诺数而变化(图2.34)。这一结果似乎与Obremski和Morkovin[153]的观察结果相矛盾。然而,应该指出的是,Obremski和Morkovin[153]是在高雷诺数(10^6)的平板上进行实验并得出的结论,其中流动是Blasius类型并且发生自然转捩。相比之下,在Lian和Shyy[117]的测试中,分离流以很大的速率放大不稳定的TS波,从而导致更快转捩到湍流,这是旁路转捩过程的典型特征。

对两个不同非定常雷诺数的转捩位置的比较表明,在较高的非定常雷诺数下,流动在整个振荡周期经历转捩,而在较低的雷诺数下,流动在早期加速状态下变为层流并且保持层流直到雷诺数达到7×10^4左右。由于雷诺数的降低,在减速阶段转捩位置向后缘移动。在较高的非定常雷诺数(即较低的频率)下,减速对转捩的影响较小,LSB可以自行维持其形态;在较低的非定常雷诺数(即较高频率)下,减速对转捩具有更大的影响,不能达到LSB所需的高变化率来调整其形态,最终LSB无法维持闭合气泡并破裂。仅当雷诺数达到7×10^4时才形成闭合的LSB。为了更好地理解这种现象,请参见图2.35中绘制的一个周期内的相位和形状因子。

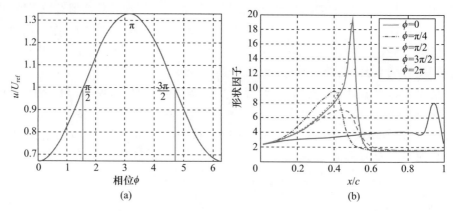

图 2.35 在非定常雷诺数下,SD7003 翼型在一个阵风周期的相位和形状因子,$Re_{ns} = 1.98 \times 10^4$。(a)相位;(b)形状因子[117]

在 $Re_{ns} = 1.98 \times 10^4$ 处另一个有趣的现象是图 2.36 中所示的阻力系数。在减速阶段,阵风流动产生推力。分析表明,推力是由摩擦力引起的。

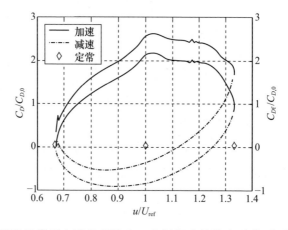

图 2.36 SD7003 翼型在阵风环境中一个周期内的阻力系数,非定常雷诺数 $Re_{ns} = 1.98 \times 10^4$[117]

2.3 三维机翼空气动力学

低雷诺数飞行器采用小展弦比机翼,通常展弦比不大于 5。Ifju 等开发的 MAV[17] 展弦比接近 1。因此,研究低雷诺数下小展弦比机翼周围的三维流动结构非常重要。

Lian、Shyy[154] 和 Viieru 等[155] 研究了小展弦比刚性机翼周围的流动结构。机翼的几何形状遵循 Ifju 等的设计[17]。机翼的展长为 15cm,弯度为 6%,根弦长度为 13.3cm,机翼面积为 160cm²。

为了验证 Navier–Stokes 求解器的能力,首先将计算结果与展长为 12.5cm 的 MAV 刚性机翼风洞数据进行比较,该机翼的平面面积小于 Lian 和 Shyy[154] 所采用的机翼面积,但是整体形状和 AR 是相似的。该实验在水平开口式低速风洞中进行。风洞有一个喇叭形入口,风洞内布置有数层格栅,使得实验段湍流度低于 0.1%。实验段截面为 91.4cm×91.4cm,长度为 2m。被测模型固定在六分量件应变式天平上,用于测量空气动力和力矩。迎角由计算机控制,可以在稳态和动态之间任意切换。利用精确载荷在 1~500g 范围内对天平进行了校准。关于实验测量和不确定性的更多详细信息,请参阅 Albertani 等的文献[156]。

在两个不同的雷诺数(7.1×10^4 和 9.1×10^4,基于根弦长度)下测试了 12.5cm 的机翼构形。对每个迎角和雷诺数进行多次测试,并将测量值求平均来获得实验数据。在图 2.37(a)中,绘制了上述两个雷诺数下的升力曲线与阻力曲线。该图显示了计算和实验数据之间的一致性。如图 2.37(b)所示,在所考虑的雷诺数范围内,升阻比变化不大。此外,实验和计算数据都表明,迎角在 4°和 9°之间达到了最佳的升阻比。

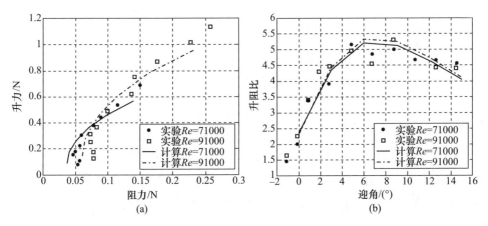

图 2.37 不同雷诺数和迎角下,MAV 机翼上升力和阻力的数值和实验评估[155]。
(a)极坐标曲线;(b)升阻比与迎角关系

2.3.1 大迎角非定常现象

涡脱落不仅导致空气动力学非定常特性,Cummings 等[157]的研究表明,在大迎角下,非定常计算预测的升力系数明显低于定常计算。他们研究的雷诺数高于 MAV 所处雷诺数范围。Lian 和 Shyy[158]在 MAV 飞行条件下利用 Navier–Stokes 计算了围绕低 AR 机翼的流动。他们发现,即使存在非定常现象,如涡脱落很明显的大迎角飞行中,定常状态升力和时均升力之间的差异很小。然而,瞬时流动结构却在显著变化。因此,简单地检查时均流场来估计 MAV 空气动力学特性可能存在误导。

图 2.38 比较了 Ifju 和同事[17]设计的 MAV 机翼的压力系数,压力系数分别基于时均非定常计算结果以及定常计算结果。在这种设计中,从翼根到翼尖的翼型弯度逐渐减小。因此,流动倾向于首先在翼根区域分离。在 AoA = 6°时,时均压力系数与定常状态结果十分吻合。时均值产生平滑的压力分布;定常计算结果显示存在一个小的回流区。随着迎角变大,前缘区域差异不大,相反地,分离区则存在明显差异。

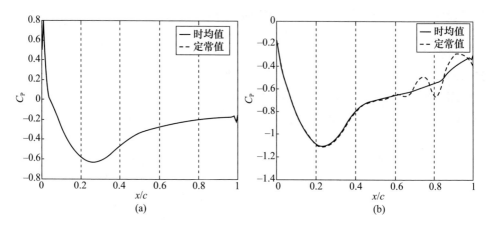

图 2.38 刚性机翼定常和非定常时间平均计算得到的压力系数 C_P 的比较。
(a) AoA = 6°;(b) AoA = 15°。图片来自 Lian 和 Shyy[158]

2.3.2 展弦比和翼尖涡

由于上翼面和下翼面之间存在压力差,翼尖涡(TiV)存在于有限展长机翼上。TiV 在机翼表面建立了循环运动,对机翼空气动力产生了很大的影响。具体而言,TiV 增加了阻力。有限展长机翼在亚声速下的总阻力系数可以写成[44]

$$C_D = C_{D,P} + C_{D,F} + \frac{C_L^2}{\pi e \text{AR}} \quad (2.22)$$

式中:$C_{D,P}$ 是由于压力导致的阻力系数;$C_{D,F}$ 是由于表面摩擦引起的阻力系数;e 是展向效率因子,小于 1;AR 是展弦比;$\frac{C_L^2}{\pi e \text{AR}} = C_{D,i}$ 是由于 TiV 的存在引起的诱导阻力系数。方程(2.22)表明,诱导阻力随升力系数的平方而变化;在大迎角下,诱导阻力是总阻力的主要部分。此外,方程表明随着 AR 减小,诱导阻力增加。由 Ifju 等设计的 MAV 机翼[17]的 AR 低至 1.4,因此,研究 TiV 对其机翼空气动力的影响非常重要。一般来说,TiV 的效应是双重的:①TiV 导致下洗,降低有效迎角并增加阻力[44];②它在机翼上表面形成一个低压区域,提供额外的升力[159]。

图 2.39 显示了机翼表面周围的 TiV 以及 AoA = 39°的流线[160]。涡流通常与低

压区相关,如图 2.40 所示。通过向涡核吸引更多的流体,压降进一步增强了涡流;同时,涡核的压力相应减小。由涡流产生的低压区域产生额外的升力。在流动下游,压力恢复到其环境值,涡流减弱,涡核的直径增加,并且涡核失去其相干结构。

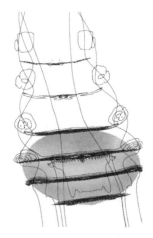

图 2.39　在 AoA = 39°时刚性机翼的流线型和选定的平面上的涡结构。图片来自 Lian 等[163](见彩图)

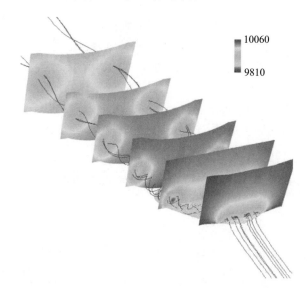

图 2.40　刚性机翼截面周围的压力分布及流线图,AoA = 39°。图片来自 Lian 等[163](见彩图)

图 2.41 显示了随着迎角的增加涡结构的演变,同时给出了上表面的压力分布。在 AoA = 6°时,TiV 清晰可见,即使它们覆盖的面积很小并且强度适中。流体附着在上表面并沿着弦线的方向流动。在翼尖附近观察到由当地涡结构引起的低压区域。

即使在根部附近上表面的流动倾向于分离,但在机翼的外侧流动仍然保持附着。因此,升力仍然随着迎角而增加,直到上表面的大部分流动都发生大规模分离。对于低 AR 翼,TiV 对升力做出了相当大的贡献,这种情况类似于三角翼。在 Lian[161] 的数值研究中发现低 AR 翼受到分离的影响较少。机翼不会突然失速,但升力系数会在很高的迎角下稳定下来。Torres 和 Mueller[162] 在低 AR 翼的实验中也发现了类似的结果。值得注意的是,Lian[161] 的分析既不包括机身也不包括螺旋桨。

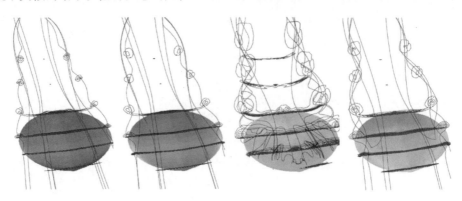

图 2.41 刚性机翼流动模式随迎角的演变。从左到右,分别为 6°、15°、27°和 51°。图片来自 Lian 和 Shyy[154](见彩图)

图 2.42(a)中绘制了上翼表面在 $x/c=0.4$ 展向站位处的压力系数,可以从图中看出沿展向的压力降低。在 AoA=6°时,翼展压力在上翼面上几乎是均匀的,且 TiV 导致的压力下降发生在距离翼根大约 90% 的半展长处。图 2.42 是关于压力分布与涡结构的说明。注意,所示的压力分布不表示压力的总水平。

随着迎角的增加,涡流强度变大。在 AoA=27°时,如图 2.41 所示,翼尖涡产生强烈的旋涡运动,同时夹带周围的流动。随着迎角的变大,低压区域增大。在图 2.42(a)中,压降沿翼展方向朝向根部移动,在距离翼根 75% 半展长处发生。

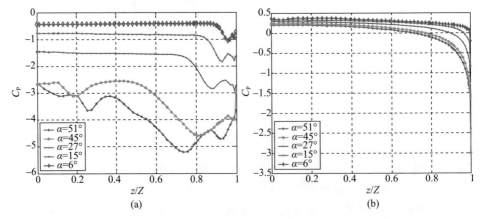

图 2.42 不同迎角下刚性机翼在 $x/c=0.4$ 时的展向压力系数分布。(a)上表面的压力系数;(b)下表面的压力系数。来自 Lian 和 Shyy[154](见彩图)

在较低的迎角下,涡核位置与入射率成线性关系。在较高的迎角下,流动在上表面发生分离时,这种关系消失。例如,在 AoA=45°时,流动在前缘处分离,而低压区域覆盖机翼表面的 40% 以上,这有助于保持升力的增加。在 AoA=51°时,可以看到相当大的展向速度分量,并且上表面的流动大部分处于分离状态(图 2.41)。上翼表面上的分离减小了升力,并且发生失速。

如前所述,TiV 对低 AR 翼的空气动力学有重要影响。再次强调,小展弦比的一个主要影响是引起诱导阻力的增加。方程(2.22)显示 AR 越小,诱导阻力越大。

2.3.3 翼尖效应

2.3.2 节中选择的机翼形状力求在给定尺寸下最大化机翼面积,从而最大化升力。然而,与小展弦比机翼相关的 TiV 也大大影响其空气动力特性。已经确定的是,TiV 引起的下洗改变机翼表面上的压力分布并增加诱导阻力。通过降低 TiV 效应来降低诱导阻力的各种方法在文献中都有所描述,并通过飞机机翼设计的实际应用得到了证实[164]。Viieru 等[155]研究了将端板放置在翼尖的影响,从制造的角度来看很容易实现。

Viieru 等[165]研究了端板对 MAV 刚性机翼空气动力学的影响。在该研究中,他们只是将端板安装到现有的 MAV 机翼上,同时保持机翼形状,以观察其对 TiV 和整体空气动力特性的影响。他们观察到,端板通过减少下洗来增加升力并增加了有效迎角。然而,阻力随着弯曲的端板一起增加,部分原因是端板可以视为垂直放置的翼型,它带来额外的形状阻力导致整体升阻比降低。

为了弥补端板的缺点,Viieru 等[155]研究了三种不同的机翼几何形状:本章开头讨论的原始机翼,带有修剪尖端的改进(修型)机翼(图 2.43(a))和带有端板的改进机翼(图 2.43(b))。与原始机翼相比,修剪后的机翼具有较短展长(14cm)和较小的翼面积($155cm^2$),而根弦长度与原始机翼的相同。端板与改装机翼相连,与飞行方向平行,长 4.4cm,高 3.4cm。

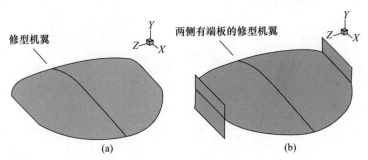

图 2.43 机翼几何形状。(a)修型机翼;(b)端板在修型机翼上的位置[155]

通过观察机翼后方垂直于流向的剖面,可以观察到涡流强度和环量。在后缘下游,流动可以用恒定旋转的涡流核心和核心外部的有势运动来近似。旋涡中心的压力与刚性旋转体周围的环量之间的关系由文献[166]给出：

$$\Gamma^2 = 4\pi^2 r_1^2 p_{center}/\rho \qquad (2.23)$$

式中：r_1 是刚体的半径；p_{center} 是刚体中心的压力。式(2.23)表明，由环量表征的涡流强度与涡流核心的压降及其半径成比例。在图 2.44 中，压力系数沿涡流核心直径绘制，在机翼后面 $x/c=3$、$x/c=5$ 处。涡流核心的压降量表明端板降低了涡流强度。此外，没有端板的改装机翼显示出最强的涡流。

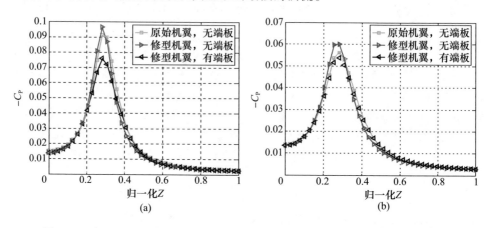

图 2.44　在 AoA = 6°时，机翼后方的涡核的压力系数。(a) $x/c=3$；(b) $x/c=5$ [155]

从压力等高线和水平速度等值线可以看出，端板会影响机翼上的流场。端板减慢了翼尖附近的流速。这种速度的降低减少了上翼表面的压力下降，进一步降低了对应的涡核强度（图 2.45(a)）。相比之下，机翼下方略低的速度增强了此处的高压区域，因为更多的动量作为压力传递到机翼而不是作为翼尖处的旋涡而脱落。从下翼面上的展向压力系数可以清楚地看到在端板存在的情况下下翼面上的高压区的增加（图 2.45(b)）。

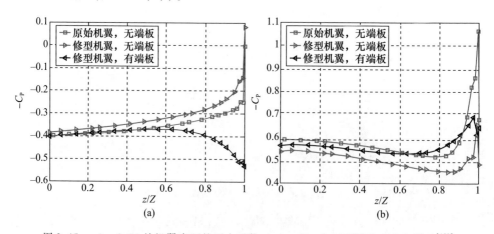

图 2.45　$x/c=0.34$ 处机翼表面的压力系数，AoA = 6°。(a) 下翼面；(b) 上翼面 [155]

图 2.46 绘制了通过在特定的翼展站位,沿局部弦线积分压力差获得的翼展方向升力分布图。它清楚地表明,与没有端板的机翼相比,有端板机翼的每个横截面上的升力更高。尽管带有端板的改装机翼整个机翼面积较小,但产生的升力几乎与原始机翼相同。此外,改进的机翼(有和没有端板)从根部开始的 75% 翼展范围内的阻力更小。

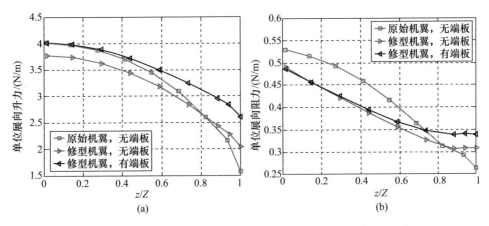

图 2.46 展向升力和阻力分布,AoA = 6°。(a)升力;(b)阻力[155]

表 2.1 给出了 AoA = 6°时机翼的总体空气动力性能参数。具有端板的改进的机翼构形具有比基本构形更好的升阻比(10% 的提升)。这种提升主要是由于改进的机翼形状引起的阻力减小,而总升力基本相同。在表 2.2 中,给出了 AoA = 15°时的气动特性。与基本构形相比,带有端板的改进机翼的升阻比增加了 1.4%。

表 2.1 迎角为 6°时的空气动力性能参数

AoA = 6°	初始 MAV 机翼,无端板	修型 MAV 机翼,无端板	修型 MAV 机翼,有端板
升力/N	0.49	0.44	0.49
阻力/N	0.074	0.065	0.067
升阻比	6.64	6.85	7.39

注:资料源于文献[155]

表 2.2 迎角为 15°时的空气动力性能参数

AoA = 15°	初始 MAV 机翼,无端板	修型 MAV 机翼,无端板	修型 MAV 机翼,有端板
升力/N	0.92	0.86	0.87
阻力/N	0.22	0.21	0.21
升阻比	4.16	4.15	4.22

注:资料源于文献[155]

2.3.4 非定常翼尖涡

低 AR 机翼易受滚动不稳定性(摆动)的影响。鉴于强烈阵风对 MAV 的影响,该问题尤其重要。Tang 和 Zhu[167]研究了低 AR 翼的空气动力学特性。机翼采用椭圆平面形状,使用 E - 174 翼型,AR = 1.33。基于最大弦长的雷诺数为 1×10^4。通过数值模拟和水洞中的流动可视化,他们发现,当迎角大于 11°时,TiV 的尺寸和强度出现非定常特性。图 2.47 的(a)、(b)、(c),显示了迎角为 25°在三个时刻垂直平面上(Trefftz 平面)的 TiV。随着时间的推移,左右 TiV 的尺寸和强度发生改变。不对称的流动导致机翼两侧之间的阻力不等,产生偏航力矩;不对称流动也会导致升力不均匀,导致滚转不稳定。

从数值结果可以看出,这种非定常现象是由二次旋涡流与 TiV 之间的相互作用引起的。分离的旋涡流位于机翼的上表面。图 2.47 左侧的示意图显示,随着机翼迎角从 5°逐渐增加,观察到 TiV 严重依赖于时间。在 AoA = 5°时,分离的旋涡流的位置在后缘附近。随着迎角的增加,分离流向前缘移动。当迎角到达 15°或更高时,机翼上方的分离流与 TiV 相互作用,导致它们变得本质上非定常。迄今为止,MAV 飞行实验尚未将这种滚动不稳定性视为主要障碍。这显然是因为用于 MAV 的翼型形状更薄并且不会在机翼表面上方引起如此多的分离流。然而,需要在 MAV 设计和飞行测试过程中研究非定常 TiV 的问题。

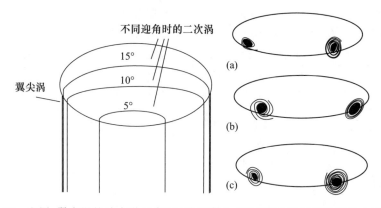

图 2.47 左图:翼尖涡的动力学示意图(从机翼上方观察,次级涡在机翼的上表面上方)。右图:距离后缘约 0.5c 处,迎角为 25°时,在垂直平面(Trefftz 平面)上的翼尖涡流线(从后方看),分别在三个无量纲时刻(基于自由流速度和最大弦长)。(a)$t = 42$;(b)$t = 54$;(c)$t = 62$。来自 Tang 和 Zhu[167]

2.4 本章小结

本章重点介绍了低雷诺数范围在 $10^3 \sim 10^6$ 之间的刚性固定翼空气动力学。

当雷诺数从 10^6 降至 10^4（或更低）时，翼型的升阻比大幅下降。对于低雷诺数飞行器，薄翼型且具有适度的弯度是更好的，因为与传统翼型相比能产生更好的升阻比和功率效率。

在大约 10^4 的雷诺数下，层流－湍流转捩和 LSB 在翼型性能中起重要作用。在这种流动状态下，升阻极曲线由于 LSB 的形成和破裂而呈现出锯齿形特征。由于转捩的影响，机翼性能对自由流湍流度和阵风很敏感。对于低雷诺数飞行，非常规机翼形状可能是有益的。例如，波纹翼对雷诺数的变化不太敏感，并且它可以提供比非波纹翼更好的升力，因为黏性效应明显改变了翼型的有效形状。本质上，突出的拐角作为附面层转捩带，以促进附面层从层流到湍流的转捩，同时使其"附着"到高速流线形成的包络剖面；然而，与光滑表面翼型相比，波纹翼也具有更高的阻力系数。

由 TiV 引起的下洗运动降低了机翼的有效迎角。对于小展弦比，低雷诺数机翼，TiV 的诱导阻力严重影响其空气动力学性能。TiV 不仅影响升力和阻力产生，还影响潜在的飞行稳定性。此外，阵风是低雷诺数飞行器面临的一个突出因素。低雷诺数空气动力通常在阵风中表现出迟滞现象。转捩位置随着当地雷诺数而变化，并且取决于流动参数，非定常的空气动力既能产生阻力也能产生推力。

第3章 刚性扑翼空气动力学

正如前几章中所讨论的,飞行动物通过拍动翅膀以产生升力和推力,从而执行惊人的快速机动。昆虫、蝙蝠和鸟类为我们如何利用非定常空气动力学理论指导MAV的设计提供了很多启发。

1922年,Katzmayr第一次用实验方法证实了机翼在进行非定常运动时产生推力的可能性[168]。他的研究对象是一个放入振荡流场中的固定机翼。研究结果证实了Knoller - Betz假说[169-170]。Knoller和Betz都观察到,扑翼的垂直运动产生了有效的迎角,从而产生了包含升力和推力分量的空气动力。Polonskiy[171]和Bratt[172]详细展示了均匀流动条件下简谐沉浮振荡翼型后缘脱落产生的大尺度旋涡结构,并观察了这些旋涡结构的特征。这些实验观察结果证实了Karman - Burgers推力产生假说(形成逆卡门涡街)。Polonskiy[171]和Jones等[173]的实验结果表明,振荡机翼产生的不同类型的大涡结构以及与自由来流成一定角度的脱落涡结构的确存在。其他研究人员[174-178]研究了振荡翼型后的二维流动结构和推力产生现象,证实了尾流结构可以根据参数条件从简单的正弦扰动变化为两个或四个大尺度涡流。Lai和Platzer在流动可视化实验中捕捉到这些典型的流动结构[179]。图3.1为静止NACA0012翼型后的典型卡门涡街,顺时针旋转涡从上表面脱落,逆时针旋转涡从下表面脱落;图3.2(a)显示了每一个沉浮周期从NACA0012翼型的后缘脱落的两对旋涡,而图3.2(b)和(c)显示了反向卡门涡街模式的单对旋涡。如图3.3(a)所示,当翼型在没有来流且迎角为0的情况下做沉浮振荡时,扑动的翼型会产生射流,并且翼型下游的流向速度大于沉浮运动的速度峰值[180]。射流似乎偏向于机翼上方的半平面。Jones等也观察到了这种现象[181]。这是因为,一旦St超过0.8,从后缘脱落的旋涡就会靠得很近,开始相互作用。而在另一个圆柱

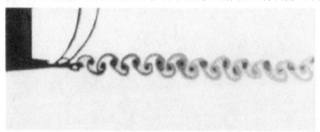

图3.1　自由来流速度为0.2m/s时静止NACA0012翼型后的涡结构[179](见彩图)

绕流实验中,没有观察到射流现象(图3.3(b))。因此,射流似乎是由物体的弯曲和不对称等具体几何形状引起的。在另一项研究中,Taneda研究了与柔性板相关的行波特性的影响[182]。他发现,当行波的传播速度超过均匀来流的传播速度时,附面层的湍流受到抑制。

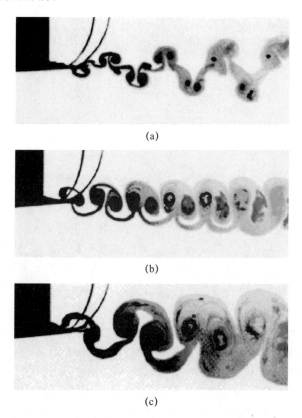

图3.2 沉浮振荡NACA0012翼型在不同振荡幅值时的涡形式,自由来流速度约为0.2m/s,频率$f=2.5$Hz,雷诺数$Re=2.1\times10^4$[179]。(a)$h_a=0.0125$($St=0.098$);(b)$h_a=0.025$($St=0.196$);(c)$h_a=0.05$($St=0.392$)(见彩图)

多年之前,在观察鱼类产生的大尺度涡流时,人们已经注意到大尺度涡流与振荡鱼体之间的相互作用[183]。Gopalkrishnan等[184]以及Streitlien和Triantafyllou[185]发现正弦振荡机翼与其尾流中涡流之间的相互作用有三种类型:①新涡流和机翼脱落涡的最佳相互作用,使反卡门涡街中产生更强大的旋涡;②新涡流和机翼脱落涡的相互破坏作用,使反卡门涡街中产生较弱的旋涡;③机翼脱落的方向相反的涡对之间的相互作用,导致在与自由来流成一定角度时产生包含涡对的宽尾流。此外,Triantafyllou等[186]观察到鱼体产生的大尺度涡流结构与鱼鳍涡结构之间的相互作用是决定游动性能的重要因素。在"一般"情况下,初始的大尺度涡对是由鱼体产生的。然后,鱼体产生的涡量被鳍改变方向,与鳍产生的涡量相互作用,产生

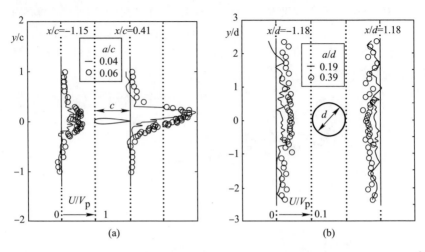

图 3.3 $f=5$ Hz 时的无量纲平均流向速度分布。(a)沉浮运动翼型;(b)沉浮运动圆柱[180]

由鱼"精确控制"的涡对。旋涡的形成、传播时间及其瞬时位置对高效机动和加速至关重要。因此,旋涡的控制对于提高运动效率具有重要意义。综上所述,根据翼型运动与相关流动结构相互作用的特点,可以观察到推力或阻力的产生。

另一项实验发现了非定常运动中前缘流动分离的延迟。Devin 等[187]发现,对于剖面为 NACA0012 翼型的刚性机翼,当其展弦比从 1 变到 4 的时候,瞬时迎角增大到 45°时都没有观察到分离现象。相比之下,静态情况下分离通常发生在迎角为 15°时($Re=10^5$)。此外,研究[188-190]发现,当机翼快速俯仰超过静态失速角时,不会立即失速。图 3.4 描述了一个快速俯仰 NACA0012 翼型动态失速流动结构的演变[191]。当机翼迅速超过静止失速角(图 3.4 中 a 点)后,回流影响压力分布(图 3.4 中 b 点)。这个回流在翼型的上表面向前发展并形成一个旋涡。这个旋涡最初出现在翼型的前缘附近(图 3.4 中 c 点),扩大,然后移动到翼型下部。俯仰力矩达到负峰值,升力和俯仰力矩开始急剧下降(图 3.4 中 d 点和 f 点),产生动态失速现象。随着迎角的减小,旋涡向尾流处移动,机翼上形成了完全分离的气流。当迎角达到最小迎角时,升力没有达到最小值,说明动态失速过程形成了一个迟滞环。图 3.4 展示了升力和俯仰力矩的迟滞环发展特性。迟滞环的振幅和形状取决于振荡幅值、平均迎角和减缩频率。

Jones 和 Platzer[192]设计并实验测试了一种扑翼 MAV。对这个布局来说,基于前面讨论的推力产生机制,升力由固定的前翼产生,而推力由两个扑动的后翼产生(图 1.15(c))。有趣的是,他们还展示了其他情况下使用扑翼可能产生的作用,如减少或抑制钝的或尖的翼型后缘的流动分离。Willis 等[193]以及 Persson 等[194]提出了一个设计和分析扑翼 MAV 飞行的计算框架。

此外,Lighthill[40]和 Weis-Fogh 也分别发表了关于生物飞行和游动的扑翼空气动力学开创性研究成果[68]。Ellington[65],Katz 和 Plotkin[195],DeLaurier[196],

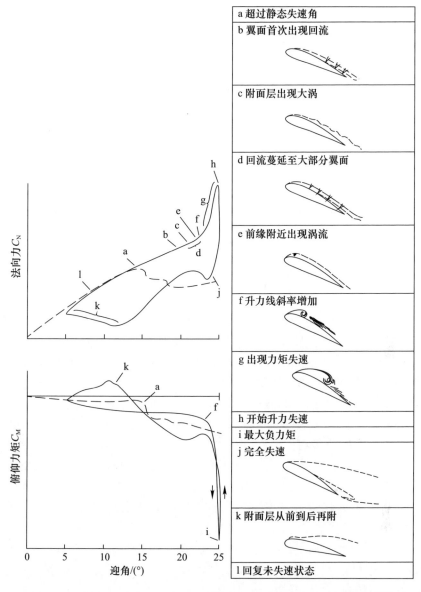

图 3.4 NACA0012 翼型动态失速流动特征,来自 McCroskey 和 Fisher[191]

Smith[197],Vest 和 Katz[198],Ellington 等[199],Liu 和 Kawachi[200],Dickinson 等[201],Jones 和 Platzer[203],Wang[204],以及其他未列出的学者在实验和仿真方面做出了进一步贡献。Shyy 等[205]对扑翼和固定翼的特性进行了综述。近年来,与扑翼空气动力学相关的文献数量大幅增加,表明人们对扑翼空气动力学研究的兴趣迅速增长。我们可以从关于生物飞行[28,206]和 MAV[36,207]的空气动力学相关书籍中可以找到最新的研究总结。有价值的信息来源包括 *AIAA* 杂志特刊(2008 年第 46 卷)

和《流体实验》(2009 年第 46 卷第 5 期),以及《航空航天工程百科全书》(2010年)中的大量文章。

在这些研究中经常得到如下的结论和观察,与生物飞行相关的空气动力学现象以非定常运动为主,其特征是大尺度旋涡结构、三维扑翼运动学和柔性机翼结构。此外,从研究生物飞行中获得的知识表明,定常空气动力学理论在解释保持生物在空中飞行所需的升力时可能会受到严重挑战[26,65,199]。

采用定常空气动力模型时,可以基于瞬时速度、机翼几何形状和迎角建立准定常理论。通过忽略流场的历史,将时间相关问题转化为一系列独立的定常问题,准定常方法极大地简化了时间相关问题,因此它经常被用于解释生物飞行特性[4,43,60,68,80,208-210]。例如,这种方法被用于估计蜂鸟[211]和大黄蜂[212]的机械功率需求。然而,通过对系留昆虫的理论分析[213]和实验测量[214,215],发现准定常模型不足以预测支撑昆虫身体重量所需的升力。相比之下,有两项研究[216,217]涉及在矿物油中扑动的动态缩比的带有刚性翼的机器飞行器,研究结果表明准定常二维叶素模型能够与气动力实验测量结果较好吻合。关于准定常气动模型的进一步讨论和评估将在 3.6 节中给出。

在这一章中,将讨论与刚性机翼扑动飞行空气动力学相关的一些问题。首先,根据减缩频率、雷诺数以及斯特劳哈尔数研究了扑翼飞行的缩比问题。这些无量纲参数对于研究刚性机翼和柔性机翼的流动物理特性具有重要意义,其中柔性机翼的结构和气动弹性问题会在第 4 章讨论。然后,本章论述了与扑翼相关的主要非定常气动升力增强机制,包括前缘涡(LEV)的延迟失速,快速上仰,尾迹捕获,前缘涡(LEV)、后缘涡(TEV)以及翼尖涡(TiV)之间的相互作用,合拢 - 打开(clap - and - fling)机制。随后,更详细地研究了两种不同雷诺数下的流动物理机制。对于两种雷诺数状态,这里研究了机翼运动对产生的流场和空气动力的影响。

对于量纲为 $O(10^2)$ 的雷诺数状态,我们比较了三维悬停翼以及相应的二维悬停翼的空气动力学特性,并讨论了自由来流波动对气动性能的影响。在该雷诺数状态下,对于在垂直方向上做自由沉浮运动的刚性机翼,可以观察到一些有趣的流体动力学现象[218]。机翼的垂直方向强制施加为正弦运动,而在水平各方向上机翼可以自由地运动。当沉浮运动频率低于阈值时(即 $Re = (\rho f h_a c/\mu) < 3.9 \times 10^2$),机翼仍然固定在水平面静止,流动中脱落的尾流形成对称结构。当沉浮运动频率超过这个阈值,也就是 $Re > 3.9 \times 10^2$ 时,尾流的对称性被破坏,产生反向的卡门涡街,也就意味着产生了推力。当刚性翼被具有相同几何形状但弹性模量较低的柔性板取代时,得到的前飞速度明显大于刚性翼[219]。要了解更多的细节,可以阅读以下参考文献(刚性机翼[218,220,221],被动俯仰机翼[219,222-223])。

对于量纲为 $O(10^4)$ 的雷诺数状态,我们关注的是翼型形状对向前飞行的俯仰和沉浮机翼的影响。此外,我们回顾了非静止翼型空气动力的近似分析,并讨论了几种准定常模型。最后,我们强调了与生物扑翼类飞行器模型相关的流动物理机理,包括飞行器的尺度效应对产生的流动结构(如 LEV 和展向流)的影响。

3.1 扑翼及其运动

图 3.5 展示了蜂鸟的翅膀和身体的运动,以及本节中使用的一些关键物理参数的定义。身体运动学由身体角 χ(身体的倾向)和拍动平面倾角 β 这两个参数表示。其中,身体角 χ 是身体相对于水平面的角度,而拍动平面倾角 β 是包含最大拍

(a)

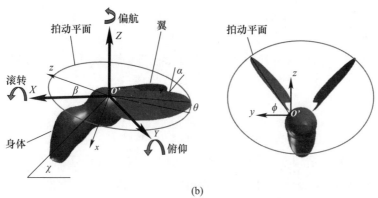

(b)

图 3.5 (a)以蜂鸟为例定义物理量;(b)坐标系和翅膀运动学参数图示:局部翅膀固定坐标系和全局空间固定坐标系,局部翅膀固定坐标系(x,y,z)固定于拍动平面重心,原点 O' 在翅根处,x 方向垂直于拍动平面,y 方向垂直于身体轴,z 方向平行于拍动平面,方位角为 ϕ,羽角(迎角)为 α,抬升角为 θ,身体角为 χ,拍动平面角为 β

动位置和最小拍动位置处的翅根和翅尖平面的夹角。描述扑翼运动学的参数是相对于拍动平面的三个角：①扑动方位角 ϕ，指的是绕体轴系 x 轴扑动时翅膀的相对位置角；②抬升角（偏移角）θ，指的是翅膀绕体轴系 z 轴旋转时的相对角度；③迎角（羽角/俯仰角）α，指的是翅膀绕体轴系 y 轴旋转（羽毛张开）时的相对角度。迎角的时间历程包括一些昆虫特有的高频模态[224]。生物飞行的身体角和拍动平面角随飞行速度和扑翼运动学的变化而变化[70,225]。对于一般的三维情况，方位角、仰角和迎角/羽角的定义如下，单位为弧度，对于前四个模态：

$$\phi(t) = \sum_{n=0}^{3} [\phi_{cn}\cos(2n\pi ft) + \phi_{sn}\sin(2n\pi ft)] \quad (3.1)$$

$$\theta(t) = \sum_{n=0}^{3} [\theta_{cn}\cos(2n\pi ft) + \theta_{sn}\sin(2n\pi ft)] \quad (3.2)$$

$$\alpha(t) = \sum_{n=0}^{3} [\alpha_{cn}\cos(2n\pi ft) + \alpha_{sn}\sin(2n\pi ft)] \quad (3.3)$$

注意 n 表示傅里叶级数的阶数。傅里叶系数 ϕ_{cn}、ϕ_{sn}、θ_{cn}、θ_{sn}、α_{cn} 以及 α_{sn} 可以由经验值和运动学测量数据决定。生物飞行时翅膀和身体运动学参数可以通过高速摄像机[226-234]，激光技术（扫描投影线法[235]、反射光束法[236]、条纹阴影法[237]、梳状条纹投影法[238]），以及高速摄像和带有地标过程的梳条纹投影技术的组合方法[239]进行测量。随着测量技术的进步，可以量化扑翼和身体运动学以及扑翼的三维变形。最近，已经报道了关于翅膀的瞬时运动学数据，包括沿翼展的弯曲、扭转和扑动运动（如悬停的蜜蜂[240]、悬停的食蚜蝇[241]、自由飞行的天蛾[242]和蝙蝠[243]）。显然，这些成果已经帮助我们建立了更复杂、更有用的计算模型，也为发展仿生 MAV 带来了启发。图 3.6 绘制了悬停的天蛾[226]和自由飞行的食蚜蝇的运动学参数。

虽然三维效应对于预测低雷诺数扑翼气动特性很重要，但二维实验和计算确实为与扑翼相关的非定常流动物理机理提供了有价值的见解。Tang、Viieru 和 Shyy[244]讨论了自然界观察到的两种悬停模式："踏水"模式[175]和"正常悬停"模式[217]。翼型的沉浮和俯仰由对称的周期函数描述：

$$h(t) = h_a\sin(2\pi ft + \varphi) \quad (3.4)$$

$$\alpha(t) = \alpha_0 + \alpha_a\sin(2\pi ft) \quad (3.5)$$

式中：h_a 是沉浮运动的幅值；f 是沉浮运动的频率；α_0 是初始俯仰角；α_a 是俯仰运动的幅值；φ 是沉浮运动和俯仰运动的相位差。两种悬停模式的示意图如图 3.7 所示。踏水模式下的初始俯仰角是 0（即 $\alpha_0 = 0°$），而对于正常俯仰/悬停模态下的初始俯仰角为 90°。图 3.8 显示了其他的二维扑动运动——俯仰和沉浮运动，这在向前飞行中更为常见。基于这些运动学的流体动力学将在 3.5 节中着重介绍。

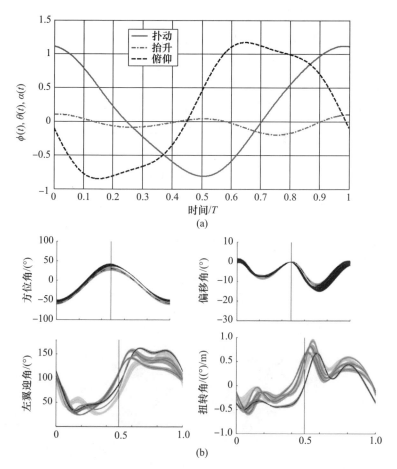

图 3.6 （a）悬停天蛾一个扑动周期内方位角 $\phi(t)$、抬升角 $\theta(t)$、羽角 α 等的变化情况（单位：rad），来自 Liu 和 Aono[225]；（b）自由飞行的食蚜蝇一个周期内的拍动（方位）、偏移角、迎角（羽角），以及扭转角的变化情况，来自 Walker 等[241]（见彩图）

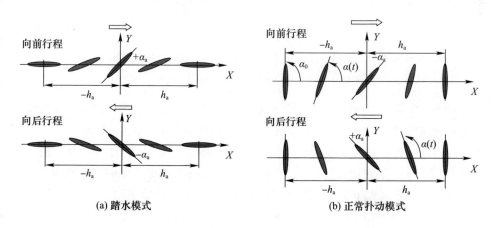

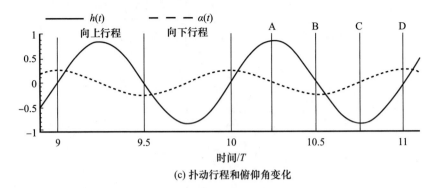

(c) 扑动行程和俯仰角变化

图 3.7 二维扑动示意图[245]。(a)踏水模式;(b)正常扑动模式,翼型向前扑动时从左往右,向后扑动时从右往左;(c)两种模式下翼型行程的时间变化(实线:公式(3.4)中的 $h(t)$)以及俯仰角变化(虚线:公式(3.5)中的 $\alpha(t)$))

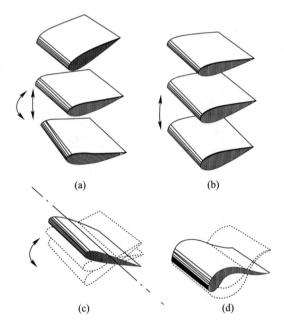

图 3.8 四种典型的沉浮和俯仰非定常运动。(a)平动和转动组合运动;(b)单纯平动;(c)单纯转动;(d)超前波类变形。来自 Rozhdestvensky 和 Ryzhov[246]

对于正常悬停,Dickinson 等[201]根据翅膀平动和转动时的相位关系,将翅膀的运动分为超前模式($\phi > 90°$)、同步模式($\phi = 90°$)和滞后模式($\phi < 90°$)。对于超前模式(图3.9(a)),翅膀的旋转在每个拍动过程结束改变方向之前。对于同步模式(图3.9(b)),翅膀的旋转和平动同步:在每个拍动过程结束时迎角为 90°。对于滞后模式(图3.9(c)),翅膀的旋转在每个拍动过程结束改变方向之后。在 3.4.1 节中将讨论相位关系对气动性能的影响。

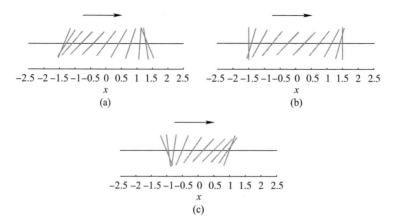

图 3.9 三种机翼旋转类型。(a)超前旋转;(b)同步旋转;(c)滞后旋转。如 Dickinson 等所述[201],机翼的旋转时机在升力生成和操纵中发挥了重要作用

3.2 控制方程和无量纲参数

生物飞行的空气动力学特性可以用绕过一个身体和两个或四个翅膀的非定常 Navier-Stokes 方程来描述。多变量(速度和压力)的非线性物理特性和时变几何体是主要研究方向。

缩比定律有助于减少参数的数量,清楚地确定物理流动状态,并建立合适的模型,为预测生物飞行的空气动力学特性提供指导。扑翼飞行缩比的三个主要无量纲参数为:①雷诺数 Re,代表惯性力与黏性力之比;②斯特劳哈尔数 St,它描述了向前飞行时前飞速度与扑动速度的相对影响;③减缩频率 k。减缩频率通过比较流场扰动的空间波长和弦长来测量非定常程度[186]。结合几何和运动学上的相似性,雷诺数、斯特劳哈尔数和减缩频率足以定义刚性机翼的气动相似性。

3.2.1 雷诺数

雷诺数表示惯性力和黏性力的比值。给定参考长度 L_{ref} 和参考速度 U_{ref},将雷诺数 Re 定义为

$$Re = \frac{U_{ref} L_{ref}}{\nu} \tag{3.6}$$

式中:ν 是流体的运动黏度。在扑翼飞行过程中,考虑到扑翼产生升力和推力,一般以平均弦长 c_m 或翅膀长度 R 作为参考长度,而游动动物一般以体长作为参考长度。要注意平均弦长的定义是沿翼展方向的平均弦长。参考速度 U_{ref} 定义为向前飞行时的自由来流速度,但在悬停飞行时参考速度的定义不同。悬停时,平均翅梢速度可作为参考速度,可写成 $U_{ref} = 2\Phi f R$,其中 Φ 为翅膀拍动的幅值(以弧度计

算)。因此,在悬停时,三维扑翼的雷诺数 Re_{f3} 可以转换为

$$Re_{f3} = \frac{U_{\text{ref}} L_{\text{ref}}}{\nu} = \frac{2\Phi f r c_m}{\nu} = \frac{2\Phi f R^2}{\nu} \left(\frac{4}{AR} \right) \quad (3.7)$$

式中:第 1 章所述的展弦比 AR 以 $AR = 4R^2/S$ 的形式引入,翅膀面积是翼展($2R$)和平均弦长 c_m 的乘积。注意,这里的雷诺数与翅膀拍动的幅值、扑动频率和翅膀长度的平方 R^2 成正比,但与翅膀的展弦比 AR 成反比。在昆虫飞行时,翅膀的拍动幅度和展弦比变化不大,但是随着昆虫尺寸的减小,扑动频率增加。一般来说,这些特征导致 Re 范围从 $O(10^1)$ 到 $O(10^4)$。此外,给定一个几何相似的翅膀模型,以相同的翅膀拍动幅值进行扑动悬停,fR^2 的乘积可以保持相同的雷诺数。这意味着,基于空气动力学相似性,可以机械地建立一个放大的但扑动频率较低的翅膀模型来模拟昆虫的扑动飞行。事实上,基于机器模型的研究[199,201]就是在此基础上建立起来的,前提是第二个参数,即减缩频率,可以同时保持一致。

雷诺数也可以用另外的参考长度或参考速度来定义。例如,使用翅膀长度 R 作为参考机翼长度,翅膀速度 $U_{\text{ref}} = 2\pi f r_2 R$,式中 r_2 是翅膀面积二阶惯性矩半径(对于烟草天蛾,该值约为 $0.52^{[247-248]}$),雷诺数 Re_{f3} 与 $(\Phi f R^2)/\nu$ 成正比,不依赖于翅膀的展弦比。注意,这里的参考速度几乎是翼尖处的一半。对于二维悬停运动,雷诺数可以由最大沉浮运动速度(式(3.8a))或平均沉浮运动速度(式(3.8b))定义,这两式之间相差 $\pi/2$ 倍。这两个定义都有各自的优点,但在本章中,使用式(3.8b)定义二维悬停运动的雷诺数,另有说明的除外。

$$Re_{f2} = \frac{U_{\text{ref}} L_{\text{ref}}}{\nu} = \frac{2\pi f h_a c_m}{\nu} \quad (3.8a)$$

$$Re_{f2} = \frac{U_{\text{ref}} L_{\text{ref}}}{\nu} = \frac{4 f h_a c_m}{\nu} \quad (3.8b)$$

3.2.2 斯特劳哈尔数和减缩频率

斯特劳哈尔数 St 以描述静止圆柱体绕流的涡动力学和涡脱落现象而知名,例如圆柱体后的卡门涡街,以及描述做俯仰和沉浮运动的二维翼型的诱导非定常流动。在某些斯特劳哈尔数下,俯仰和沉浮翼型产生向前的推力,尾流中的涡结构与卡门涡街类似,但涡量方向相反。这种涡结构被称为反卡门涡街[179]。一般而言,对于扑翼飞行,无量纲参数 St 描述了翅膀速度与特征速度之间的动态相似性,它通常被定义为

$$St = \frac{f L_{\text{ref}}}{U_{\text{ref}}} = \frac{2 f h_a}{U} \quad (3.9)$$

这个定义提供了一种测量飞行和游动动物推进效率的方法。自然界中的飞行和游动生物在巡航条件下,斯特劳哈尔数在 $0.2 < St < 0.4^{[186,249]}$ 的狭窄区域内。

对于悬停运动,因为参考速度也是基于扑动速度,所以斯特劳哈尔数没有确切意义。

除了斯特劳哈尔数,还有一个描述做俯仰和沉浮运动二维翼型的非定常空气动力学特性的重要无量纲参数,它就是式(1.19)中定义的减缩频率。在没有前飞速度的悬停飞行过程中,参考速度 U_{ref} 定义为平均翅尖速度 $2\Phi fR$,因此减缩频率可以表示为

$$k = \frac{2\pi f L_{\text{ref}}}{2U_{\text{ref}}} = \frac{\pi}{\Phi \text{AR}} \tag{3.10}$$

这里,展弦比 AR 的定义与式(1.7)相同。对于二维悬停翼型的特殊情况,这里的参考速度 U_{ref} 为最大的平移扑动速度,将减缩频率定义为

$$k = \frac{2\pi f L_{\text{ref}}}{2U_{\text{ref}}} = \frac{c_{\text{m}}}{2h_{\text{a}}} \tag{3.11}$$

这是归一化扑动幅值的倒数。根据参考速度和减缩频率的定义,翼型运动学方程式(3.4)和式(3.5)可以改写为

$$h(t/T) = h_{\text{a}}\sin(2kt/T + \varphi) \tag{3.12}$$

$$\alpha(t/T) = \alpha_0 + \alpha_{\text{a}}\sin(2kt/T) \tag{3.13}$$

式中:t/T 是无量纲时间,它是由参考时间 T 无量纲化的。另一种关于减缩频率的解释是,它给出了流体对流时间尺度 T 和运动时间尺度 $1/f$ 之间的比值。

在向前飞行情况下,另一个无量纲参数是前进比 J,在二维情况中,J 的定义为

$$J = \frac{U_{\text{ref}}}{2\pi f h_{\text{a}}} \tag{3.14}$$

该式与斯特劳哈尔数 St 相关,这是因为 $J = 1/(\pi St)$。在式(3.14)中,参考速度 U_{ref} 为前飞速度 U。

根据减缩频率的定义,三维机翼运动学方程(3.1),式(3.2)和式(3.3)可以进一步改写为

$$\phi(t/T) = \sum_{n=0}^{3} \left[\phi_{\text{cn}}\cos(2nkt/T) + \phi_{\text{sn}}\sin(2nkt/T) \right] \tag{3.15}$$

$$\theta(t/T) = \sum_{n=0}^{3} \left[\theta_{\text{cn}}\cos(2nkt/T) + \theta_{\text{sn}}\sin(2nkt/T) \right] \tag{3.16}$$

$$\alpha(t/T) = \sum_{n=0}^{3} \left[\alpha_{\text{cn}}\cos(2nkt/T) + \alpha_{\text{sn}}\sin(2nkt/T) \right] \tag{3.17}$$

式中:t/T 是无量纲时间,它由参考时间 T 无量纲化,因此无量纲周期为 π/k。

如果选择 c_{m}、U_{ref} 和 $1/f$ 分别对长度、速度和时间进行无量纲化,那么相应的密度恒定流体的动量方程就可以表示为

$$\frac{k}{\pi}\frac{\partial}{\partial t^*}(u_i^*) + \frac{\partial}{\partial x_j^*}(u_j^* u_i^*) = -\frac{\partial p^*}{\partial x_i^*} + \frac{1}{Re}\frac{\partial^2}{\partial x_j^{*2}}(u_i^*) \qquad (3.18)$$

式中：*代表无量纲变量。减缩频率和雷诺数出现在动量方程中，而斯特劳哈尔数出现在运动学方程中。

果蝇（Drosophila melanogaster）、大黄蜂（Bombus terrestris）、天蛾（Manduca sexta）、蜂鸟（Lampornis clemenciae）的形态学和飞行参数见表3.1。所有这些飞行的扑动频率都在 20~200Hz 范围内，飞行速度在几米/秒，因此基于平均弦长和前飞速度的雷诺数在 10^2 ~ 10^4 之间。在这种飞行状态下，非定常、惯性、压力和黏性力都很重要。

表3.1 所选四种动物的形态学和飞行参数

参数	符号	果蝇（Drosophila melanogaster）[250]	大黄蜂（Bombus terrestris）[251]	天蛾（Manduca sexta）[226-227]	蜂鸟（Lampornis clemenciae）[252-253]
形态学参数					
总质量（身体）/kg	m_b	2.0×10^{-6}	1.75×10^{-4}	1.579×10^{-3}	8.400×10^{-3}
翅膀质量（两翅）/kg	m_w	9.6×10^{-9}	9.0×10^{-7}	9.4×10^{-5}	5.88×10^{-4}
翅膀长度/m	R	3.0×10^{-3}	1.3×10^{-2}	4.9×10^{-2}	8.5×10^{-2}
翅膀面积（两翅）/m²	S	2.9×10^{-6}	1.06×10^{-4}	1.782×10^{-3}	3.524×10^{-3}
翅膀载荷/（N/m²）	W/S	7	16	9	23.5
展弦比	AR	2.4	6.6	5.3	8.2
运动学参数					
扑动频率/Hz	f	200	150	25	23
拍动幅值/rad	Φ	2.6	2.1	2.0	2.6
飞行速度/（m/s）	U_{ref}	2.0	4.5	5.0	8.0
雷诺数	Re	1.3×10^2 ~ 2.1×10^2	1.2×10^3 ~ 3.0×10^3	4.2×10^3 ~ 5.3×10^3	1.1×10^4
前进比	J	—	0.66	0.91	0.34

3.3 扑翼非定常空气动力学原理

正如前面讨论的几何相似性和运动学相似性一样，动力学相似性可以通过扩大翅膀尺寸而适当降低扑动频率来保持，从而使雷诺数和减缩频率保持不变。例如，Ellington 等[199]利用一个机器翅膀模型来研究悬停天蛾翅膀上的气流，发现 LEV 向翅尖旋转。他们的发现为一种特殊的高升力机制提供了定性的解释。Dickinson 等[201]也使用了一个代表果蝇的机器翅膀模型来直接测量力，并观察扑动的翅膀周围的流动模式。他们展示了旋转阶段两个力的峰值：①与快速上仰相关的旋转机制;②翼型与尾流相互作用产生的尾迹捕获机制。尽管对这两种力产生机制有不同的解释,但正如下一节所述,机器模型显然为研究扑翼飞行提供了一个独到而深刻的实验框架。此外,对于同一个模型(飞蛾和苍蝇)在不同雷诺数下,Birch 和 Dickinson[254]观察到与他们之前工作[201]完全不一样的流动模式,在同一个模型周围观察了不同的流动模式,并研究了尺度参数对气动结果的影响。Fry 等[228]进一步完善了实验技术,用三维红外高速视频记录了自由飞行的果蝇快速飞行时的翅膀和身体运动学参数,并在他们的机器模型上"重复"这些动作,以测量翅膀产生的空气动力。他们报告说,果蝇翅膀运动时细微调整就可以为快速转弯产生足够的转矩,表明惯性而不是黏性力主导着果蝇的飞行动力学。此外,大量的研究用流场可视化技术对生物飞行时周围的流场进行观测以探究它们的飞行机理,包括烟线可视化[255-260]和粒子成像测速(PIV)测量[14,30,260-269]。另外,这类实验技术的进步使得研究人员不仅能够获得生物飞行[262,266-269]和/或缩比模型[270-272]周围的二维和三维流动结构,而且在空间上具有合理的分辨率。例如,Srygley 和 Thomas[256]报道了一项关于自由飞行的蝴蝶的力产生机制的研究,该研究使用高速的烟线可视化技术来获得拍动翅膀周围气流的定性图像。他们观察到关于 LEV 结构的明确证据。相比之下,在飞蛾和飞蝇飞行时,螺旋结构和展向、轴向流动模式较弱。他们提出,自由飞行的蝴蝶使用多种空气动力学机制来产生力,如尾迹捕获、LEV、主动和非主动向上行程、快速旋转和合拢打开机制。这些不同的机制经常被用于连续的行程,就像在起飞、机动、保持定常飞行和着陆时看到的那样,后面的章节中会讨论这些机制。

Warrick 等[14]用 PIV 发观察悬停蜂鸟周围的尾流(图 1.11)。他们基于环量,通过对测量到的涡量场进行积分估算出了空气动力,并观测到了向上行程和向下行程之间力的不对称。具体来说,蜂鸟在向下行程中产生 75% 的升力,在向上行程中产生 25% 的升力。他们展示了在向上行程中出现的带弯度翅膀的倒置,以及在向下行程中形成的 LEV 的证据。Videler 等[30]使用数字粒子成像测速(DPIV)技术在水洞实验中测量了单只快速滑翔的雨燕翅膀周围的流动。他们的研究结果表明,滑翔的雨燕在小迎角范围内($5°\sim 10°$)可以产生稳定的 LEV。虽然后掠式外翼利用 LEV 产生升力,但内翼周围的气流似乎仍然保持附着流动。

本讨论提供了一个实验和建模研究的样本。显然,根据不同物种的尺寸和流动参数,可以观察到不同的增升机制。在接下来的讨论中,通过关注非定常流动机制以及相关的尺度缩比、几何和运动学参数来解决扑翼气动问题。总之,文献中报道了几种与扑翼空气动力学升力产生相关的非定常气动机制如下:

(1)前缘涡延迟失速;

(2)上仰旋转带来的升力峰值;

(3)涡流和翼型的相互作用带来的尾迹捕获;

(4)翼尖涡;

(5)尾流区持续的向下射流;

(6)合拢-打开机制。

图 3.10 显示了这些机制。图 3.10(a)显示了在平动开始时出现的尾迹捕获机制。这种机制在每半个行程开始时通过将与前一行程产生的大尺度涡流相关的流体动量转移到机翼,从而增加了气动升力。图 3.10(b)是前缘涡和它的延迟失速,而图 3.10(d)是悬停机翼后的向下射流。文献中已经从动态失速[201,273]和上翼面前缘涡[43,199]两种观点研究了延迟失速现象。最后,在图 3.10(c)显示了翼尖涡,图中瞬时流线的颜色代表垂直速度分量的。这些机制对与扑翼相关的升力和推力影响将在后面讨论。

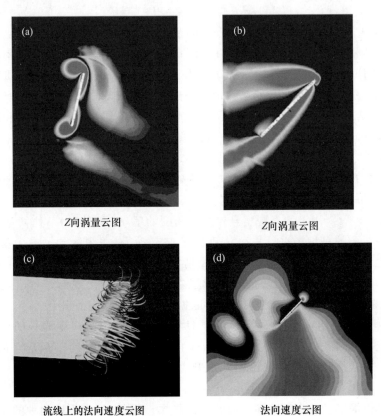

图 3.10 一个拍动周期内影响扑翼气动性能的时间相关流动结构。(a)起动涡和尾迹捕获;(b)延迟失速和前缘涡;(c)翼尖涡;(d)射流相互作用(见彩图)

3.3.1 前缘涡(LEV)

当翼型突然被加速到恒定速度时,附着涡需要一定时间才能发展到最后的定常状态。根据加速度的不同,环量和升力可能需要运动六倍弦长后才能达到最终值的90%[213]。所谓的Wagner效应可以部分解释这种增升原理[274],它描述了与加速翼型相关的非定常空气动力学特性。具体地说,一个突然加速的翼型在起动瞬间的环量只占其定常状态的一部分;只有当翼型运动几个弦长后才能达到定常状态值。然而,如果翼型起动时的迎角大于其失速迎角,那么在翼型前缘上方会形成一个巨大的瞬态涡流,这将大大地增加升力[51]。Dickinson和Götz[275]测量一个在较大迎角,果蝇雷诺数范围($Re = 75 \sim 225$)内突然起动的翼型的空气动力。他们观察到,在迎角大于13.5°时,突然起动导致在运动范围为二倍弦长内时产生了附着在翼型表面的LEV,因此与运动五倍弦长时的测量值对比,升力增加了80%。在雷诺数为6.0×10^4时,Beckwith和Babinsky[276]实验研究了突然起动,展弦比AR=4的平板延迟失速和Wagner效应。他们发现,在失速之前,平板的升力逐步增加,与Wagner的预测相似[274];在失速以后,相对于定常状态增加很快,这是延迟失速的明显例证。在雷诺数$Re < 1.0 \times 10^3$时,Beckwith和Babinsky[276]提供的力曲线与Dickinson和Götz[275]的结果类似,这意味着Wagner效应对升力的影响对雷诺数变化不太敏感。

对翼型的动态失速现象的研究主要集中在俯仰翼型上。这种二维运动在凸显直升机叶片上的动态失速、鱼的游动和扑翼飞行的特性方面很有用。黏性效应在这些情况下起着重要作用。这引起了对动态失速过程的更仔细的研究,包括对所涉及的运动类型的评估[246](图3.8)。McCroskey等[277]展示了动态失速对历史效应的敏感性。他们观察到,在一个动态失速周期中,振荡翼型的大迎角部分很大程度上取决于失速迎角附近的迎角变化率;在不同振幅下,通过匹配失速极限时迎角的变化率,可以得到相同的升力和俯仰力矩特性。

脱体涡和附着涡在扑翼增升方面的潜在优势一直被公认[43,275,278-280]。特别需要指出的是,飞行昆虫LEV产生的高升力机制曾经受到广泛关注,这是Ellington等[199]首次发现的。在机翼平移过程中,通过将受限涡核附着在上翼面前缘可以提高升力[199,281]。LEV在机翼的吸力侧产生一个低压区,从而使机翼上表面产生较大的吸力。在涡破裂或完全再附之前,升力增量可以持续$3 \sim 4$倍弦长的运动距离。

如前所述,Ellington和他的同事[199,248]设计了一个放大了10倍的机器模型,用于研究天蛾(Manduca sexta)的空气动力学特性(图3.11)。如3.2节所述,为了保持悬停时的雷诺数和减缩频率相似性,他们在真实昆虫和机械模型之间保留了fR^2的一致性。采用几何相似的天蛾翅膀模型,以同样的扑动运动学参数进行悬停,可以满足气动相似性。Ellington等[199]利用烟流来观测扑翼周围的流动,证实了靠近天蛾翅膀模型前缘的涡流的存在。他们观察到,在每一次半行程(下行程)中,都有一个小而强的LEV持续存在。通过这些观察,他们提出LEV是升力增加的原因。此外,LEV的涡核具有较高的轴流速度,并且是稳定的,在展向大约75%的机翼长度位置与机翼分离,然后连接到一个较大的、缠绕的翼尖涡。总体涡结构在性质上类似于小展弦比三角翼[199]，这些三角翼利用展向的压力梯度使 LEV 稳定，从而大大提高了临界迎角以上的升力。他们进一步提出，在扑翼运动的平动阶段，通过沿涡核的展向轴向流动（详见文献[199]）产生"延迟失速"来维持扑翼 LEV 的稳定性，从而提高升力。

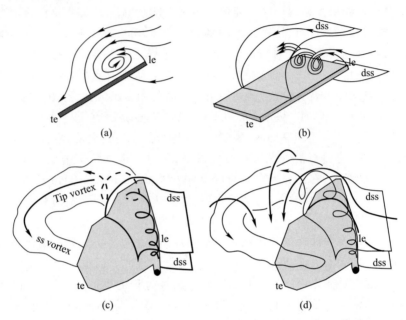

图 3.11　LEV 的空间流动结构。(a)截面；(b)三维翼段；(c)涡系内；(d)涡系外。le 代表前缘；te 代表后缘；dss 代表分流面；Tip vortex 代表翼尖涡；ss vortex 代表起动/停止组合涡。来自 van den Berg 和 Ellington[248]

采用 Ellington 等[199]相同的翅膀模型和运动学参数，Liu 和 Kawachi[200]以及 Liu 等[247]对天蛾(Manduca sexta)翅膀周围的流动进行了非定常 Navier-Stokes 模拟，以探究悬停飞行的非定常空气动力学特性。他们展示了在平动运动中 LEV 和螺旋轴流的显著特征。他们的结果与 Ellington 等[199]观察到的结果一致。从图 3.12 可以看出，在之前的平移运动中产生的 LEV 和在仰旋、俯旋的旋转运动中建立的涡流在机翼周围形成了复杂的流动结构。计算的升力变化情况表明，升力的产生主要发生在向下行程和向上行程的后半段。

Birch 和 Dickinson[254]研究了果蝇翅膀扑动模型在雷诺数为 1.6×10^2 时的 LEV 特性。他们报告称，果蝇翅膀模型的 LEV 与天蛾翅膀模型的 LEV 不同。天蛾翅膀模型 LEV 的涡核具有较强的轴向流动，在展向大约 75% 的机翼长度位置与机翼表面分离，而果蝇翅膀模型在大部分平动阶段显示出稳定的涡结构，没有涡的再附着现象。此外，涡核内的轴向流动较弱，仅为平均翼尖速度的 2%~5%[254]。然而，在后 2/3 弦长位置可以看到强烈的展向流动，大约是翼尖速度的 40%。对果蝇来说,LEV 在整个半行程是稳定附着的,不会断裂。基于果蝇模型和天蛾模型之间的这些显著差异,Birch 和 Dickinson[254]假设翼尖涡和尾流涡量诱导下洗的衰减效应通过降低有效迎角,延长 LEV 的附着,从而限制 LEV 的发展。最近,使用时间分辨扫描断层 PIV 技术,David 等[282]发现,对于迎角 45°,雷诺数 1.0×10^3 的平动 NACA0012 机翼,源于 TiV 形成的翼尖下洗确实减小了有效迎角,因此减弱了前缘展向涡量生成。然而,需要注意的是,NACA0012 机翼比天蛾模型和果蝇模型的翅膀要稍厚一些。

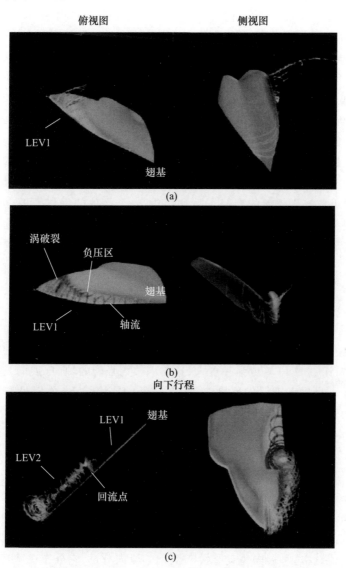

图 3.12 三维数值模拟得到的表现悬停天蛾涡流结构的翅膀表面压力和流线[247]。(a)方位角 $\phi = 30°$;(b) $\phi = 0$;(c) $\phi = -36°$。雷诺数为 4.0×10^3,减缩频率为 0.37(见彩图)

另一项关于大型优红蛱蝶(Vanessa Atlanta)的研究[256]质疑轴向流动的存在，即使是在雷诺数与天蛾相当的情况下。研究人员利用烟迹来观察在风洞中自由飞行的蝴蝶后面的尾流，结果显示，LEV 从翅膀表面扩散到身体。与天蛾的圆锥 LEV 不同的是，蝴蝶 LEV 呈直径恒定的圆柱形，并且涡的末端与翼尖涡相连。由于蝶式机翼 LEV 的螺旋结构较弱，轴向流动对 LEV 的稳定作用再次受到质疑。

通过自由飞行和系留飞行流动可视化技术，Thomas 等[258]的研究表明，蜻蜓通过生成高升力的 LEV 来获得升力。具体地说，在常规的自由飞行中，蜻蜓采用逆行程运动，在前翼向下行程中一个 LEV，在前翼向上行程和后翼整个行程都是附着流。当蜻蜓加速时，它们会将运动学参数调整为翅膀的同相拍动，以产生高度分离的向下流动，在前翼和后翼上都附着一个 LEV。基于他们的流动可视化结果，Thomas 和他的同事们也认为展向流不是流场的主要特征。他们观察到，根据侧滑的程度，展向流动有时只从翼尖流向中线，有时只从中线流向翼尖。LEV 的形成总是与迎角的快速增长同时发生。此外，他们还认为，蜻蜓产生的流场与那些发表文献中的在蜻蜓、果蝇和天蛾机械模型上的流场有本质上的区别，这些模型排除了天然翅膀的相互作用。然而，参数分析结果表明，只要斯特劳哈尔数是适当的，左右翅膀之间可以产生天然的相互作用，即使是一个简单的沉浮平板也可以重现蜻蜓的流动细节特征。Thomas 等[258]指出，LEV 的稳定性是通过一种通用的扑动运动学机制实现的，通过这种机制，LEV 会在机翼上自然地形成，并且在整个行程保持附着。

Birch 等[283]对一个机器果蝇模型机翼开展了流动可视化研究，他们也注意到，尽管 LEV 在低雷诺数($Re_{β} = 1.2 \times 10^2$)和高雷诺数($Re_{β} = 1.4 \times 10^3$)情况下都是稳定的，但是流动形式从较低雷诺数时相对简单的模式变成了较高雷诺数时的螺旋流动。在中间行程，对模型机翼长度 65% 且和展向垂直的平面的涡量测量结果显示，高雷诺数时 LEV 更强和更大，这与涡核内强烈的轴向(展向)速度有关，并且速度的大小明显大于翼尖速度[254]。在较低的雷诺数下，他们没有观察到 LEV 核心区域的轴流峰值，这可能是因为较强的黏性效应。

Kim 和 Gharib[284]实验研究了做旋转和平移运动的平板的展向流动，平板的迎角固定为 45°，雷诺数 $Re = 1.1 \times 10^3$。他们观察到，对于平板的平动，由于翼尖的影响，LEV 沿着展向发展不均匀。这种变形的 LEV 在平板上诱导了展向流动和随后的涡量输运。然而，展向流动不足以抑制平板中心区域附近的 LEV 的生长。在旋转模式下，由于 LEV 的大小从底部到尖端不断增大，因此 LEV 的涡量是倾斜的。倾斜的涡量诱导了旋转平板上沿展向的流动。与平移模式相反，在尾流中也发现了展向流动，这种展向流动是源于涡量的流向分量，它分布在剪切层和尾流中的起动涡内。

扑翼 LEV 类似于固定三角翼的 LEV。三角翼之所以能够产生升力，很大程度上是由于它在机翼前缘处产生了涡流,并在背风侧卷成一个大的旋涡,其中包含一个显著的轴向速度分量。涡流中心的高速流动是一个低压区域,它产生一个吸力作用(也就是升力)。对于大迎角的三角翼,涡流会破裂,导致紧密相干旋涡的破坏。涡核直径增大,轴向速度分量不再是单向的。随着轴向速度的减小,压力增大,因此机翼失去升力。关于这个主题的文献非常多,为了更全面地理解涡流破裂的各个方面,请读者参阅几篇综述文章[164,285-286]。对于固定翼,一个重要趋势是,当迎角固定时,如果涡流增强,那么在较低的雷诺数下会发生涡破裂现象。相比之下,较弱的涡流会在较高的雷诺数下破裂。由于果蝇表现出较弱的LEV,从这个角度来看,相对于LEV较强的天蛾,果蝇更好地维持了旋涡结构。

当然,旋涡破裂与固定翼(或扑翼)之间的联系,如果存在,那么是尚未确定的。需要注意的是,虽然直升机叶片模型已经被用来解释扑翼空气动力学特性,但通常认为,在影响直升机气动特性方面,展向的轴向流动作用不大[287]。特别要提的是,直升机的叶片在明显较高的雷诺数和较低的迎角下运行,叶片的展弦比要大得多,这也使得LEV很难固定。

3.3.2 快速上仰

在扑翼运动的平动过程中,基于LEV的升力增强机制似乎是一个主要特征。此外,扑翼在向下和向上行程结束时经历了快速的机翼旋转,可以增强飞行昆虫的升力。

Kramer[288]首次证明,当机翼从低迎角向高迎角旋转时,升力系数可以大于定常失速时的值,这被称为Kramer效应。时变迎角的非定常气动特性,包括迟滞现象,如图3.4所示。Dickinson等[201]利用他们的Robofly模型的不同旋转模式(图3.9)来研究运动学和升力生成之间的相互影响。他们确定在每个行程结束和开始时的两个空气动力峰值(俯旋和仰旋)。第一个力的峰值可以用旋转环量来解释。产生的力的增强效果受平动机翼转动时机的影响。他们发现,超前旋转产生的平均升力系数$C_L=1.74$,几乎是滞后旋转($C_L=1.01$)的1.7倍,而对称旋转的升力系数可以达到$C_L=1.67$。这些峰值被Sun和Tang[289]以及Ramamurti和Sandberg[290]的数值模拟结果所证实。此外,Sun和Tang[291]进一步研究了通过非定常空气动力学原理增强升力的三种机制:①在行程开始时,机翼的快速加速;②延迟失速;③行程接近结束时,机翼的快速上仰旋转。如图3.9所示,在超前旋转时,机翼在平动方向反转之前翻转,前缘相对于平动来说向后旋转。根据他们的计算分析,Sun和Tang[289]认为第一个峰值是由于机翼快速上仰旋转时涡量的迅速增加。图3.13(f)和(g)分别显示了上仰旋转和相应的涡量增加。Sane和Dickinson[292]将第一个力峰值归因于旋转过程中产生的重建Kutta条件的额外环量。总之,Sun和Tang[289]以及Sane和Dickinson[292]的研究结果是一致的。第二个力的峰值被称为尾迹捕获,与机翼-尾流的相互作用有关,下一节将进行讨论。总之,这两个峰值促成了升力增强。由于俯仰和尾迹捕获都受到扑翼运动学特性的强烈影响,稍后将提供更多的讨论以帮助阐明这些因素的参数变化的影响。

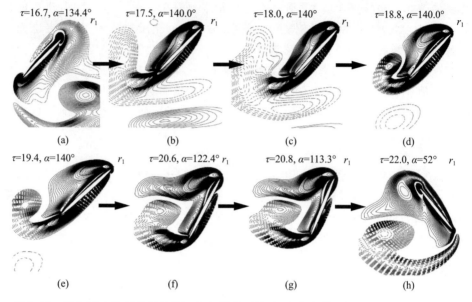

图 3.13 展向 75% 位置的涡量图。向上行程开始时,迎角变化很小(从(a) $\alpha=134.4°$ 到 (c) $\alpha=140°$)。快速的加速度增加了流体动量变化率,因此升力增加。从(c)到(e),翅膀定速平动,迎角 $\alpha\approx140°$。动态失速涡没有脱落,因此保持了较大的升力。从(e)到(f),翅膀定速平动的同时快速上仰,导致升力和阻力迅速增加。(h)翅膀减速,升力迅速下降。雷诺数为 136。来自 Sun 和 Tang[289]

3.3.3 尾迹捕获

正如 Dickinson 等[201] 所讨论的,机翼-尾流的相互作用可以显著地提高悬停昆虫的升力。他们发现,第二个峰值发生在每一次悬停飞行行程开始时,此时,机翼在沿翼展方向旋转的同时反转平动方向。这种物理机制,被称为尾迹捕获,它通过在每半行程开始时将流体动量转移到机翼来产生气动升力。机翼与前一行程方向反转后产生的尾流相遇,从而提高了翼型周围的有效流动速度,继而产生了第二个力的峰值。尾迹捕获机制如图 3.14 所示。

与快速上仰一样,尾迹捕获的有效性取决于机翼的运动学特性和流动结构。第二个升力峰值(刚好发生在行程逆转之后)明显不同于旋转升力,因为它的时机与机翼旋转相位无关。Dickinson 等[201] 的研究表明,即使在机翼旋转后使它停止运动,第二个升力峰值仍然存在,这意味着前半行程中机翼运动产生的尾流是升力产生的能量来源。

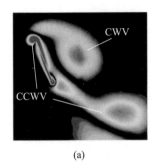 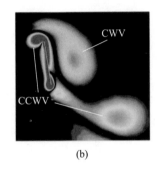 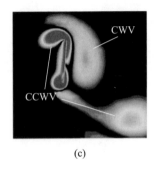

图 3.14 尾迹捕获机制图示[201,296]。(a)仰旋;(b)上行开始;(c)上行初期。在(a)行程结束时,前一个行程脱落的尾流,命名为 CWV,在平板周围出现。随着平板移动到(b)、(c)中的尾流中,有效流动速度增加,附加气动力产生。云图中的颜色代表涡量的展向分量。CWV 和 CCWV 分别代表顺时针和逆时针涡(见彩图)

水平拍动平面上的正弦运动与 Wang 等[217]的类似,Wang 等对一个悬停的椭圆形翼型进行了二维仿真,其行程振幅 h_a 在 $1.4c \sim 2.4c$ 之间,导致减缩频率(式(3.11))k 在 $0.36 \sim 0.21$ 之间减小。所考虑的雷诺数范围为 $75 \sim 115$。Wang 等[217]和 Tang 等[244]的计算结果都表明,正常悬停模式在逆行程后存在一个升力峰值(图 3.7)。然而,对于"踏水"模式,Tang 等[244]的结果显示,随着翼型俯仰角度增加到最大值,升力持续增加,但没有明显的峰值。Tang 等[244]更详细地讨论了正常模式和踏水悬停模式下的升力生成情况。

这种对尾迹捕获力生成的解释最近受到了质疑,理由是旋转无关的升力峰值是由于加速附加流体质量而引起的反应[293]。一般来说,加速流体的质量,称为附加质量[45],它可引起扑翼惯性的增加。这在昆虫飞行的空气动力学中起着重要的作用[294]。然而,评估附加质量,也就是估计惯性力,是不容易的。虽然翅膀本身的大小可能很小,但加速流体的大小不一定小[65,295]。

3.3.4 翼尖涡(TiV)

与有限展长固定翼相关的 TiVs 可以降低升力并产生诱导阻力[297]。然而,在非定常流动中,TiV 会以三种方式影响作用在机翼上的总力:①通过在翼尖附近创建一个低压区[296];②通过 LEV 和 TiV 的相互作用[296];③通过翼根涡和 TiV 的向下以及轴向运动和构建一个尾涡结构[298]。在突然沿运动方向法向起动的小展弦比平板上也观察到前两种作用机制(图 3.15)。Ringuette 等[299]采用实验方法证实,在雷诺数 $Re = 3.0 \times 10^3$ 时,通过与 LEV 的相互作用,TiV 大大增加了平板受力。Taira 和 Colonius[300]采用浸入边界方法,着重研究了不同迎角下的一些小展弦比平板的三维分离流动和涡动力学特性。在雷诺数范围为 $3.0 \times 10^2 \sim 5.0 \times 10^2$ 时,他们证明,TiV 可以稳定流动,并且与脱落涡形成非线性相互作用。TiV 下洗的影响更大,导致展弦比较小的平板升力降低。

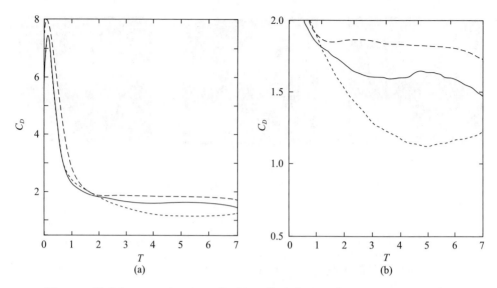

图 3.15 展弦比 AR = 6 和 AR = 2 的平板开始平动时,阻力系数随 T 的变化情况(T 的定义见文献[302],它代表平板运动距离和弦长的比值),来自 Ringuette 等[299]。(a)整体视图;(b)详细视图。在这两幅图中,实线对应展弦比 AR = 6,且有自由翼尖的平板,点虚线对应同样的平板,但是翼尖下部有凸起,虚线对应展弦比 AR = 2,且有自由翼尖的平板。由于 TiV 和 LEV 的相互作用,小展弦比机翼的阻力显著降低

然而,对于悬停飞行中的扑动运动,视具体运动学特性,TiV 对小展弦比扑翼的空气动力学特性要么促进,要么影响很小。Shyy 等[296]证明了对于展弦比 AR = 4,雷诺数 Re = 64,并且存在两种不同的机翼运动(如滞后旋转和同步旋转;见图 3.16)的平板,TiV 可以使从前缘脱落的涡固定,从而相对于在相同的运动学特性下的二维计算结果,提高了升力。相比之下,在小迎角和同步旋转的不同运动学条件下,TiV 的生成量较小,气动载荷与类似的二维计算结果近似。他们的结论是,TiV 可以通过改变运动学特性来促进或轻微影响小展弦比扑翼的空气动力学特性[296]。此外,在 Re = 64 时,Trizila 等[301]发现由于 TiV 的存在,存在四个显著的竞争效应。

(1) 由于靠近翼型附近的翼尖涡低压区,导致升力增强。

(2) 诱导下洗作用降低了沿展向的有效迎角,削弱了 LEV,从而降低了瞬时升力。

(3) 前缘和后缘脱落涡的相互作用使得它们固定而不是在翼尖附近脱落,因而增加了升力。

(4) 由于 TiV 将流体从机翼下侧拉到机翼上侧,使机翼在气流中留下了较弱的向下动量。

在与向下动量的相互作用下,造成了升力的损失,因此较弱的尾流意味着较高

的升力。

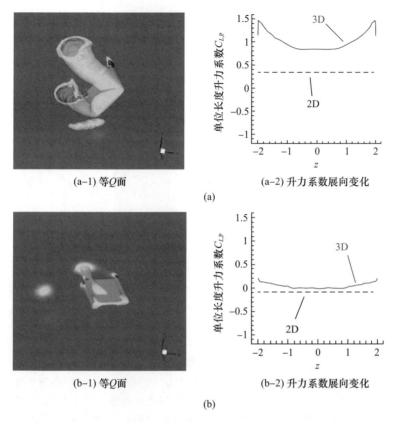

图 3.16 行程中部俯仰/沉浮平板 TiV 对升力产生的影响,来自 Shyy 等[296]。(a) 滞后旋转 ($2h_a/c_m = 2.0, \alpha_a = 45°, \phi = 60°$);(b) 同步旋转 ($2h_a/c_m = 3.0, \alpha_a = 80°, \phi = 90°$)

3.3.5 合拢–打开机制

飞行动物中最复杂的运动学机动之一就是在背向逆行程过程中左、右翅膀的相互作用,被称为合拢–打开(clap-and-fling)机制(图 3.17)。在这种独特的过程中,升力的产生得以增强,尤其在微小昆虫的飞行中经常观察到此现象[68]。在其他研究中也有进一步的观察[70,303-304]。在系留果蝇 Drosophila[305] 以及更大的昆虫(如蝴蝶[26]、灌木蟋蟀、螳螂[306]和蝗虫[307])中发现了一种改进的运动学现象,被称为"合拢–剥落"。昆虫在飞行过程中似乎并没有持续使用这种"合拢–打开"机制,而在携带负载的最大飞行性能[308]或执行功率要求较高的飞行转弯[307]时,更能经常观察到这种机制。Marden 对不同种类昆虫的实验[308]发现,采用合拢–打开机制来拍动翅膀的昆虫每单位质量飞行肌肉产生的升力要比采用传统翅膀运动机制的昆虫(如苍蝇、小虫、螳螂、蜻蜓、蜜蜂、黄蜂、甲虫和斯芬克斯天蛾;

平均值 59.4N·kg^{-1})增加约 25%(平均值为 79.2N·g^{-1})。

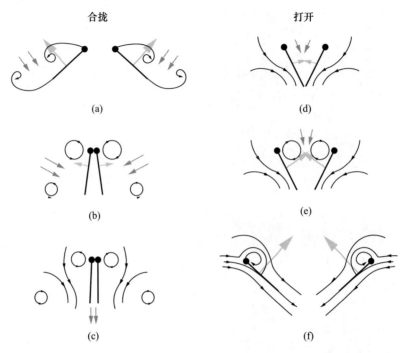

图 3.17　翅膀相互靠近以合拢(a)~(c),以及相互远离以打开(d)~(f)的截面示意图,来自 Sane[312],由 Weis-Fogh[68]首次定义。黑线代表流线,深色箭头代表诱导速度。浅色箭头代表作用在翼型上的净力。(a)~(c)合拢。当翅膀在背部相互靠近(a),它们的前缘开始相互接触,翅膀绕前缘旋转(b)。当后缘相互靠近时,涡量从后缘脱落并卷起形成停止涡(c),然后耗散到尾流中。LEV 失去强度。翅膀之间的封闭间隙挤出流体,产生附加推力。(d)~(f)打开。翅膀通过相对后缘旋转来张开(d)。前缘平移,流体流入翅膀之间的间隙,产生绕翅膀系统的初始环量提升(e)。(f)LEV 重新形成,但是后缘起动涡相互削弱,因为它们的旋转方向恰好相反

合拢-打开机制是两个翅膀在背侧行程处的紧密配合,并且在俯旋之前反转。通过加强下行程的环量,它可以在机翼上产生相当大的升力。下行前的合拢阶段被认为是由于机翼运动形成的缝隙中吸入流体而增强了环量,这导致前缘生成强烈的涡流。Lighthill[209]研究表明产生的环量与合拢的角速度成正比。Maxworthy[43]通过对一对翅膀上的流动可视化实验发现,在合拢过程中,每只翅膀上都产生了一个 LEV,其环量比 Lighthill[209]计算的要大很多。

Lehmann 等[273]利用果蝇(Drosophila melanogaster)的动态缩比机械模型来研究逆行程过程中对侧翅膀相互作用时的力增强作用(合拢-打开,见图 3.18)。他们的研究结果表明,提高合拢-打开期间的升力要求两个翅膀之间的角度分离不

超过 $10°\sim12°$。在机器装置的限制范围内,这种合拢 – 打开的方式将总升力最多提高了 17%,但实际性能很大程度上取决于拍动过程的运动学特性。他们测量了合拢阶段升力和阻力增量的两个瞬态峰值:在合拢的初始阶段有一个显著的峰值,这解释了大部分的升力增量,当合拢结束时翅膀开始分开,有一个力增量的较小峰值。他们的研究表明,合拢 – 打开的影响并不局限于拍动周期的背部部分,而是延伸到向上行程的起始阶段。这说明,在整个拍动周期中,镜像翼的存在会扭曲总的尾流结构。

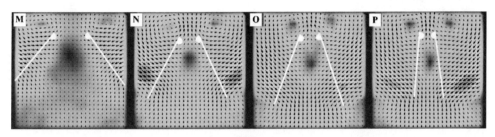

合拢

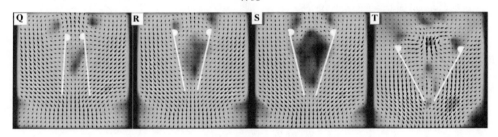

打开

图 3.18　对机械翅膀模型的两个翅膀的合拢 – 打开机制(M~T)的实验流动可视化结果,来自 Lehmann 等[273]。根据伪彩色代码绘制涡量,箭头表示流体速度的大小,箭头越长,代表速度越大(见彩图)

最近,Kolomenskiu 等[309]采用二维和三维仿真方法研究了悬停昆虫在特定雷诺数下($Re = 1.28 \times 10^2$ 和 $Re = 1.4 \times 10^3$)下的拍动 – 挥动 – 扫动机制。结果表明,下行开始时的三维流动结构与二维近似结果基本一致。当翅膀分开的距离超过一个弦长后,可以从力变化和流动结构中看到两种雷诺数情况下的三维效果。当雷诺数 $Re = 1.28 \times 10^2$ 时,从翼根到翼尖的展向流动是由作用在翅膀后边回流泡中流体上的离心力所驱动的。展向流动消除了过剩的涡量,延迟了周期性的涡脱落。当雷诺数 $Re = 1.4 \times 10^3$ 时,涡破裂发生在翅膀较靠外的部分,多个涡丝脱落到了尾流中。

这种合拢 – 打开机制被用于提高真实扑翼飞行器的升力(de Croon 等[310]和 Nakata 等[311],图 3.19)。

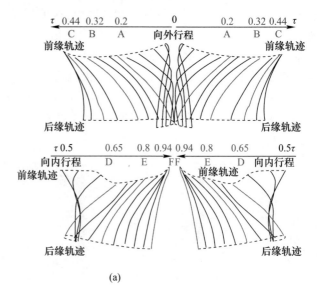

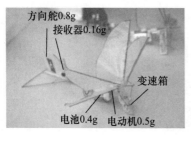
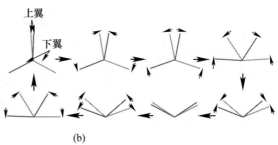

图 3.19　扑翼 MAV 的合拢 – 打开机制。(a) Delfly[314];(b) 千叶大学扑翼 MAV[312]

3.4　雷诺数范围 $O(10^2 \sim 10^3)$ 的流动机理

3.4.1　运动学特性对悬停翼型的影响

Trizila 等[301]利用代理模型技术[314]研究了受各种运动学参数组合影响的时均升力和功率输入,并报告了许多有趣的发现。他们研究了展弦比 AR = 4,相对厚度为 2% 的机翼。基于平均翼尖速度的雷诺数为 64,这与果蝇的雷诺数类似。他们使用了简化的机翼运动学方程(见式(3.4)和式(3.5)),并选择刚性翼型的 1/2 弦线作为俯仰轴。由于没有自由来流,以翼尖速度为参考速度,因此减缩频率包含与归一化扑动振幅倒数相同的信息[315]。类似地,转动(俯仰)运动是同样由扑动频率和角振幅 α_a 决定,其中角振幅 α_a 是机翼运动时与 yz 平面的最大角度(图 3.20)。俯仰运动的时均角度是 $\alpha_0 = 90°$。较高的角振幅产生较低的迎角,反之亦然。俯仰运动和沉浮运动之间的相位差用 ϕ 表示。

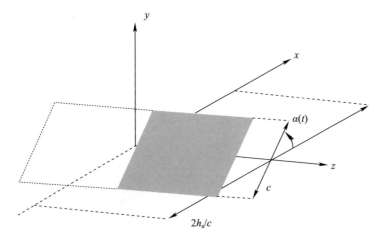

图 3.20 沿 x 轴沉浮,沿 z 轴俯仰的有限展长翼(AR = 4,仅显示了一半)

三个运动参数作为代理模型的设计变量——扑动幅值(h_a)、俯仰角幅值(α_a)和相位差(ϕ)是独立变化的。设计变量的变化范围是,归一化扑动幅度代表了一系列扑翼飞行:$2.0 < 2h_a/c_m < 4.0$。俯仰振幅和相位差的细节在文献中并不多见,所以选择了低迎角($\alpha_{min} = 10°$,高俯仰幅值)和高迎角($\alpha_{min} = 45°$,低俯仰幅值)的两种状态:$45° < \alpha_a < 80°$。相位差的边界选择关于同步悬停是对称的:$60° < \phi < 120°$。因为升力降低的旋转效应,滞后旋转并不是文献中许多研究的焦点内容,但是滞后旋转案例提供了有趣的三维尾流相互作用。

感兴趣的物理量,即代理模型中的目标函数,是时均升力系数以及扑动周期所需功率的近似值。此外,Trizila 等[301]基于代理模型的指导,探索了二维和三维情况下的流动物理机制,并能够突出机翼运动学特性对悬停翼型性能的影响。包括 LEV 和 TiV 之间的交互作用在内的二维/三维非定常机制对升力的影响将在后面的部分中详细介绍。

图 3.21 为时均升力系数的等值面,其中每个轴对应于其中一个运动学参数(即 h_a、α_a 以及 ϕ)。图 3.21(a) ~ (c) 分别对应二维升力、三维升力以及两者之间的差值。观察结果很明显,低 α_a(高迎角)和超前旋转(高 ϕ)的运动学参数组合情况下二维和三维的平均升力最大。这一结果在定性上与 Wang 等[217]以及 Sane 和 Dickinson[292]的结果一致。由于高俯仰幅值情况下二维升力响应相位差的非单调响应(图 3.21),有两个区域的时均升力较低,可能为负。第一个区域由低沉浮幅值(低 $2h_a/c_m$),低迎角(高 α_a)以及超前旋转(高 ϕ)决定。第二个区域由低迎角(高 α_a)以及滞后旋转(低 ϕ)决定,三维运动学参数也产生低的时均升力值。

一个变量的灵敏度直接与各个设计变量的梯度有关,而一个更定量的度量方法是全局灵敏度分析；Trizila 等[301] 对这些度量方法在进行了检验。沿 α_a 轴和 ϕ 轴的梯度比沿归一化扑动幅值的梯度要更加显著。(注意：Lua 等[316] 发现雷诺数 Re 效应对平均升力的影响明显小于 α_a。)此外，图 3.21 显示，除去高 α_a 的情况，相位差提前在二维时是有益的；在三维中，在研究范围内没有这样的例外。Sane 和 Dickinson 的实验对比结果[292] 显示，在常见的范围内，作为 α_a 和 ϕ 的函数，时均升力的变化趋势在定性上是一致的，设置明显不同是在研究[301] 中使用单纯的平动代表沉浮运动，而非实验研究的沿支点扑动。

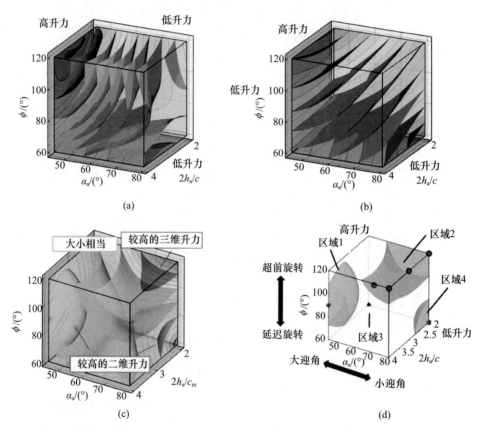

图 3.21　时均升力等值面。(a) 二维升力；(b) 三维升力；(c) 三维升力减去二维升力；(d) 二维和三维升力绝对差值为 0.10。符号代表有详细的力变化和流场变量的区域的训练点；棕色八面体(区域 1)、圆(区域 2)、黑色 1/4 球体(区域 3)，蓝色立方(区域 4)。(c) 中的蓝色区域表示二维升力大于相应运动学下的三维升力。类似地，黄/红色区域表示较高的三维平均升力 (见彩图)

二维时均升力和三维时均升力之间的差异可能会引出一个问题，即在设计空间中，简化的二维空气动力学分析结果可以充分地近似其相似的三维相应区域，而在那些有明显三维效果的区域，就不能做这样的近似了。图 3.21(c) 表明，时均升力系数差值大于 0.1 的原因在于三维效应。

根据 Shyy 等[296]和 Trizila 等[301]的研究成果,现在强调与图 3.21 所示情况对应的 4 个工况:①同步悬停,高迎角;②超前旋转,低迎角;③滞后旋转,高迎角,低沉浮振幅;④滞后旋转,低迎角,低沉浮振幅。每一个工况都代表了一个区域,其中小展弦比机翼的升力在二维与三维情况下有明显不同,如图 3.21 所示。除此之外,还将研究另一个二维升力与三维升力类似的区域,并讨论升力与功率之间的权衡。

3.4.1.1 具有显著三维效应的区域

同步悬停,高迎角——出现持续射流。如图 3.21(d)区域 1 所示,该区域的运动对应于近乎同步的悬停(即包括轻微延迟或超前旋转的工况)、低角幅度(高迎角)和较大的沉浮振幅。图 3.22 显示了升力随时间变化的情况以及三个瞬时的垂直速度云图:在二维模拟的前飞行程中,在三维计算的对称面中,在翼尖附近。可以看出,在二维情况下每次行程有两个局部极大值。第一个峰值与 $t/T=0.8$ 行程开始时的尾迹捕获有关。在这两个峰值之间,有一个被称为"尾流"谷的局部最小值,它是由迎角下降和以持续射流的形式形成的向下动量的相互作用共同造成的。正如 Freymuth[175]的实验研究中报道的那样,射流的发展是由一个反向卡门涡街与机翼平动时向下的动量相互作用产生的结果。当机翼经过射流时,旋涡会以一种强化先前由机翼产生的向下动量的方向脱落。这些旋涡维持着向下的动量,并且它们进一步拖动周围的流体以创造一个流动特征,机翼在随后的行程中与这个流动特征相互作用。对于三维情况,相对于二维,较弱的向下动量确实有助于产生升力,这可以从 $t/T=0.9$ 的瞬时升力历史中得到证实。在二维情况下,持续射流更窄,并且垂直速度值更大。然而,较弱的 LEV 对升力有负面影响。在二维情况

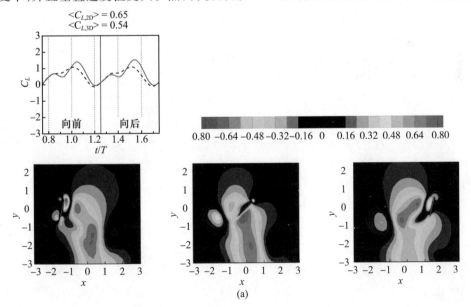

(a)

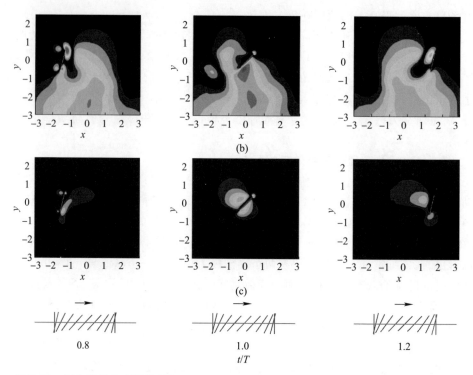

图 3.22 同步旋转和高迎角($2h_a/c_m = 3.0, \alpha_a = 45°, \phi = 90°$)情况下,瞬时力变化(二维:实线,红色;三维:虚线,黑色)以及向前行程三个时刻的垂直速度云图((a)二维计算;(b)三维计算的对称面;(c)三维翼尖附近($z/c_m = 1.8$))(见彩图)

下,LEV 大部分是附着的,固定 LEV 没有任何好处。总之,在这种情况下,二维升力比对应的三维升力更好。更一般的情况是,图 3.21(d)所示的区域 1 的工况在二维情况下的升力较大。

1) 超前旋转和低迎角——较高的三维升力

如图 3.21(d)所示,在区域 2 中,运动学的特点是超前旋转,并且角幅值大。图 3.23 显示了升力随时间变化情况以及与低迎角超前旋转工况($2h_a = 4.0c_m$,$\alpha_a = 80°, \phi = 120°$)相关的流动特点。在逆行程之后,平板立即移动到上一个行程产生的尾流中。由于尾流的下洗(图 3.23)和低且下降的迎角(图 3.23(b)),升力下降。注意,在这些运动学过程中遇到的向下动量并不是持续的射流:三维情况没有二维情况那样的升力下降。

2) 滞后旋转和高迎角——翼尖涡提高升力

区域 3 是由具有滞后旋转、低角幅值(高迎角)和较短的沉浮幅值的运动学参数定义的。这个区域受到 TiV 的显著影响。图 3.24 展示了一个高迎角滞后旋转的工况($2h_a = 2.0c_m$,$\alpha_a = 45°, \phi = 60°$)。由三维现象造成的流动物理特性差异是显而易见的。二维和三维的结果中,旋涡的主要特征包括它们的大小、强度和运

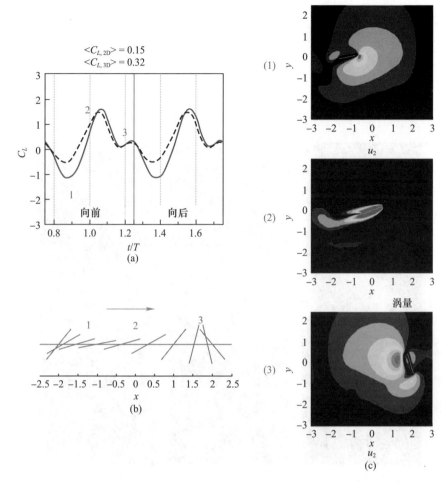

图 3.23 区域 2 典型工况下升力系数变化;超前旋转,低迎角($2h_a/c_m = 4.0$, $\alpha_a = 80°$, $\phi = 120°$),有相关的流动特点。(a)一个运动周期的升力系数 C_L,红色实线为二维计算,黑色虚线为三维计算;(b)平板运动的运动学规律示意图;(c)典型的流动特点((1)$t/T = 0.9$,垂直速度(u_2)云图;(2)$t/T = 1.0$,涡量云图;(3)$t/T = 1.2$,垂直速度云图)(见彩图)

动,有明显的不同。三维流动的展向变化很大,而且三维和二维计算的对称平面之间也没有什么相似之处。

在二维流中,与三维流相比,大型涡对彼此之间以及涡对和翼型之间明显更接近。图 3.24 为所研究的两种情况下的瞬时升力系数;三维升力系数一般高于对应的二维升力系数。通过这些运动学模式,TiV 可以与 LEV 相互作用,从而形成升力增强机制。下面将讨论这方面的内容。

图 3.25 显示了由前飞行程中展向涡量 ω_3 标度的 Q 等值面云图。通过这种

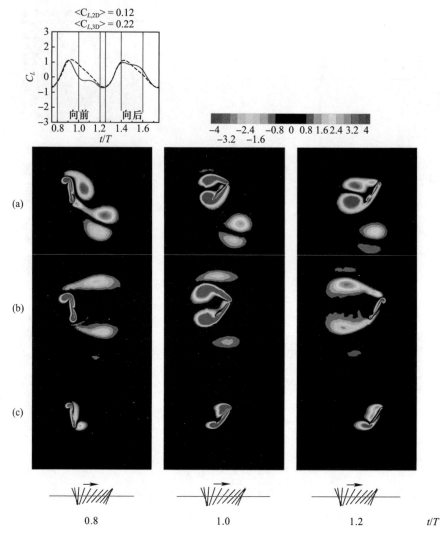

图 3.24 滞后旋转和高迎角($2h_a/c_m = 2.0, \alpha_a = 45°, \phi = 60°$)情况下,一个扑动周期力变化(二维:实线,红色;三维:虚线,黑色)以及向前行程三个时刻的 z 向涡量云图((a)二维计算;(b)三维计算的对称面;(c)三维翼尖附近($z/c_m = 1.8$))(见彩图)

方式,可以把旋转和剪切分离开来,因为 Q 可以用来测量旋转;然后,可以用涡量获得方向信息。前缘和后缘脱落产生的涡流分别用红色和蓝色表示,而 TiV 为绿色。悬停状态下 LEV 作用的研究特别有趣。对图 3.25 中给出的算例(滞后旋转)——由涡量标度的 Q 等值面,以及由压力产生的展向 C_L 分布——TiV 流的影响很明显。首先,翼尖处的低压区域会对升力产生有利的影响。其次,TiV 固定了翼尖附近的大尺度涡对。然而,在半展长位置,涡对已经从机翼分离。这反过来又驱使了流动结构和受力过程中所看到的展向变化。

108

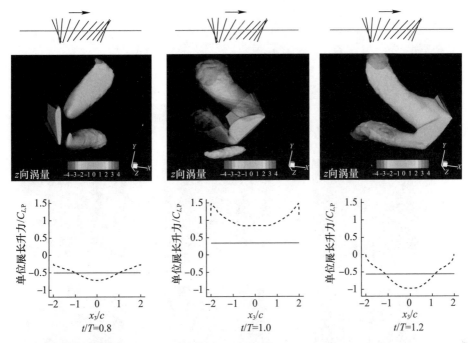

图 3.25 滞后旋转和高迎角($2h_a/c_m = 2.0$, $\alpha_a = 45°$, $\phi = 60°$)情况下,在三个时刻 $t/T = 0.8, 1.0, 1.2$,单位展长的升力以及在半个翅膀上用运动学参数,由 z 向涡量标度的 Q 等值面云图($Q = 0.75$)(见彩图)

与无限展长机翼相比,TiV 在小展弦比机翼的展向产生了额外的质量流量,这有助于迫使半展长位置的涡对从前缘到后缘相互远离。此外,由下洗诱导的有效迎角沿翼展方向不断变化,其在翼尖附近更强。总之,TiV 使翼尖附近的涡对固定在机翼表面附近,从而促成了低压区,提高了升力。最终结果是一个与二维值相差很大的综合升力。

从本节的讨论中可以看出,运动方式对 TiV 的形成和 LEV/TEV 动力学有重要的影响。有趣的是,对于研究的许多运动,TiV 力的增强作用可能仅限于提升升力;也就是说,产生的阻力并没有成比例地增加。

3)滞后旋转,低迎角,低幅值——无三维尾迹捕获

区域4的运动学特征为滞后旋转、大角幅值(或低迎角)、较短的沉浮幅值(图 3.21(d))。值得注意的是,沉浮运动和俯仰运动之间的相位差与前面的部分相似,但是沉浮运动和俯仰运动的振幅与前面不同。图 3.26 显示了二维和三维计算的升力变化情况,以及区域4典型工况的运动学特性图解:$2h_a = 2.0c_m$, $\alpha_a = 80°$, $\phi = 60°$。二维和三维之间的最大差异大约出现在 $t/T = 0.9$ 时。由于旋转被延迟,在逆行程后 $t/T = 0.75$ 时,平板产生旋转启动涡以增加升力,其第一个峰值出现在 $t/T = 0.9$ 左右。然而,如图 3.26 所示,在二维情况下,前一个行程脱落的

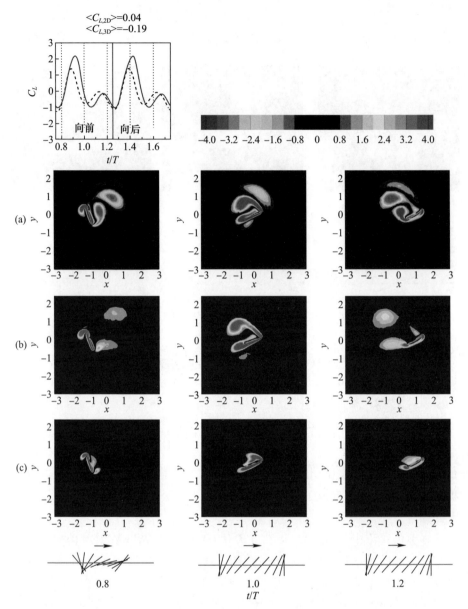

图3.26 滞后旋转和低迎角($2h_a/c_m = 4.0, \alpha_a = 80°, \phi = 60°$)情况下,一个运动周期力变化(二维:实线,红色;三维:虚线,黑色)以及向前行程三个时刻的 z 向涡量云图((a)二维计算;(b)三维计算的对称面;(c)翼尖附近($z/c_m = 1.8$))(见彩图)

TEV 与逆行程后的平板相互作用,通过尾迹捕获机制提高升力($t/T = 0.9$)。相比之下,对于三维情况下脱落的 LEV 和 TEV 相互排斥,并且与平板的路径相互排斥,因此在逆行程后没有捕获尾流。图 3.26 所示的随时间变化的第一个升力峰值仅仅是由于旋转效应。因此,在所有滞后旋转情况下观察到的旋涡的发散行为,以及前缘涡和后缘涡与翼尖涡的相互作用,在前一节描述的重要三维效应中起着核心作用。

3.4.1.2 相似区域:二维和三维

有一些有趣的机翼运动学参数组合,它们可以在二维和三维中产生相似的升力。在某些情况下,即使是瞬时力也能很好地吻合。

图 3.27 显示了对应于这些运动参数的某种情况下的流场:当 $t/T = 0.8, 1.0$

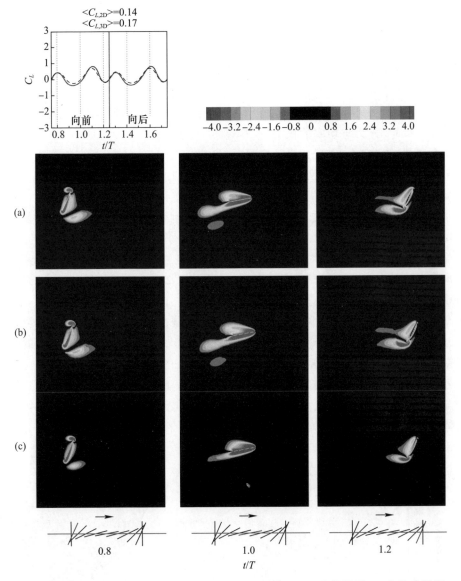

图 3.27 同步旋转和低迎角($2h_a/c_m = 3.0, \alpha_a = 80°, \phi = 90°$)情况下,一个运动周期力变化(二维:实线,红色;三维:虚线,黑色)以及向前行程三个时刻的 z 向涡量云图((a)二维计算;(b)三维计算的对称面;(c)翼尖附近($z/c_m = 1.8$))(见彩图)

和 1.2 时,$2h_a = 3.0c_m$,$α_a = 80°$,$ϕ = 90°$。沿翼展方向的变化不大,使得二维和三维模拟基本相似。在对称平面上,二维流场与相应的三维流场对称面具有明显的一致性。高角度振幅会导致低迎角,再与旋转的时机耦合,导致流动不会出现延迟失速,因为 LEV 的形成没有得到促进。这个例子中旋转的时机使最大平动速度时平板处于最小迎角(10°),平动速度为 0 时平板是垂直的。从流场来看,TiV 和 LEV/TEV 的形成都受到很大的抑制。净效应是相当均匀的展向升力分布,与具有相同运动学参数的二维情况非常类似。

在这种情况下,不论是二维还是三维结果都不能促进向下诱导射流的形成。如图 3.27 所总结的,二维和三维升力系数在瞬时和时均意义上都相似。这种相似性说明,二维模拟对相应的三维定量数据的生成是有效的。然而,并非该区域的所有情况都显示出类似的瞬时行为,时均升力的相似性有时来源于不同特征的部分抵消。

3.4.1.3 升力与功率的权衡

在多目标研究中,在选择设计变量时,往往会发现不同的目标存在竞争。一个用来评估目标函数之间权衡的工具被称为帕累托前沿[317],它由非支配点组成,可以被认为是最佳可能点的集合。非支配点是指不能同时改善所有目标函数的点。

对于之前章节强调的二维和三维悬停平板的例子,Trizila 等[301]提出了竞争目标帕累托前沿,以最大化时均升力和最小化功率需求,如图 3.28 所示。因此,帕累托前沿点包括那些升力增加同时功率增加的点,反之亦然。由此产生的帕累托前沿本身在二维和三维之间具有很强的可比性(图 3.28)。主要的差异是,二维的升力峰值超过三维的对应值,而在三维情况下,帕累托前沿附近的设计变量组合密度更高。在图 3.28 中,设计空间的设计变量路径绘制在各自的帕累托前沿下方。注意,路径的参差不齐是由于测试点的分辨率和该区域设计变量的目标函数的精细平衡。高升力区紧随角振幅的下界,这意味着未来的迭代应该降低更高升力解的下界。总体而言,最优阵面的设计变量组合在定性上是一致的。在二维和三维的情况下,采用超前旋转和低角幅度相结合的方法,得到了高时均升力值。总体趋势大体上保持不变。

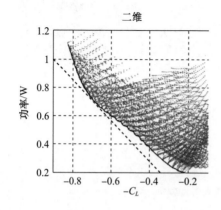
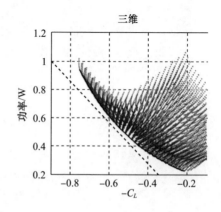

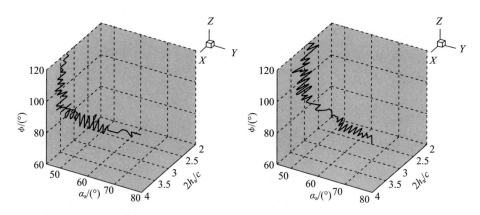

图 3.28 显示二维(左)和三维(右)时均升力和功率需求的竞争目标的帕累托前沿以及提供这些前沿的设计变量组合。虚线用于参考

3.4.2 阵风对悬停空气动力学的影响效果

实现实用 MAV 的主要困难之一是,由于 MAV 的大小和重量较小,它对操作环境非常敏感。阵风造成了飞行环境的内在非定常特性[318](见 2.2.4 节中固定翼相关讨论)。如在第 1 章中所讨论的,昆虫和蜂鸟扑动的特征时间尺度——$O(10^1) \sim O(10^2)$(Hz)——远短于典型的阵风时间尺度($O(1)$(Hz))。因此,从扑翼时间尺度来看,许多阵风效应可以用准定常的方法来处理。然而,飞行控制系统(就像生物飞行器一样)以较低的频率运行,它们的时间尺度与预计的阵风相类似。因此,非定常空气动力学、阵风和飞行控制动力学之间存在明显的多尺度问题。由于小鸟或昆虫扑动的速度比常见的风要快得多,因而从实用角度来讲,与扑翼相关的空气动力学可以用一个固定的自由来流来模拟。

Trizila 等[301]研究了不同运动方案、自由来流强度和方向对环境的敏感性,在此讨论中再次采用了前面章节中强调的相同的运动学模式。自由来流强度固定在机翼最大平动速度的 20%。根据果蝇相关参数[$Re = O(10^2)$,翅膀速度约 3.1m/s],自由来流波动约为 0.6m/s,阵风相对较小。自由来流的方向在向下、向右或向上之间变化。

二维情况对自由来流比相应的三维情况更加敏感。与所有三种运动模式(低迎角或高迎角的同步旋转以及高迎角的滞后旋转)相关的瞬时升力对水平自由来流非常敏感,对向下的自由来流则不那么敏感。向下的自由气流通常通过抑制涡流的产生来降低升力,同时使向前行程和向后行程更加对称,因为旋涡活动被更快地从机翼上冲走。总的来说,力变化的一般性质没有受到影响。相比之下,迎风的自由来流产生了相反的效果。也就是说,涡流相互作用维持了较长的一段时间,因为自由来流使尾流更靠近翼型,增加的迎角也加强了非定常空气动力学效应。这种向上的自由来流可能对力随时间的变化有重大影响,也可能没有,这取决于运动学特性。水平自由来流在所研究的运动范围中影响最大,有时在自由来流强度为最大平动速度 20% 的情况下会使升力增加一倍以上，相对温和的环境状况导致悬停性能发生显著变化。

图 3.29 给出了升力变化曲线和涡量云图，说明了涡流的形成和相互作用过

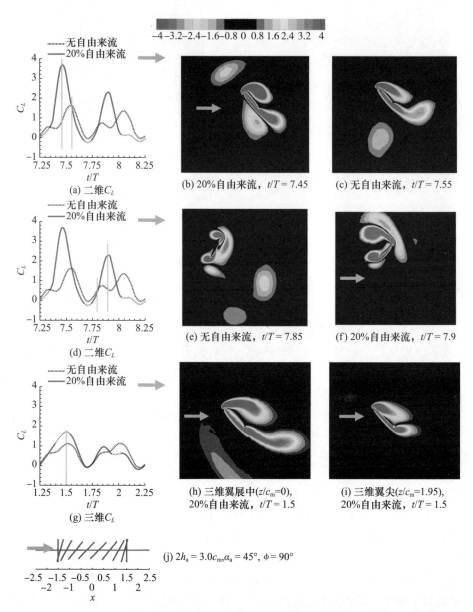

(a) 二维 C_L
(b) 20%自由来流，$t/T = 7.45$
(c) 无自由来流，$t/T = 7.55$
(d) 二维 C_L
(e) 无自由来流，$t/T = 7.85$
(f) 20%自由来流，$t/T = 7.9$
(g) 三维 C_L
(h) 三维翼展中($z/c_m=0$)，20%自由来流，$t/T = 1.5$
(i) 三维翼尖($z/c_m=1.95$)，20%自由来流，$t/T = 1.5$
(j) $2h_a = 3.0c_m, \alpha_a = 45°, \phi = 90°$

图 3.29 升力变化以及显示涡形成和相互作用的涡量云图，分别对应 20% 强度的自由来流以及无来流时的最大升力位置。(a)~(c) LEV 占主导地位的行程；(d)~(f) 尾迹捕获占主导地位的行程；(g)~(i) 三维 LEV 占主导地位的行程，自由来流强度为 20%，图示的是两个不同展向位置的 z 向涡量；(j) 机翼运动规律（见彩图）

程,分别对应的是没有自由来流且强度为 20% 的迎风悬停情况下各自最大升力处的图示,图 3.29(a)~(c)对应 LEV 主导的部分行程,图 3.29(d)~(f)对应以尾迹捕获主导的部分行程。在自由来流为 20% 时,三维 LEV 主导的部分行程下的两个展向位置的涡量云图由 ω_3 渲染。瞬时和时均升力在很大程度上受到影响。为了表达清晰,升力系数仍然由与机翼运动相关的速度(如平均/最大平动速度)进行无量纲化;也就是说,无量纲化是与自由来流无关的。在行程的逆风部分(向后行程)绘制了流场,结果表明逆风情况下呈现出发展更充分的、更强的 LEV,以及更强的后缘脱落涡量。逆风产生的增强的旋涡活动以有利的方式与翼型相互作用,定性地解释了向后行程期间性能的提高。

然而,在存在顺风的情况下,显著的升力峰值则是因为一种不同的升力产生机制。这一峰值发生在机翼与先前的脱落尾流相互作用的逆行程后,或尾迹捕获主导的部分行程。悬停情况下升力暂时在下降(图 3.29(d)),而 20% 的自由来流情况,则是顺风导致升力继续增加。在其局部升力最大位置的涡量图(图 3.29(e)和图 3.29(f))显示出了一些明显的差异,特别是先前脱落涡的强度和位置。向后行程时逆风的存在会产生更强的涡流。在回程中,这些涡流的强度,以及它们相对于翼型的位置,显著促进了涡流的增长(图 3.29(f))。这种相互作用,导致了一个暂时的增强,最终能量耗尽,升力的下降随之发生。曾经由 LEV 主导的流动,现在发展成较慢的相对平动速度。

再看二维力变化情况(图 3.30(a)),可以看到自由来流的响应不仅取决于运动学特性,还取决于它的方向。图 3.31 展示了二维(图 3.31(a)~(c))和三维(图 3.31(d)~(f))升力对自由来流响应的计算结果。在前两部分(3.4.1.1 和 3.4.1.2)中所研究的三种悬停运动形式中,自由来流的大小是最大俯冲速度的 20%,朝向三个不同的方向。图 3.31(a)~(f)中的虚线是悬停情况下(即没有自由来流)的升力响应。对于某些情况,流动的定性性质在整个周期中不会发生太大变化,力也不会太敏感;如图 3.31(a)所示的垂直自由来流或图 3.31(c)所示的向下自由来流。然而,水平自由来流对 Trizila 等[301]所考虑的所有运动学模式都有明显的影响。但是,向上和向下的自由来流不一定会在相反的方向引起类似的反应,如图 3.30 所示。这就对在这些情况下使用有效迎角的相关性提出了质疑,因为力的变化对向上的自由来流的响应可能比向下的自由来流更明显;如图 3.31(a)~(c)所示,从不同方向施加的 20% 的自由来流显著地改变了合力变化的定性特性。

对于所有同步旋转的情况(任何时候迎角都为正),20% 的向下自由来流确实会降低升力。当有效迎角降低时,向下的自由来流也会抑制涡流的强度。然而,有些工况对向上的自由来流更为敏感。图 3.30(a)再次说明了相对于悬停情况的不同方向的 20% 自由来流的受力变化。图 3.31(a)和图 3.31(c)对比了 20% 向上和向下的自由来流情况下,两者之间的作用力变化差异明显时的涡量流场。图 3.30(b)

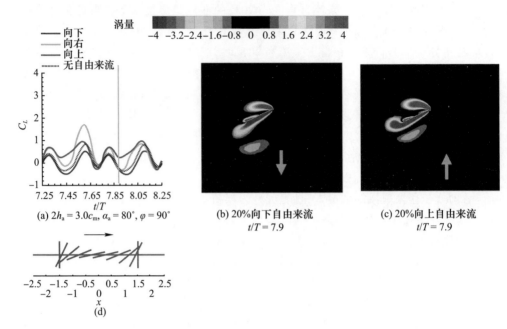

图 3.30 力变化以及显示逆行程和它们各自最大升力处之间涡形成的涡量云图,分别对应 20% 强度的自由来流以及无来流时的最大升力位置。(a)升力系数;(b)20% 强度的向下来流;(c)20% 强度的向上来流;(d)表示机翼运动规律(见彩图)

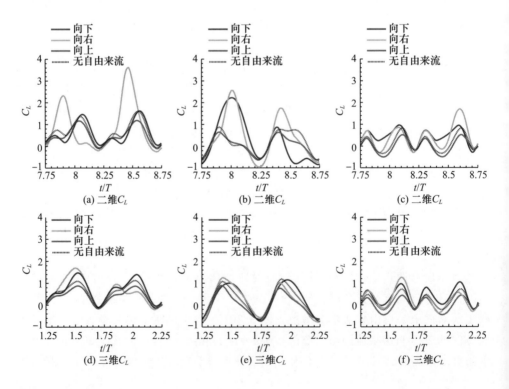

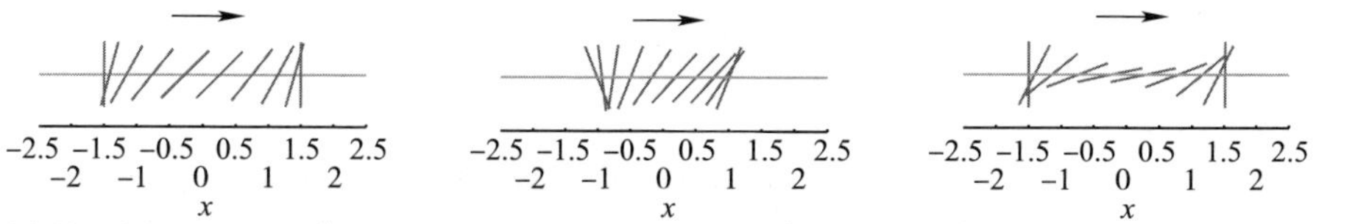

(g) $2h_a = 3.0c_m$, $\alpha_a = 45°$, 和$\varphi = 90°$　　(h) $2h_a = 2.0c_m$, $\alpha_a = 45°$, 和$\varphi = 60°$　　(i) $2h_a = 3.0c_m$, $\alpha_a = 80°$, 和$\varphi = 90°$

图 3.31　二维((a)~(c))和三维((d)~(f))升力系数 C_L,自由来流大小为 20% 的最大沉浮运动速度,对应三个不同的速度方向(下:红色,右:绿色,上:蓝色);(g)~(i)对应三种悬停运动;黑色点线是悬停参考工况(见彩图)

和图 3.30(c)显示的是 LEV 以及 TEV 形成的增加,以及与尾流更明显的交互作用,因为向上的自由来流促进涡结构的增长,使附近的尾流保持更长一段时间。自由来流降低或提高有效迎角时,升力的非线性响应是这些因素共同作用的结果。

相比之下,三维情况对自由来流的敏感度要低得多(图 3.29(g)~(i)和图 3.31(d)~(f))。然而,需要注意的是,选择的力变化的范围要方便直接与二维情况对比,并且自由来流可以有相当大的影响。对于 20% 强度的自由来流,这种影响是不可忽视的,但总的来说,这种流动的特性在大多数情况下是非常相似的。向下的自由来流再次降低了升力,向上的自由来流提高了升力,尽管比二维情况下程度要弱一些。

图 3.32 突出显示了 20% 顺风自由来流在行程开始、中间和结束时的涡流相互作用。二维以及三维半展长和翼尖位置处涡量云图的蓝色箭头表示自由来流的方向。三维机翼不能产生与类似二维翼型相同大小的涡。这直接影响机翼与 LEV 的相互作用,以及随后与之前的脱落尾流的相互作用中受益。涡量的展向变化表明,从半展长到翼尖的 LEV 减少。虽然翼尖涡很明显,但并不能弥补如二维那样的 LEV 生成以及尾流相互作用的减弱。图 3.29 展示了逆风最大升力时的涡量流场,结果显示二维升力(图 3.29(a))几乎是相应的三维升力(图 3.29(g))的两倍。

二维和三维自由来流的灵敏度差异在运动范围内显而易见。在不受外部自由来流影响的情况下,只有有限的运动在时均以及瞬时意义上都表现出非常相似的力变化情况(见 3.4.1.2 节)。设计空间的这个区域的运动特性在大部分的扑动周期和同步旋转是低迎角,限制了高角速度。反之,较低的角速度往往会限制旋涡的大小、强度、形成和影响。当引入自由来流时(存在 20% 的自由来流时,二维和三维力变化分别如图 3.31(c)和图 3.31(f)所示),在有限翼的展长范围内,响应并不均匀。向下的自由来流(20% 的强度)倾向于抑制涡动力学特性,因此,二维力和三维力的变化仍然十分类似。相比之下,水平自由来流最显著的是逆风和向上自由来流,由于流动的三维特性显示出差异。读者可以参考 Trizila 等[315]以了解更多详细信息,其中包括流场的进一步分析,此处为了简明扼要起见而未描述。

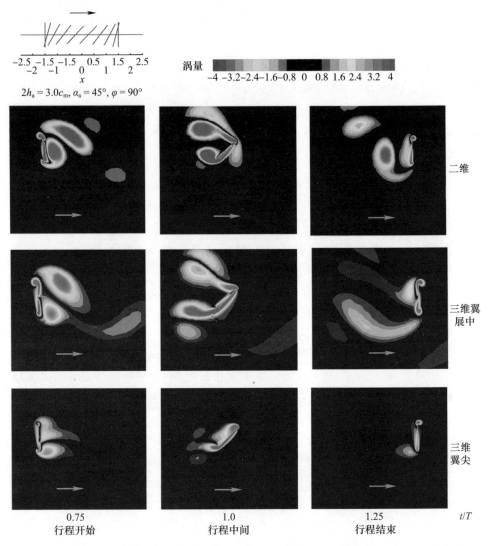

图 3.32 二维平板以及展弦比 AR = 4 的三维平板的中间展长位置($z/c = 0$)、翼尖位置 ($z/c = 1.95$),在 20% 顺风来流的情况下,行程开始、中间以及结束时的涡量云图(见彩图)

3.5 雷诺数范围 $O(10^4 \sim 10^5)$ 的流动机理

与传统飞机机翼(如 NACA0012 或 SD7003 等翼型)相比,昆虫和鸟类等自然飞行动物的翅膀要薄一些。在 3.4 节中以斯特劳哈尔数 St 和减缩频率 k 的形式讨论了雷诺数范围 $O(10^2)$ 时的运动学特性对空气动力学的影响。在本节讨论运动学效应、雷诺数效应以及三维效应时,翼型形状对雷诺数范围为 $O(10^4)$ 时的扑动翼型性能的影响起到了核心作用。

Lentink 和 Gerritsma[319]采用数值方法研究了翼型形状对前飞气动性能的影响。尽管他们的研究中考虑的雷诺数范围为 $O(10^2)$,但他们得出的结论是,带有后弯的薄翼型优于其他翼型,包括较传统的、前缘较厚且为圆形的翼型形状。沉浮运动的 N0010 翼型是一个例外,由于其截面积最大,它有良好的性能。雷诺数为 $5.0×10^3$ 时,Usherwood 和 Ellington[320]实验研究了旋转机翼的翼型形状效应,该机翼的平面形状是典型的天蛾翅膀形状。结果表明,前缘形状、翼型扭转和弯度对气动性能的影响不大。

Sane[312]用 Polhamus[321]的前缘吸力类比来解释较薄翼型的升力特性。绕钝前缘翼型的气流保持附着状态,形成平行于翼弦的前缘吸力,使翼型产生向前偏向自由来流方向的空气动力,减小了阻力。与此相反,绕尖前缘翼型的流动在前缘分离,形成一个 LEV。由 LEV 产生的吸力垂直作用于翼型表面,同时增加了升力和阻力。最近,Ashraf、Young 以及 Lai[322]数值研究了翼型厚度对做俯仰和沉浮组合运动翼型的影响,减缩频率 $k=1$,雷诺数的变化范围为 $2.0×10^2 \sim 2×10^6$。他们发现,在雷诺数较低的情况下,薄翼比厚翼表现更好;而在雷诺数较高的情况下,厚翼表现更好。

由北约(NATO, North Atlantic Treaty Organization)的研究技术组织(Research Technology Organization, RTO)发起,来自几个国家的多个机构使用不同的方法研究了雷诺数范围 $Re=O(10^4)$ 时做俯仰和沉浮运动翼型的非定常流动。Ol 等[323]采用数值和实验方法研究了运动的 SD7003 翼型和产生的空气动力之间的相互作用,其中翼型的运动方式为俯仰和沉浮组合运动,或者单纯的沉浮运动,雷诺数为 $1×10^4$、$3×10^4$ 以及 $6×10^4$,斯特劳哈尔数和减缩频率为固定值,分别为 $St=0.08$ 和 $k=0.25$。翼型的两种不同的运动方式产生了不同的瞬时流动特征,俯仰—沉浮组合运动时为浅度失速,单独沉浮运动时为深度失速。Kang 等[324]进一步报道了在二维和三维构型下 2.3% 厚度平板和 SD7003 翼型的流动物理机理。结果表明,由于平板的前缘曲率半径很小,流场以吸力侧的 LEV 为主,可以用来操纵升力的产生。此外,Sane 使用 Polhamus 类比方法[321]证实了浅失速运动。

3.5.1 雷诺数为 60000 时平板流动的轻度失速和深度失速

对于雷诺数为 $Re=6×10^4$ 的轻度失速平板流动,图 3.33 显示了 Kang 等[324]的染色线流场可视化结果,包括 $\bar{u}_1/U_\infty$、$\omega_3/(U_\infty/c)$ 的云图。同时,他们给出了浅失速运动学方程

$$h(t/T) = h_0 c_m \cos(2\pi t/T) \tag{3.19}$$

$$\alpha(t/T) = \alpha_0 + \alpha_a \cos(2\pi t/T + \varphi) \tag{3.20}$$

式中:$h(t/T)$ 是垂直于来流测量的翼型的旋转中心位置($x_p/c_m=0.25$);$h_0=0.5$ 是沉浮运动无量纲化振幅;$\alpha(t/T)$ 是相对于速度为 U_∞ 的自由来流测量的几何迎

角,测量相对于传入的自由来流速度 U_∞,$\alpha_0 = 8°$ 是平均迎角;$\varphi = 90°$ 是俯仰运动和沉浮运动之间的相位差;$\alpha_a = 8.43°$ 是俯仰运动的振幅。由此得到的无量纲减缩频率和斯特劳哈尔数分别是 $k = 0.25$,$St = 0.08$。

如图 3.33 所示,在运动周期的大部分时间内能够观察前缘分离现象。在下降行程的初始时刻($t/T = 0.00$),附面层在前缘分离,并在半弦长位置之前重新附着,形成了覆盖平板吸力侧的薄剪切层。当平板向下做沉浮运动时,有效迎角增加,在 $t/T = 0.25$ 时达到最大值。在下降行程的这一部分,流场显示了前缘的流动分离,这产生了一个封闭的再循环区域,形成了一个捕获前缘脱落涡量的 LEV。在下降行程的大部分时间里都可以观察到 LEV,LEV 会对下游产生对流,直到

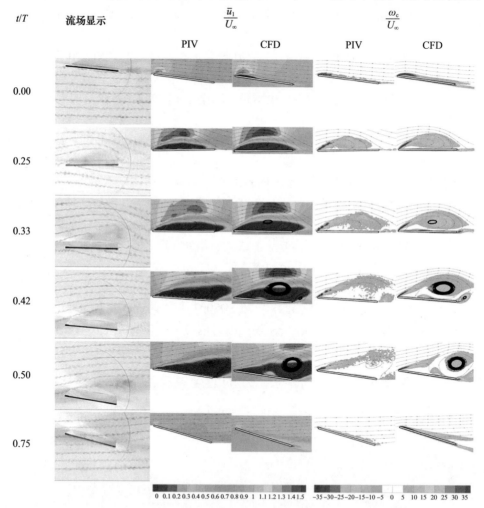

图 3.33 染料注入,在 $Re = 6 \times 10^4$ 的轻度失速情况,二维平板绕流流场中的 $\bar{u}_1/U_\infty$ 以及涡量云图,来自 Kang 等[324](见彩图)

下降行程结束时 $t/T = 0.50$，它最终从平板上分离出来。由于 LEV 与后缘的相互作用，在 t/T 为 0.33、0.42 和 0.50 处形成 TEV。在上行行程中附面层重新附着。

对于式(3.20)中所对应的 $\alpha_a = 0$ 的深度失速情况，由于沉浮运动造成的诱导迎角的增加并不能由延迟俯仰所抵消。流场的特征是分离流贯穿整个下行行程，这与有效迎角更激进的时间历程一致[323]。这种旋涡结构作为一种增升机制，通过其涡核的低压区域来提高升力。图 3.34 显示了雷诺数为 $Re = 6 \times 10^4$ 时 Kang 等[324]的染色线流场可视化结果，包括 $\bar{u}_1/U_\infty$，$\omega_3/(U_\infty/c)$ 的云图。与较浅的失速情况相比，LEV 更强，并且在更早的时间分离。当平板向下行程的底端沉浮运动时，在平板的后缘形成了一个清晰可辨的 TEV。

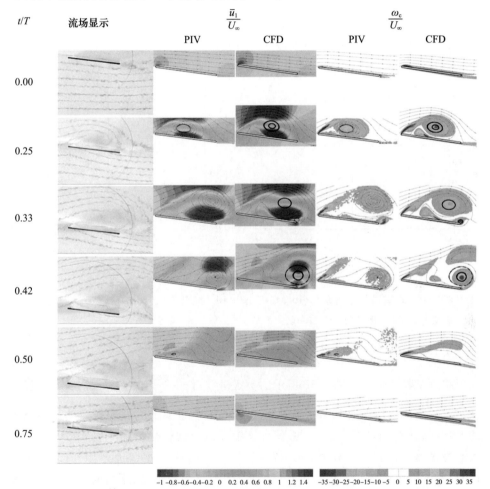

图 3.34　染料注入，在 $Re = 6 \times 10^4$ 的深度失速情况，二维平板绕流流场中的 $\bar{u}_1/U_\infty$ 以及涡量云图，来自 Kang 等[324]（见彩图）

3.5.2 雷诺数效应

为了评估雷诺数对流场以及由此产生的气动载荷的影响,我们开展了数值模拟工作,其中运动参数与 Kang 等[324]完全相同,雷诺数分别为 6×10^4、3×10^4、1×10^4。在这个雷诺数范围内,雷诺数对定性流动结构的敏感度较小。相比当前雷诺数,较低雷诺数($O(10^2)$)时,或者对于更传统的具有更大前缘曲率半径的 SD7003 翼型,黏性发挥更重要的作用[323]。

对于深度失速的情况,图 3.35 显示了雷诺数分别为 1×10^4、3×10^4、6×10^4 时力系数随时间的变化情况。阻力系数和升力系数都不受雷诺数变化的影响。在所有雷诺数情况下,升力系数在 $t/T=0.25$ 附近达到最大值,随后开始减小,从 $t/T=0.75$ 开始增大。

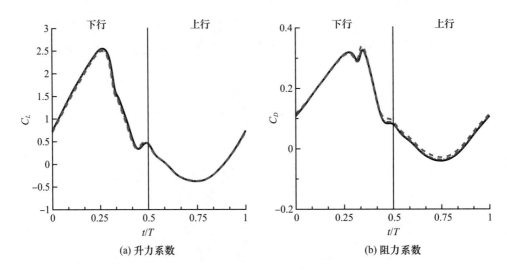

(a) 升力系数　　　　　　　　　(b) 阻力系数

图 3.35　在雷诺数分别为 1×10^4(虚线)、3×10^4(虚点线)、6×10^4(实线)的深度失速情况,二维平板的升力系数和阻力系数变化,来自 Kang 等[324]

在这些适度的高雷诺数下,由大尺度涡流效应(如 LEV),带来的压力所产生的力超过了黏性力。如图 3.36 所示的小雷诺数对 $\dfrac{\bar{u}_1}{U_\infty}$ 外形的相关性以及大尺度流动特点的定性相似性(图 3.36 中 $t/T=0.50$)表明,由此产生的空气动力对雷诺数的变化不敏感。图 3.37 显示了数值计算中力系数的变化情况。$Re=1\times10^4$ 时最大升力系数 $C_{L,\max,10K}=1.86$,在 $t/T=0.25$ 左右,这比 $Re=6\times10^4$($C_{L,\max,60K}=1.92$)和 $Re=3\times10^4$($C_{L,\max,30K}=1.90$)情况下略低。类似地,下行时的阻力系数是一致的,但是对于 $Re=1\times10^4$ 的情况,阻力在 $t/T=0.50$ 以及 $t/T=1.00$ 之间时比 $Re=3\times10^4$ 和 $Re=6\times10^4$ 情况下略大。

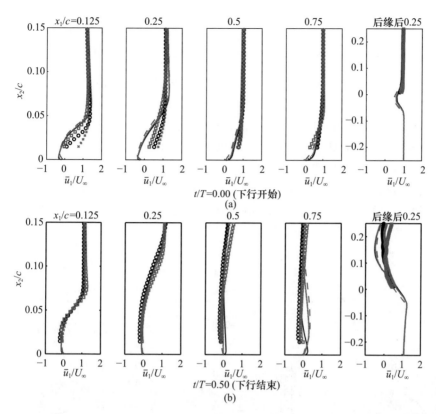

图 3.36 在 $t/T = 0.00$ 和 0.50 时刻,在 $x_1/c_m = 0.125, 0.25, 0.50, 0.75$ 以及后缘后 0.25 位置处,深度失速二维平板的计算以及实验的 $\bar{u}_1/U_\infty$ 轮廓图,雷诺数分别为 1×10^4(计算:虚线;实验:方块),3×10^4(计算:虚点线;实验:十字形),6×10^4(计算:实线;实验:圆形)的深度失速情况下,二维平板的系数变化。(a)升力系数;(b)阻力系数。来自 Kang 等[324](见彩图)

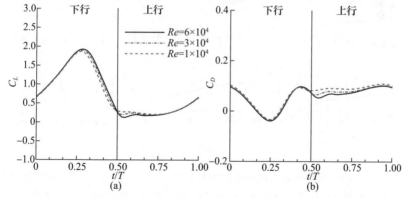

图 3.37 在三个不同雷诺数的深度失速情况下,二维平板的系数变化。(a)升力系数;(b)阻力系数。来自 Kang 等[324](见彩图)

3.5.3 翼型形状效应：Sane 采用的 Polhamus 类比法

图 3.38 是深度失速的 SD7003 翼型的无量纲化的涡量场，其运动参数与 3.5.1 节中 $Re = 6 \times 10^4$ 情况完全一样。该算例包含的相平均场分别由三维隐式滤波大涡模拟(LES)、相平均粒子成像测速(PIV)以及以 Menter 剪切应力输运湍流模型(SST)的二维 RANS 求解得到。当机翼向下做沉浮运动时，吸力侧的气流开始分离，形成一个 LEV。在向下行程的底端，LEV 已经分离了，在两种数值计算中都看到了清晰可辨的 TEV。在 PIV 测量的早期阶段观察到一个较小的 TEV。在这个雷诺数下，隐式 LES 计算和 PIV 测量都很好地说明了每个旋涡结构的详细信息。相反地，RANS 计算提供了更平滑的流场。

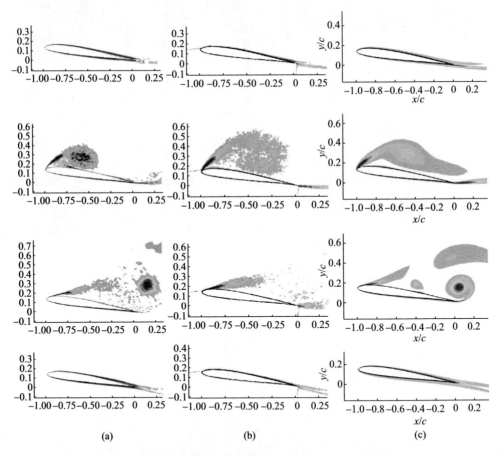

图 3.38 SD7003 翼型深度失速的无量纲涡量场。(a) AFRL 采用相平均和展向平均隐式 LES 方法计算结果；(b) AFRL 相平均 PIV 测量结果；(c) 密歇根大学 RANS 计算结果。$t/T = 0, 0.25, 0.5, 0.75$。来自 OI 等[326]（见彩图）

当流场大部分为附着流动时,计算方法和实验方法的定性一致性更好。当流动出现大量的分离($t/T=0.5$)时,实验和计算结果显示在相位和流动分离的尺寸上有明显的差异。三维瞬时流动结构如图 3.39 所示。等 Q 曲面表明了用隐式 LES 求解器计算的涡流结构的演化。在这个雷诺数下,向下行程和向上行程的第一部分的流动具有三维小涡结构的特征,形成了 LEV,最终对流耗散而破裂。在向下行程的底端,清晰可辨的 TEV 也很明显。图 3.40 描述了参与机构在相同工况下计算的升力系数。上界由准定常方程给出,下一节将对此进行讨论。RANS 计算结果比隐式的 LES 计算的升力变化更平滑,反映了图 3.38 所示的涡量流场。还要注意,Theodorsen 的升力公式与非定常升力很接近(参见 3.6 节)。

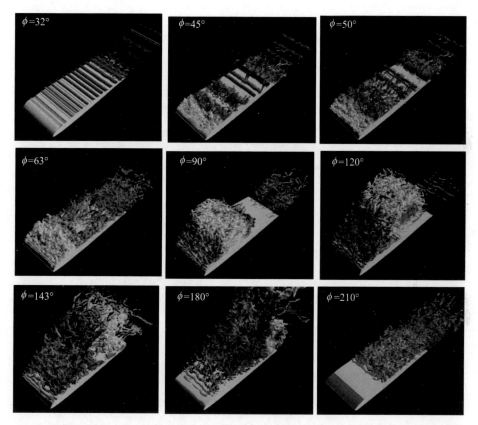

图 3.39 运动周期内选定相位的瞬时等 Q 面($Q=500$)。由隐式 LES 方法计算得到,三维流动结构由密度着色。来自 Visbal 等[327](见彩图)

ф 正如 3.5 节绪论中所讨论的,Kang 等[324]研究了同一运动参数下翼型形状效应、力系数随时间的变化,以及涡量云图。Ol 等[323]详细讨论了 SD7003 翼型在多个雷诺数下的流动物理特性。首先,平板和 SD7003 翼型在雷诺数 $Re=$

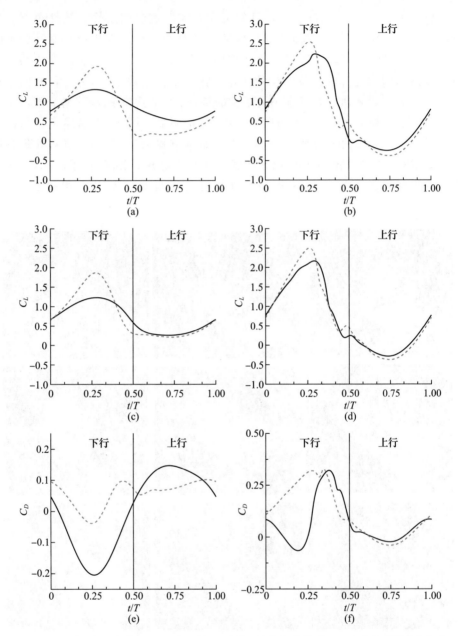

图 3.40 二维平板(虚线)和 SD7003 翼型(实线)的力变化情况。(a)升力系数,浅失速, $Re = 6 \times 10^4$;(b)升力系数,深失速,$Re = 6 \times 10^4$;(c)升力系数,浅失速,$Re = 1 \times 10^4$;(d)升力系数,深失速,$Re = 1 \times 10^4$;(e)阻力系数,浅失速,$Re = 6 \times 10^4$;(f)阻力系数,深失速,$Re = 6 \times 10^4$。来自 Kang 等[324]

1×10^4 和 6×10^4 情况下计算的力系数的对比如图 3.40 所示。很明显,在研究中考虑的雷诺数和运动参数范围内,平板的升力峰值比 SD7003 翼型更大[324]。

此外,Baik 等[325]观察到在雷诺数 $Re = 6 \times 10^4$ 的深失速情况下的相位延迟(图 3.40(b))。这是因为在下降行程中,气流较早地在平板上方分离。深度失速情况下 SD7003 翼型和平板下行时对应的无量纲化涡量场如图 3.41 所示。SD7003 翼型上的涡量分布分别为 $t/T = 0.33$、0.42 以及 0.50 时刻(图 3.41(a)),而平板上的涡量分布为较早的时刻,分别是 $t/T = 0.25$,0.33 和 0.42(图 3.41(b))。由于平板前缘的曲率半径较小,绕前缘流动的逆压梯度较大,在较低的有效迎角处分离。平板吸力侧前缘剪切层和 LEV 的拓扑结构与 SD7003 流场相似,相位滞后约为 0.083。当 LEV 和 TEV 从翼型分离时,这两个翼型之间的升力差值减小。

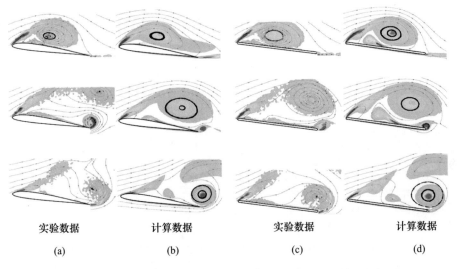

  实验数据   计算数据   实验数据   计算数据
   (a)   (b)   (c)   (d)

图 3.41 在 $Re = 6 \times 10^4$ 的深度失速情况下,无量纲涡量云图。(a) SD7003 翼型,实验数据[325];(b) SD7003 翼型,计算数据[324];(c) 平板,实验数据[325];(d) 平板,计算数据[324](见彩图)

  图 3.42 总结了几种雷诺数下两种翼型的平均力系数和最大力系数。由于平板前缘较尖而产生的几何效应超过了运动学参数和雷诺数的变化效应:对于这两种运动,平板都能获得最大的升力。此外,平板的力系数对雷诺数不敏感。值得注意的是,由于其流线型的外形,SD7003 翼型的平均阻力系数较低,而在雷诺数 $Re = 3 \times 10^4$ 和 6×10^4 情况下,因为大部分运动周期内为附着流动,所以 SD7003 翼型的平均升力系数较高。

  Sane[312]利用 Polhamus 类比法[321]讨论了延迟失速和 LEV 对力产生的影响。对于没有前缘分离的翼型,前缘上方的气流加速并产生与翼弦平行的吸力。这种吸力使产生的力在低迎角时在推力方向向前倾斜。对于平板,气流在前缘分离,在吸力侧形成一个 LEV。LEV 增加了对平板的法向力,导致正迎角情况下的升力和阻力增加。在这个工作中,对于浅失速情况,与平板相比,SD7003 翼型产生较低的

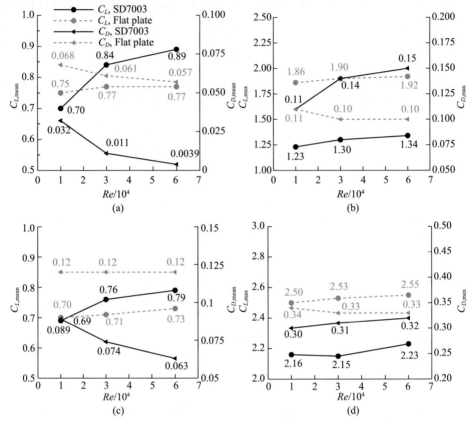

图 3.42 升力系数和阻力系数的平均值和最大值随雷诺数的变化情况。(a)浅失速,平均值;(b)浅失速,最大值;(c)深失速,平均值;(d)深失速,最大值。来自 Kang 等[324]

升力峰值(图 3.40(a)),但由于附着流动和前缘吸力,具有更大的推力(图 3.40(e))。图 3.43 显示了雷诺数 $Re = 6 \times 10^4$ 的浅失速情况下,二维平板和 SD7003 翼型的无量纲化的流向速度云图。在平板的下行程中,流动在前缘分离,形成了一个覆盖整个吸力面的 LEV,与图 3.40(a)和图 3.40(e)所示的下行程中更高的升力峰值和更大的阻力一致,而 SD7003 翼型大部分仍为附着流动。当深失速情况下规定运动更为激进时,下行过程中 SD7003 翼型的绕流在前缘附近分离(图 3.41),由此产生的流动分离时的升力和阻力时间变化情况与平板类似(图 3.40(b)、(f))。在下降行程的第一部分,阻力仍然有显著的差异(图 3.40(f)),这是因为 SD7003 翼型上的气流分离要晚于平板。因此,Sane 采用的 Polhamus 类比法对于浅失速运动是有效的,而对于深失速运动,其有效程度较低。对于更大有效迎角的运动,通过钝翼型的气流可能分离,然后在钝翼型上产生的力在定性上类似于平板。

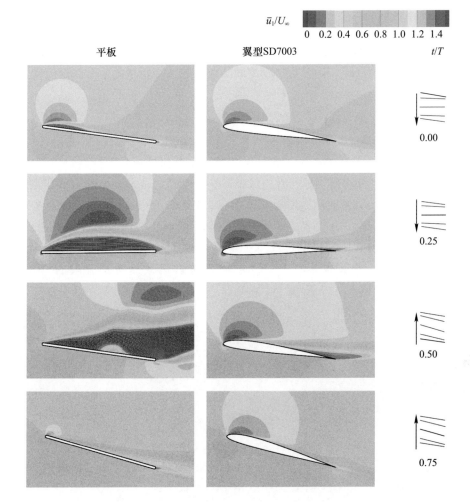

图 3.43 在 $Re = 6 \times 10^4$ 的深度失速时,二维平板和翼型的 $\bar{u}_1/U_\infty$ 云图,来自 Kang 等[324](见彩图)

3.5.4 二维平板和三维平板的深度失速

正如 2.3 节和 3.4 节所讨论的,二维和三维流动结构在力产生方面的差异对于二维计算近似三维流场的适用性具有重要意义。例如,对于滞后旋转运动,在雷诺数为 10^2 时,TiV 固定了前缘脱落的涡流,从而在相同的运动特性下(见 3.4.1.1 节)相对于二维计算提高了升力。相比之下,在不同的运动学条件下,在较小的迎角和同步旋转下,TiV 的生成量较小,通过二维计算类比得到气动载荷(见 3.4.1.2 节)。雷诺数范围为 $Re = O(10^3 \sim 10^4)$ 时,Visbal[328] 研究了单纯沉浮运动的平板周围三维流场的非定常分离过程,平板的展弦比 AR = 2,减缩频率和斯特劳哈尔数分别为

$k=1.0$ 和 $St=0.16$。Visbal[328] 使用隐式 LES 方法计算了 TiV 和 LEV 的演变。平板向下做沉浮运动时，TiV 形成，破裂，然后在上行行程的第一部分崩溃。与此同时，LEV 在向下行程早期较为均匀，向机翼中央方向的轴向流动剧烈，最终演变为弧形涡，然后脱落为环形涡，表明在较高的减缩频率和斯特劳哈尔数下的流动具有三维特性。

Kang 等[324] 研究了雷诺数 $Re=4\times 10^4$ 轻度失速情况下展弦比 AR = 2 的平板的三维效应。图 3.44 展示了计算和实验得到的 $\bar{u}_1/U_\infty$ 云图，计算和实验的雷诺数分别为 $Re=4\times 10^4$ 和 $Re=3\times 10^4$。由于前一部分讨论的向下行程的几何效应，流场主要由前缘大分离所主导。在三维情况，分离减轻，流动在弦长中部前重新附着。图 3.45 以三维计算和实验测量方法进一步描述了 75% 展向位置向下行程中间时刻 $t/T=0.25$ 的速度场。速度分布图还显示了附面层在前缘分离并在 $x_1/c_m = 0.25$ 附近重新附着。应该指出的是，实验测量结果对应的雷诺数为 $Re=3\times 10^4$。图 3.44 和图 3.45 所示的合理相关性可能表明雷诺数效应是有限的，类似于 3.4.1.2 节对平板周围二维流动的观测数据。

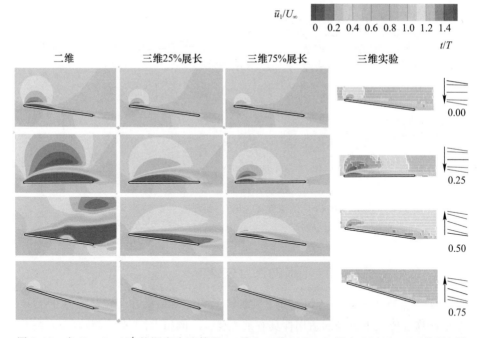

图 3.44 在 $Re=4\times 10^4$ 的深度失速情况，二维和三维（AR = 2，展向 25% 和 75% 位置）平板的 $\bar{u}_1/U_\infty$ 云图；实验数据为 $Re=3\times 10^4$，展向 75% 位置。来自 Kang 等[324]（见彩图）

展弦比 AR = 2 的平板没有强烈的前缘分离，这可以从机翼上的空气动力得到证实。浅失速情况下二维和三维平板升力系数随时间的变化如图 3.46 所示。在

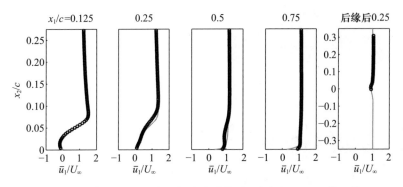

图 3.45 在 $Re = 4 \times 10^4$ 的深度失速情况,展弦比 AR = 2 的三维平板在 $t/T = 0.25$ 时刻,展向 75% 位置的 $\bar{u}_1/U_\infty$ 轮廓图;实验数据雷诺数为 $Re = 3 \times 10^4$。来自 Kang 等[324]

上升行程中,两个平板都显示出附着的流动,升力系数大小也相似。然而,在下降行程中,二维平板产生的升力峰值比三维平板相应值大 2.3 倍。

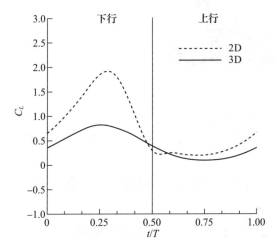

图 3.46 在 $Re = 4 \times 10^4$ 的深度失速情况下,二维平板和三维平板(AR = 2)的升力系数。来自 Kang 等[324]

在下降行程的中间时刻,$t/T = 0.25$,有效迎角最大,TiV 的发展也很显著,如图 3.47 中的 Q 等值面。TiV 与平板前缘的 LEV 相互作用。由于 TiV 的存在而诱导的下洗作用,在翼尖附近的前缘有效迎角比二维情况要小,这导致展向非均匀 LEV 的形成,离翼尖越远,涡流越强。因此,三维的展向升力分布小于二维情况,如图 3.47 所示。在平板的翼尖附近,有一个较小的展向升力峰值。造成这种局部最大值的一个原因是与 TiV 存在相关的低压区[297]。相比之下,在上行的中间位置有效迎角最小,流场的 TiV 生成和 TiV 与 LEV 的交互作用等三维效果可以忽略不计,使得三维的展向升力分布与二维相似。

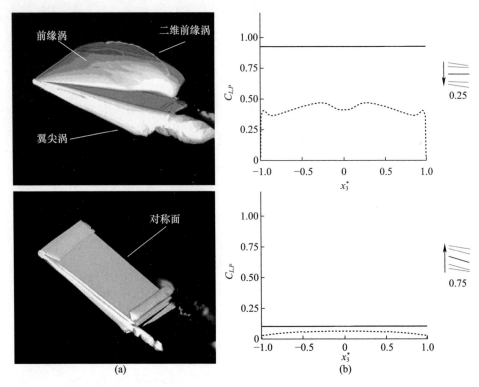

图 3.47 在下行的中间时刻($t/T=0.25$)以及上行的中间时刻($t/T=0.75$),展示流动结构差别的等 Q 面以及展向升力分布。(a)$Q=4$ 的等 Q 图,以及对称面上二维计算的 Q 云图;(b)由压力带来的展向升力分布。虚线:二维,实线:三维。来自 Kang 等[324]

3.6 非静态翼型的近似分析

3.6.1 前飞翼型俯仰和沉浮时的气动力估算

在 20 世纪早期,人们使用线性化的空气动力学理论来处理运动机翼上产生的空气动力。Wagner[329]计算了二维不可压缩流体中从静止突然匀速运动的薄翼型的升力产生。由于翼型运动而产生的涡流尾流影响作用在翼型上的力。最终升力的一半是在运动开始时产生的,瞬时升力随着时间的增加逐渐接近其最终值。对于做正弦俯仰和沉浮运动的薄翼型,Theodorsen[330]通过假设平面尾流和不可压缩无黏流的后缘 Kutta 条件,推导了升力表达式如下:

$$C_L(t) = 2\pi[1-C(k)]\alpha_0 + \frac{\pi c}{2}\left[\frac{\dot{\alpha}}{U_\infty} + \frac{\ddot{h}}{U_\infty^2} - \frac{c(2x_p-1)\ddot{\alpha}}{2U_\infty^2}\right] +$$
$$2\pi C(k)\left[\frac{\dot{h}}{U_\infty} + \alpha + \frac{c(1.5-2x_p)\dot{\alpha}}{2U_\infty}\right] \quad (3.21)$$

俯仰运动和沉浮运动由复指数函数描述,分别为 $\alpha(t) = \alpha_0 + \alpha_a e^{(2\pi ft + \psi)i}$ 和 $h(t) = h_a e^{2\pi fti}$。俯仰运动相对于沉浮运动的超前相位定义为 ψ。$C(k)$ 是 Theodorsen 函数,它是一个复函数,其幅值 ≤ 1;它的实部和虚部分别解释了升力幅值的衰减和升力响应的迟滞。第一项是定常状态升力,第二项是加速度效应产生的无旋升力,第三项是旋转效应模型。Küssner[331],von Karman 和 Sears[332] 也得到了相同的表达式。

对于在自由来流中正弦沉浮运动的薄刚性平板,升力系数可以在无黏不可压缩流的假设下推导出来(见 Bisplinghoff, Ashley 和 Halfman[333] 中的公式(5.347)):

$$C_L = 2\pi^2 St \cdot k\cos(2\pi ft) + 4\pi^2 St \cdot \sin(2\pi ft) \quad (3.22)$$

假设流动为准定常流动,忽略了尾流涡量的影响。公式(3.22)中的第一项是无旋项,与 3.6.4 节导出的附加质量力一致。公式(3.22)中的第二项是旋转项,可以用一种更熟悉的表达式,$2\pi\alpha_e$,这是因为 $2\pi St\sin(2\pi ft) \approx \alpha_e$,其中 α_e 是单纯沉浮运动的有效迎角。还要注意对于单纯的沉浮运动,$C(k) = 1$ 等价于 $k \to 0$,因此可以说公式(3.22)是公式(3.21)的简化。

根据 Theodorsen 推导的升力公式和 Karman 和 Burgers[334] 所做的工作,Garrick[335] 研究了均匀自由来流下做正弦俯仰和沉浮运动的薄翼型的推力生成。对于单纯沉浮运动的特殊情况,推力生成 C_T 是

$$C_T = \pi^3 St^2 (F^2 + G^2) \quad (3.23)$$

式中:$F(k)$ 和 $G(k)$ 分别是 Theodorsen 函数 $C(k)$ 的实部和虚部(参见公式(3.21)——斯特劳哈尔数越高,预测到的推力越大)。对于 NACA0012 翼型,Heathcote 和 Gursul[336] 对比实验测量推力生成以及用 Garrick 公式[335] 得到的结果,并用数值计算方法求解 Navier-Stokes 方程[337]。结果表明,Garrick 公式高估了实验测量推力,而实验测量结果与 Navier-Stokes 方程的计算结果吻合较好。

3.6.2 简化气动力模型

根据直升机理论,建立了基于激励盘模型的扑动飞行简化分析方法。激励盘是一个理想化的面,通过保持自身的压力差(即,升力等于流体动量的变化),不断推动空气,并向下游传递动量。假设昆虫翅膀以足够高的频率扑动,使它们的拍动平面近似为激励盘,那么扑翼下游的尾流可以用具有均匀速度分布的射流来模拟[65,338]。虽然动量理论同时解释了圆盘上速度的轴向和旋转方向的变化,但它忽略了机翼形状、运动学和相关的非定常升力产生机制的时间相关性。

通过定常流动的伯努利方程来计算激励盘处的诱导速度以及下游远处尾流的射流速度(即下洗),Weis-Fogh[339] 推导了悬停昆虫在拍动平面处的诱导下洗速度 ω_i:

$$\omega_i = \sqrt{\frac{W}{2\pi\rho R^2}} \tag{3.24}$$

式中:W 是昆虫体重;ρ 是空气密度;R 是翅膀长度。通过对甲虫(Melolontha vulgaris)的实验测量,Weis – Fogh[339]假设远处尾流的下洗速度是激励盘位置处的两倍,即 $\omega = 2\omega_i$,尽管他指出,ω_i 在半行程内一直改变,且拍动平面振幅很少为 180°。

Ellington[340]没有采用圆形激励盘模型,而是提出了覆盖扑翼拍动平面的面积为 $A = \phi R^2 \cos\beta$ 的部分激励盘模型,如图 3.48 所示,修正的诱导功率 P_{ind} 表达式为

$$P_{ind} = \sqrt{\frac{W}{2\rho\Phi R^2 \cos\beta}} = \sqrt{\frac{1}{2\rho}\left(\frac{W}{A}\right)} \tag{3.25}$$

式中:β 是拍动平面角;W/A 控制最小功率要求的激励盘加载。他还指出,由于扑动的时变特性,脉冲激励盘似乎更能代表悬停飞行。他表明,远尾流下游涡环的环量与射流速度有关:

$$\Gamma = \frac{\omega^2}{2f_s} \tag{3.26}$$

式中:f_s 为脱落频率。

Rayner[79,341]提出了一种通过一系列小核同轴涡环的方法来表征悬停昆虫的尾流(每半个行程产生一个涡环)。虽然该方法可以确定升力和阻力系数,但不能解释行程幅度和拍动平面角的影响。Sunada 和 Ellington[293]发展了一种方法,将尾流中脱落的涡街建模为一个小涡环网格,网格的形状由机翼运动特性建模,以便能够处理所有前飞速度。

总的来说,本节中介绍的相对简单的方法用处有限,因为它们只包括拍动平面和盘载荷。例如,模型不能估算给定机翼运动特性或机翼几何形状的升力。

估计力生成的一个方法是测量扑翼周围流场的涡量 ω。然后,对于定常无黏无旋(有势)流动,这种机翼上单位展长的升力可以近似为

$$L = \rho U_\infty \Gamma \tag{3.27}$$

式中:U_∞ 是自由来流速度;Γ 是整个流场 S 上的环量,定义为

$$\Gamma = \int \omega \cdot dS \tag{3.28}$$

由于获得移动机翼上的直接测量压力是很困难的,应用公式(3.27)来估计升力产生一直是一个流行的方法。然而,由慢飞的鸽[342]和寒鸦[343]产生的升力只占维持自身重量所需力的 50%,这就是所谓的"尾流动量悖论"。Spedding 等[344]利用高分辨率尾流涡量测量并对所有涡结构进行了解释,结果表明,尾流结构为重量支撑提供了足够的动力。另一个需要注意的是,式(3.27)仅对静止机翼周围的定常流场有效。当机翼及其尾流随时间变化时,动量守恒中的非定常项需要正确解释,如 Noca 等[345]所示,将在 3.6.4 节详细讨论。

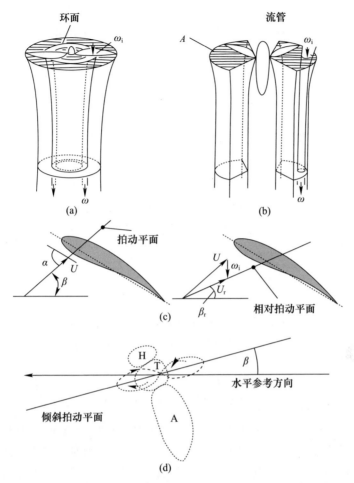

图 3.48 由轴向动量理论得到的尾迹流动。(a)悬停桨叶;(b)悬停动物,此处 ω_i 代表激励盘诱导速度,是远处尾迹中的垂直速度,A 是盘面积;(c)拍动平面和相对拍动平面的定义,此处 ω_i 是尾迹中的涡量诱导速度,β_r 是相对拍动平面角,来自 Ellington 等[340];(d)悬停昆虫的拍动运动学参数,H 表示头部,T 表示胸部,A 表示腹部。实线代表向上行程,点线代表向下行程。来自 Zbikowski 等[366]

在准定常方法中,在改变几何形状和速度的同时,根据定常理论计算升力和阻力系数。为了解释从翼根到翼尖的速度和几何形状的变化,采用叶素理论将机翼沿弦向离散成细片条,总力是沿展向方向每个片条上相关的力之和[65,294]。在整个行程周期内对升力进行积分,就得到了扑翼的总升力。例如,考虑这样的翅膀运动特性和几何外形,Osborne[294]提出了一种模拟昆虫飞行的准定常方法:昆虫翅膀上任一点的力在任何时候都假定为定常值,可以通过翅膀在同一速度和迎角下计算得到。后来,在 1956 年,Weis-Fogh 和 Jensen[346]提出了适用于昆虫飞行的动量和叶素理论的基础,并对当时已有的机翼运动和动能特性进行了定量分析。他们的结果表明,在大多数情况下,当考虑向前飞行时,准定常方法似乎是成立的,因为随着飞行速度的增加,非定常效应会减小。20 世纪 80 年代中期,Ellington 发表了一系列关于昆虫飞行的论文[65,70,340,347-349]。他提出了昆虫飞行的理论模型,如:激励盘[340];涡流尾流[340];准定常方法[65];合拢、剥落、打开的旋转机制[340];对非定常空气动力学的深入研究[340,349]。

Ellington 采用叶素法推导了由于平移和旋转效应带来的组合升力表达式。利用薄翼理论和 Kutta – Joukowski 定理(公式(3.27)),他推导出边界环量为

$$\Gamma_t = \pi c U \sin\alpha_e \tag{3.29}$$

式中:c 是翼型弦长;U 是来流速度;α_e 是剖面形状修正的有效迎角。按照 Fung 的方法[350],在满足 Kutta – Joukowski 条件下,通过计算 3/4 弦长点处的来流速度推导出旋转运动引起的环量表达式为

$$\Gamma_r = \pi \dot{\alpha} c^2 \left(\frac{3}{4} - \hat{x}_0 \right) \tag{3.30}$$

式中:$\dot{\alpha}$ 是旋转(俯仰)角速度;$\hat{x}_0$ 是前缘到旋转参考点的距离(即俯仰轴),由弦长 c 进行无量纲化。结合式(3.29)和式(3.30),Ellington 得到了准定常升力系数:

$$C_L = 2\pi \left[\sin\alpha_e + \frac{\dot{\alpha} c}{U}\left(\frac{3}{4} - \hat{x}_0 \right) \right] \tag{3.31}$$

公式(3.31)等价于 Theodorsen 在准定常极限(即 $C(k) = 1$)时的升力公式,此时没有附加质量分量。虽然 Osborne[294]提出附加质量可能在扑翼飞行中发挥重要作用,但 Ellington[348]认为由于附加质量(虚拟质量)而产生的附加平均升力在周期性运动中消失。由于质量增加而产生的附加阻力也为 0,因为在一个周期内没有平行于机翼行程的机翼净加速度。最近,Kang 等[351]对 Navier – Stokes 方程的积分形式进行了无量纲化,并提出附加质量效应对于高减缩频率和高雷诺数流动是很重要的。特别是,当研究柔性扑翼在如水一样的高密度介质中的性能时,不应忽略附加的质量力。此外,为了确定悬停飞行的升力和功率需求,Ellington[349]估算了整个扑动周期内的平均升力系数,并推导出一个基于无量纲参数的表达式:

$$\langle C_L \rangle = \frac{8\langle L \rangle \cos^2(\beta_r)}{\rho f^2 \Phi^2 R^2 \hat{r}_2^2(S) \langle (d\hat{\phi}/dt)^2 \rangle S \cos^2(\beta)} \tag{3.32}$$

式中:$\langle L \rangle$ 是半行程内的升力;ρ 是空气密度;f 是机翼扑动频率;ϕ 是行程角;$\langle (d\hat{\phi}/dt)^2 \rangle$ 是扑动角速度的均方值;S 是机翼面积;β 是拍动平面角;β_r 是相对拍动平面角(图 3.48(c));r_2 是机翼面积的二阶矩。

在文献中可以找到许多准定常方法的描述;一般来说,模型预测与物理测量结果不一致,特别是考虑到昆虫的悬停飞行。例如,在这些条件下获得的升力系数为:①0.93～1.15,蜻蜓(Aeschna juncea)[229,352];②0.7～0.78,果蝇(Drosophila)[353,354];③0.69,大黄蜂(Bombus terrestris)[212]。然而,根据直接力测量估算得到的飞行昆虫的升力系数明显大于这些准定常方法的预测值,对于各种昆虫,包括天蛾(Manduca sexta)、大黄蜂(Bombus terrestris)、寄生黄蜂(Encarsia)、蜻蜓(Aeschna juncea),以及果蝇(Drosophila melanogaster)[339,349,355,356],其测量值范围为1.2～4。

由于准定常方法不能准确地预测扑翼的气动特性,因此引入了经验修正。Walker和Westneat[357]提出了一个昆虫类似扑翼飞行的半经验模型,其中包括Wagner函数[350],该函数用来解释由突然起动的翼型引起的升力增加。他们先使用叶素法对扑翼进行离散,然后计算机翼单元上的力,这些力包括基于旋转分量和无旋的表观质量贡献。Sane和Dickinson[216]改进了一个准定常的模型来描述他们早期在Robofly实验中测得的力,Robofly是一个放大的机械果蝇模型[228]。把总力F分解为四个分量,分别为

$$F = F_t + F_r + F_a + F_w \tag{3.33}$$

式中:下标t和r分别表示平移分量和旋转准定常分量;a为附加质量;w代表尾迹捕获。在叶素法中,Robofly的机翼沿展向被分为弦向片条,每个片条上的力分别计算,之后再沿展向进行积分。平动准定常力F_t由180°范围内的定迎角经验拟合方程计算得到,即

$$\begin{cases} C_L = 0.225 + 1.58\sin(2.13\alpha - 7.2) \\ C_D = 1.92 - 1.55\cos(2.04\alpha - 9.82) \end{cases} \tag{3.34}$$

参见图3.49。为了确定旋转准定常力F_r,Sane和Dickinson[216]通过消除任何加速度和避免尾流再入的方法,分别将附加质量和尾迹捕获的力的数值设为0(即$F_a = F_w = 0$)。他们测量了仅仅一个向前行程内作用在做恒定平动和转动的机翼上的力F,并且通过从测量的总力F中减去经验预测平移力F_t来获得旋转力F_r。对于旋转力的准定常处理,他们采用了公式(3.34),并且用瞬时平动速度U_t取代了自由来流速度,即$F_r = C_{rot}\rho U_t \Gamma_r$,其中$C_{rot}$是一个取决于角速度的系数。此外,他们利用线性化气动理论(例如,公式(3.21))中附加质量项计算了对每个叶片单元的附加质量F_a,然后在展向进行积分。得到了这三个分量,他们通过从总测量力F中减去F_t、F_r和F_a这三个分量来计算尾迹捕获力F_w。尾迹捕获力来源于尾流和前一个行程脱落涡的相互作用。在行程开始时,如3.3.1节所述,增强的动量增加了升力。相比之下,在行程中间,由于下洗作用,翼-尾流相互作用的影响是负的,这是由于前一行程中尾流脱落所产生的下洗位于机翼上游[358-359]。当机翼开始与向下的尾流相互作用时,有效的迎角就会减小。

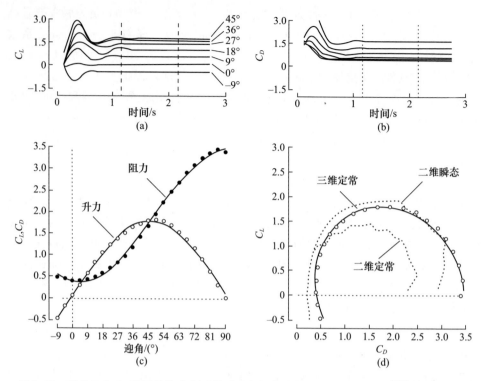

图 3.49 平动 Robofly 翼测量的升力系数随迎角的变化情况。Dickinson 等[201]用这些测量结果提出了一个平动分量的准定常模型。雷诺数 $Re = 100 \sim 200$

Kang 和 Shyy[359]将几何迎角与该下洗相结合,计算出有效迎角,然后代入公式(3.34)中估算升力的平动分量。因下洗校正的平动升力确实预测了这部分行程中升力的损失,从而通过求解 Navier—Stokes 方程计算出更好的升力近似。进一步的讨论可以参考 4.5.1 节。机翼—尾翼相互作用取决于时间变化和非线性气动效应,目前还没有发现对机翼—尾翼相互作用产生的力进行先验估计的方法。

Pendersen 和 Zbikowski 提出了类昆虫扑翼的非定常升力生成模型[360]。该模型是模块化的,能够更好地理解气动力生成的各种效应,包括附加质量效应、准定常假设、LEV 效应和尾流效应。该模型对升力和阻力的预测结果与 Dickinson 等[201]的测量结果进行了比较,尽管模型进行了简化,它仍然很好地捕获了升力的变化,但该模型高估了力的峰值。

虽然这种半经验的方法可以与实验测量结果很好地吻合,但它们的预测能力是值得怀疑的,因为它们不能充分解释相关的非定常涡流物理特性。特别是,这种非定常效应不仅在行程(上行程和下行程)的平动阶段很重要,而且在每次行程接近终点的旋转阶段也很重要,因为此时机翼在它们的展向轴上快速旋转[247,275,229,361]。然而,准定常模型确实为昆虫和鸟类的扑动飞行提供了一些启示,并提供了非定常气动系数的快速估算方法。

最近,Ansari 等[362-363]对环量法进行了改进和扩展,以模拟在悬停状态下类似昆虫的扑动飞行。它是基于 von Karman 和 Sears[332]的原始方法以及 McCune 等[364]、Tavares 和 McCune[365]提出的非线性扩展,但也有进一步显著的发展。Ansari 等[362-363]通过与 Dickinson 等[201]的实验对比,不仅证明了其非定常气动模型的有效性,也证明了模型的不足(即,一种无黏、有势、本质上是二维的模型)。

3.6.3 对部分简化模型的讨论

简化模型,比如 Theodorsen 升力公式,前飞时的公式(3.21),Sane 和 Dickinson[292]提出的改进的准定常模型,或者悬停的公式(3.33),在快速估算升力或者设计和优化时都是非常强大的,但它们不能保证结果的准确性。通过求解 Navier - Stokes 方程得到的解会更精确,但要得到一个单一的三维模拟需要几小时甚至几天的时间。因此,评估简化模型何时可以或为何能给出合理准确的结果非常重要。

对于 3.5 节中讨论的浅失速和深失速运动学特性,针对二维 SD7003 翼型和平板,图 3.50 给出了根据 Theodorsen 公式(3.21)以及数值计算得到的升力对比。对于浅失速的情况,Theodorsen 的结果与下降过程中的计算结果吻合相当好。在上升过程的第二部分吻合尺度进一步提高。虽然公式(3.21)是针对薄板推导出来的,但升力预测更接近 SD7003 翼型。这种差异来源于图 3.33 所示的平板下行时 LEV 的形成。当 LEV 向下游传播时,涡核内较低的压力区域提高了升力。随后 LEV 分离,平板失去前缘吸力。在 $t/T=0.5$ 处,当 SD7003 翼型上的流动发生开式分离时,差异最大[323]。由于 Theodorsen 的解是假设后缘处为平面尾流并满足 Kutta 条件,因此 $t/T=0.5$ 处的尾流结构违背了这个条件,导致了升力系数的差异。总体而言,当尾流为平面尾流时,Theodorsen 的解更接近于数值计算的升力系数。在深度失速中,正如 3.5 节所述,SD7003 翼型和平板在下降行程早期分离,导致 LEV 的形成。所得到的流动结构与升力的时间历程相似。因此,Theodorsen 的预测给出了一个合理的估计,但是当 LEV 形成的时候就不那么准确了。

对于悬停平板,将式(3.34)所预测的准定常升力与 3.4 节中强调的 $Re=100$ 情况下悬停平板的数值计算升力进行了比较。虽然算例设置不同(如 Dickinson 等[201]使用的是旋转的三维机翼,Trizila 等[301]使用的是做沉浮运动的平板),但这种对比强调了在设计过程或控制过程中采用准定常模型的实用性和局限性。对于这些情况,式(3.34)很好地把握了总体趋势,但是高估了行程第二部分的升力峰值,这体现在时均升力系数上:准定常值大于计算值。在行程的第一部分,差异最明显,此时返回的平板与上一行程脱落的尾流相互作用,如 3.6.2 节所述。对于滞后旋转和同步旋转情况(图 3.51(a)、(c)、(d)),式(3.34)完全没有捕捉到由尾迹捕获引起的第一个升力峰值。事实上,由于机翼在向前加速时下俯,旋转分量 F_r

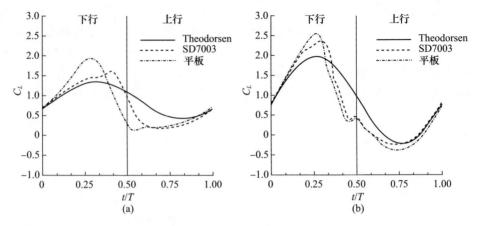

图 3.50 Navier–Stokes 计算以及 Theodorsen 公式(3.21)计算的升力系数变化情况。(a)俯仰运动和沉浮运动(0.68,0.89,0.77);(b)单纯沉浮运动(0.78,0.79,0.73)。括号内分别是公式(3.21)、SD7003 翼型以及平板的时均升力值。雷诺数 $Re = 6 \times 10^4$

占主导地位,产生负升力。对于图 3.51(b)所示的超前旋转情况,由于与向下尾流的相互作用[359]未包含在准定常模型公式(3.34)中,故未捕获到 $t/T = 0.75 \sim 1.00$ 的负升力部分。对于具有这些运动学特性的情况,预测和计算时均升力系数存在最大的差异。图 3.52 展示了总的趋势,其中显示了 Trizila 等[301] 考虑的所有情况下的平均升力系数,横坐标表示式(3.34)所给出的准定常模型预测,纵坐标表示 Trizila 等的 Navier–Stokes 计算[301]。很明显,公式(3.34)高估了平均升力,对于某些情况,误差可能很大(图 3.51(b))。

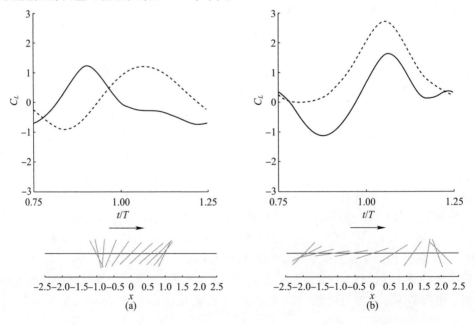

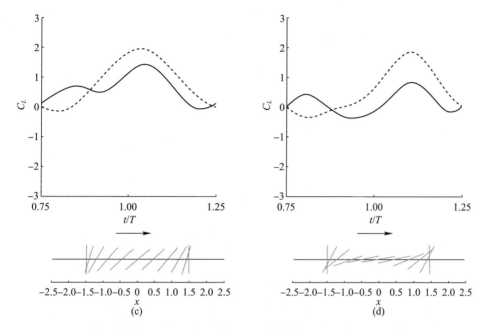

图 3.51 向前拍动的升力系数。(a)滞后旋转,高迎角(0.19/0.14);(b)超前旋转,低迎角(1.00/0.15);(c)同步旋转,高迎角(0.85/0.65);(d)二维-三维模拟同步旋转,低迎角(0.54/0.14)。实线:Navier-Stokes 计算($Re=100$);虚线:式(3.34)的准定常模型。括号内是准定常模型和计算的时均升力系数

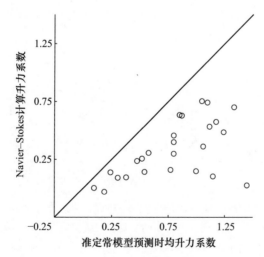

图 3.52 悬停平板,雷诺数 $Re=300$,横轴是公式(3.34)的准定常模型预测的时均升力系数,纵轴是 Navier-Stokes 计算值[301]

Gogulapati 和 Friedmann[367]将 Ansari 的非定常空气动力学模型扩展到前飞和柔性机翼,并引入了包含黏性影响的涡量衰减模型。他们将结果与 3.4.1 节中所

示的数值结果进行了比较,结果表明,在加入黏性效应后,相关性确实有所改善。他们还研究了 LEV 脱落的作用。对于三维流场类似于二维流场的情况(3.4 节),前缘的涡流活动较小,如图 3.27 所示。在这种情况下,Gogulapati 和 Friedmann 的模型表明,与 Navier-Stokes 计算的最佳相关关系是在假设附着流动的情况下得到的;调整气动模型,使其不会从前缘产生任何涡量。相比之下,对于具有较高迎角和较低沉浮振幅的滞后旋转情况(3.4.1.1 节),有 LEV 脱落的结果与 Navier-Stokes 计算结果吻合最好(图 3.53)。对于悬停时的组合俯仰和沉浮运动,结果表明,对于扑动幅值为 10°~15°、俯仰幅值为 5°~10° 的 Zimmerman 机翼,近似模型与 Navier-Stokes 结果吻合相当好。运动频率固定在 10Hz,基于平均翼尖速度的减缩频率范围为 1~1.5,雷诺数范围为 $Re(10^3)$。这一近似模型与 Navier-Stokes 模型的不同之处在于三维效应的作用,如 TiV 生成、LEV-TiV 相互作用[296]或展向流动。对于向前飞行的扑动 Zimmerman 机翼,翅膀扑动幅度保持在 35°,频率保持在 10Hz。通过改变前进比,也就是改变流入的自由来流速度,他们将结果与 Navier-Stokes 解之间的一致性与前进比联系起来,前进比与减缩频率成反比。减缩频率越高,吻合程度越好(图 3.54)。产生这种效应的一个合理原因是,如 3.6.4 节所示,对于高减缩频率和高雷诺数的流动,附加质量力占主导地位,这与机翼的加速度有关。随着减缩频率的减小,流场中涡流的影响增大,基于势流理论的近似模型难以捕获到这些现象。

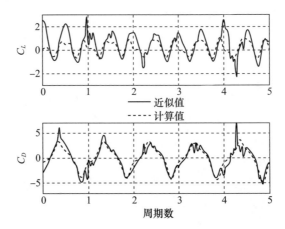

图 3.53 对于雷诺数 $Re=100$ 的悬停平板(滞后旋转,高迎角),近似气动力模型[367]以及 Navier-Stokes 计算[301]得到的力的时间变化情况。当近似气动力模型假定为分离流动时,包含黏性效应,结果的吻合度提高。来自 Gogulapati 和 Friedmann[301]

最近,Ol 和 Granlund[368]考虑了在水中开展的几项扑动刚性机翼实验:①在周期性平移运动下绕其前缘自由旋转的平板;②改变枢轴点的线性俯仰斜坡运动;③俯仰沉浮组合运动。他们推测,空气动力响应不是准定常的,也就是说升力与有效迎角成正比,比例系数为常数(如 2π),但它可以通过包括有效迎角的二阶导数和一阶导数来建模。正如本节所讨论的,尽管线性化的气动模型有其固有的局限性,但由于这些模型在控制应用或设计优化方面的适用性,这一领域的研究最近很受欢迎。如3.6.2节所示,如果能够估计迎角的有效值而不是名义值,准定常模型可以得到明显的改进。对于低雷诺数、扑翼气动特性,黏性效应显著,机翼与前一行程和当前行程机翼运动产生的大尺度垂直绕流之间的相互作用可以显著影响瞬时的实际迎角。因此,除了流体物理特性的历史影响之外,在采用准定常框架作为预测工具之前,还需要仔细考虑。

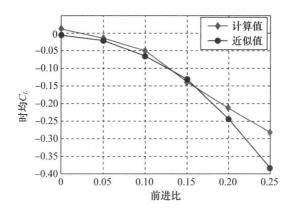

图3.54 对于前飞的刚性Zimmerman翼,由近似气动力模型(圆点)以及Navier-Stokes计算(方块)得到的时均升力系数,$Re = 4.6 \times 10^3$,扑动角为35°,频率为10Hz。前进比不仅和斯特劳哈尔数成反比,也和固定扑动角幅值成反比。来自Gogulapati和Friedmann[301]

3.6.4 浸入在流体中的运动物体的受力换算

前几节所描述的气动理论通过假设薄的平板或采用无黏流的准定常假设来处理线性化的气动理论。由于非线性的存在,Navier-Stokes方程(式(3.18))描述的非定常黏性流的精确解尚处于未知状态。最近,数值计算(如文献[200,296,369])和详细的实验测量(如文献[199,201,323])揭示了与扑翼空气动力学相关的有趣的非定常流动物理特性(如第3节)。然而,一些关键问题,如扑翼的气动性能和在3.2节中介绍的无量纲参数之间的关系,仍然是具有挑战性的。

对绕运动物体的不可压缩黏性流体采用控制体分析的方法[370,371],Kang等[351]对产生的流体动力学脉冲项进行了归一化处理,将流场中的涡流和作用在运动物体上的力关联起来,因此,如式(3.35)所示,加速度反应项作一阶近似,为

$$C_F = C_{F,\text{impulse}} + C_{F,a} \sim St\left[\frac{1}{Rek}O(1) + \frac{St}{k}O(1)\right] + St \cdot kO(1) \quad (3.35)$$

注意,第一项与运动频率无关,第二项与$2\pi f$成正比。由于流体动力脉冲的力与斯

特劳哈尔数 St 成比例。然而,如果黏性时间尺度 $C_m^2\rho/\mu$ 远远大于运动的时间尺度 $1/(2\pi f)$,这样 $Rek\gg1$,然后公式(3.35)中的第一项就可以忽略不计了。此外,当沉浮幅度 $h_a/C_m \sim St/k$ 较小时,公式(3.35)中的第二项对机翼上总的力贡献很小。但是,一般而言,复杂的流体动力学机制,如机翼 - 尾流相互作用或尾流 - 尾流相互作用,会进一步影响流场中的涡量分布。

公式(3.35)中的最后一项是加速度 - 反应项,表示由机翼加速度引起的力。当物体在流体中加速时,流体动能就会改变。通过压力移动物体所做的功的速率产生了加速度 - 反应力。在无黏流体中,力与加速度成正比(参见[372])。比例常数的量纲为质量;因此,名字为"附加质量"。附加质量项通常占由物体代替的流体质量的一部分。附加质量是一个张量,因为它把加速度矢量和力矢量联系起来。一般来说,附加质量的确定并不容易,因为流体的当地加速度不一定等于物体的加速度[45]。然而,对于一个弦长为 c_m 的薄平板,沿其弦向的法向加速时,作用于平板的法向力为

$$\rho_f F_a = \frac{d}{dt}\left(\rho_f \frac{\pi}{4} v_i c_m^2\right) \tag{3.36}$$

式中:v_i 为垂直速度分量,垂直加速薄平板的附加质量等于半径为 $c_m/2$ 的替代流体圆柱。可以类似地得到角旋转附加质量,因而产生如 Theodorsen 的公式(3.21)中的非循环项,或如公式(3.22)单纯沉浮运动的准定常近似。还要注意,前面公式和公式(3.35)中出现的无量纲数的组合是一致的。

这种无量纲化过程揭示了流体动力与 St 成正比。因此,随着 St 的增加,作用在机翼上的力预计会增加。此外,如果运动高度非定常(即 k 的值大),由于物体运动而产生的力,作为加速度 - 反应分量,支配了流场中由于涡量引起的力,如图3.55所示。

关于扑翼的一个特殊参数是描述力对扑动运动频率 ω 的依赖程度。当前缩比律显示,前飞时,$U_{ref} = U_\infty$,加速度 - 反应力的频率阶数最高,正比于 $(2\pi f)^2$。由此产生的有量纲力与运动频率的平方成正比。同样,对于悬停运动,当前缩比律表明,无量纲力与运动频率无关,因为斯特劳哈尔数 St 是一个常数,而减缩频率只是扑动(沉浮运动)振幅的函数。然而,由于 U_{ref}正比于 $(2\pi f)^2$,产生的有量纲力也与运动频率的平方成正比。Gogulapati 和 Friedmann[367] 报告了类似的观察结果。

在高雷诺数、高减缩频率范围内,Visbal、Gordnier、Galbraith[373]研究了三维 SD7003 机翼在雷诺数范围 $Re = O(10^4)$ 内的高频小振幅沉浮运动,具体条件为,$\alpha_0 = 4°, k = 3.93, St = 0.06, Re = 1\times10^4$ 和 4×10^4。他们使用隐式 LES 方法来求解流场结构,包括层流到湍流的转捩以及机翼上的受力。流场呈现出动态失速的特征,如 LEV、展向失稳引起的涡破裂以及转捩特征。然而,Theodorsen[374] 的升力公式仍然可以很好地预测机翼上的力。升力的时间变化"与雷诺数和流场的三维转

掠特征无关"[373]。Visbal 和他的同事解释说,升力是由翼型的加速度决定的,这个加速度与运动频率的平方成正比。这一观察结果也与一个事实相一致,即对于给定的无量纲参数,流体动力推力项比公式(3.35)中的加速－反应项要小。

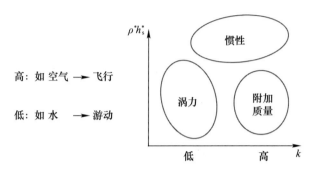

图 3.55　导致柔性扑翼变形的力产生的主导机制示意图(也可见表3.2)。惯性力是作用于机翼上的力,来自相对于翼根处强迫运动的机翼加速度

表 3.2　力的缩比规律总结

力	缩比比例	说明
流体动力	$St/(Re\ k) \sim (2\pi f)^0$	黏性项
推力	$St^2/k \sim (2\pi f)^1$	移动物体运动带来的涡力
附加质量	$St \cdot k \sim (2\pi f)^2$	

相比之下,在雷诺数较低的情况下,Trizila 等[301]在 $Re=100$ 和 $k=0.25\sim0.5$ 范围内的研究表明,LEV 和 TEV 的形成以及它们与翼型和之前尾流的相互作用对悬停和向前飞行的升力和动力产生了显著影响。此外,三维效应起着重要作用。例如,对于滞后旋转运动($k=0.5$,低迎角,$Re=100$),在展弦比 $AR=4$ 平板的尖端产生的翼尖涡会与 LEV 相互作用,从而相对于二维情况提高了升力。这与经典的定常薄翼理论[296,301]相反,该理论预测了 TiV 的形成是一种降低升力的流动特征。在给定的无量纲参数范围内,运动学特性、机翼－尾流、尾流－尾流之间的相互作用以及机翼上的流体动力之间的复杂相互作用,也与本节中描述的量纲分析结果一致,如表 3.2 所列。缩比规律表明,对于低频率运动或低雷诺数流动,涡与机翼相互作用的流体动力推力项变得重要。相反地,当减缩频率增加时,加速－反应项支配了流体动力推力项。这两个分量都与斯特劳哈尔数 St 成比例。需要进一步研究的一个有趣的结果是,在悬停飞行条件下,斯特劳哈尔数和减缩频率都与运动频率无关,对于高雷诺数流,无量纲化力与频率无关。

3.6.5　扑翼模型和旋翼模型

正如前一节所讨论的,直升机叶片模型被用来帮助解释扑翼空气动力学;然而,展向轴向流动通常被认为对直升机的空气动力学影响较小[289,375]。特别地,直升机的桨叶比扑翼的雷诺数高得多,迎角也低得多。叶片更大的展弦比 AR 也使 LEV 更难固定。这些是直升机叶片和典型的生物翅膀之间的关键区别。

Usherwood 和 Ellington[320]研究了天蛾翅膀模型($Re = O(10^3)$)的与"类螺旋桨"旋转运动相关的气动性能。他们报告说,因为 LEV 的存在,旋转模型产生了高升力和阻力。Knowles 等[376]采用数值方法研究了二维平动和三维旋转平板模型在 $Re = 5.0 \times 10^2$ 情况下的性能。结果表明,对于二维流动,LEV 是不稳定的,但是高迎角的旋转三维平板模型产生了一个圆锥形 LEV,正如先前其他人所观察到的一样[320,377]。此外,他们还指出,如果雷诺数增加到临界值以上,那么 LEV 涡街就会出现 Kelvin – Helmholtz 不稳定性[378],导致机翼外侧的薄板断裂。

Lentink 和 Dickinson[379]重新研究了关于稳定 LEV 的现有假设。使用果蝇翅膀模型,基于理论和实验方法,他们系统地研究了雷诺数 $Re = 1.1 \times 10^2 \sim 1.4 \times 10^4$ 情况下,类螺旋桨的运动对气动性能和 LEV 稳定性的影响。他们指出,LEV 是由"准定常"向心加速度和 Coriolis 加速度来稳定的,这些加速度存在于低 Rossby 数(即展弦比 AR 的一半),并且是由机翼的螺旋桨式扫掠造成的。此外,他们还指出,通过稳定附着的 LEV 产生的增强力可以代表在一定雷诺数范围内产生高流体力的收敛性解。

Jones 和 Babinsky[380]实验研究了旋转机翼在迎角为 5°和 15°,雷诺数为 6.0×10^4 时的非定常升力生成。在运动的第一个弦长位置出现了一个近似于准定常值 1.5 倍的瞬时高峰,这是由一个强 LEV 的形成引起的。结果表明,机翼运动学对摆动机翼产生的空气动力影响不大。在机翼行程的早期阶段,低加速度的速度剖面会影响升力峰值的时机和大小,但在高加速度时,速度剖面并不明显。

从非定常空气动力学的观点来看,LEV 作为一种在更高雷诺数范围 $Re(O(10^5 \sim 10^6))$ 内的升力增强机制可能是有问题的,因为经常发现,振荡翼型一旦开始平动,其上的动态失速涡就会破裂并向别处传播[277]。

3.7 刚性翼飞行动物建模

有许多基于真实飞行动物翅膀的计算研究,如大黄蜂[381]、熊蜂[382-383]、天蛾[200,247,384]、蜜蜂[225]、蜂蝇[385]、悬停苍蝇[386]、果蝇[387]和牧草虫[225]。接下来,选择一些例子来特别展示前面所讨论的一些特征,并深入了解流动结构是如何与翅膀运动的特定特征相联系的。

3.7.1 悬停天蛾

图 3.56 和图 3.57 显示了一个真实的天蛾模型的形态学和翅膀运动学模型。Liu 和他的同事使用"一个仿生的动态飞行模拟器"[387,388]进行了数值计算。

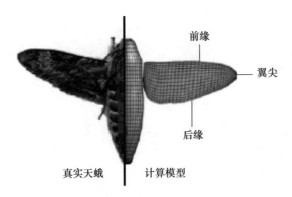

图 3.56 天蛾(Agrius convolvuli)的形态学模型,右侧是计算模型。天蛾体长 5.0cm,翅膀长 5.05cm(平均翅弦长 c_m = 1.83cm),展弦比 AR = 5.52。图片来自 Aono、Shyy 及 Liu[384]

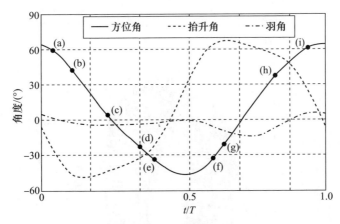

图 3.57 天蛾在一个完整扑动周期内的方位角 ϕ、羽角 α 以及抬升角 θ 的时间变化。(a)俯旋后期;(b)下行前期;(c)下行中期;(d)下行后期;(e)仰旋前期;(f)仰旋后期;(g)上行前期;(h)上行后期;(i)俯旋前期。t/T 代表一个扑动周期的无量纲时间。来自 Aono、Shyy 及 Liu[384]

3.7.1.1 涡结构和升力生成

图 3.58 显示了扑动周期内的一个选定瞬间,悬停的天蛾周围的等涡量面。图中云图的颜色表示归一化螺旋度密度的大小。翅膀和身体垂直力对应的时间变化情况如图 3.60 所示。

1) 下行的流动结构

如图 3.57 中点(a)所示,在下降行程的前半部分,由下降行程翅膀的初始运动产生马蹄形涡(图 3.58(a-1))。Poelma 等[270]利用 PIV 展示了一个突然起动的动态缩比扑翼周围的类似三维流动结构(图 3.59)。马蹄涡由三个涡组成,一个是 LEV,一个是 TEV,一个是 TiV。随着翅膀的平动速度和角速度的增加,马蹄涡

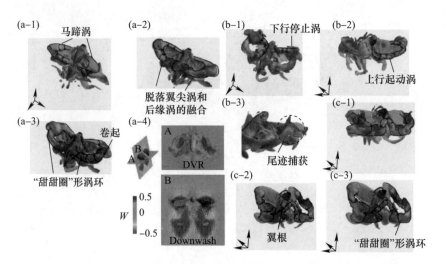

图 3.58 悬停天蛾流场显示。(a)下行;(b)仰旋;(c)上行的等涡量面。等涡量面的颜色代表归一化螺旋度密度,其定义为流体的旋转矢量在其动量矢量方向的投影,如果这两个矢量方向相同就为正,相反则为负

图 3.59 突然起动的机翼周围的三维马蹄涡,由等 Q 面指示。云图代表涡量,方向由箭头表示。来自 Poelma 等[270]

的大小也在增加。这些涡附着在翼表面时在涡核和翅膀上表面产生低压区(图 3.61,第 2 列)。在图 3.57 所示的相应时刻(点(b)),升力出现峰值。正如预期的那样,连贯的 LEV、TEV 和 TiV 共同增强了天蛾悬停飞行中的升力。在向下行程的中间(图 3.57 中的点(c)),TEV 大部分从翅膀脱落,而身体上的涡则保持附着状态。此外,脱落的 TEV 与 TiV 保持连接(图 3.58(a-2))。总的来说,LEV 在翅膀表面产生了最大和最强的低压区(图 3.61,第 3 列)。不久之后,LEV 在 70%~80% 的翅膀展长位置开始破裂。与此同时,LEV、TiV 和脱落的 TEV 在每个翅膀周围形成一个环形的旋涡(图 3.58(a-3))。在悬停蜂鸟[261,266]、缓慢向前飞行的蝙

蝠[268]和自由飞行的大黄蜂[259]周围也观察到类似的涡环结构。在下行的后半段(图 3.57 中的点(d)),TiV 变大变弱。当翅膀接近下降行程结束时,LEV 和 TiV 开始从翅膀分离。在向下行程的大部分时间里,通过"甜甜圈"孔的环状涡环对有强烈的向下射流,形成向下行程的下洗流(图 3.58(a-4))。

当接近仰旋时(图 3.57 中的点(e)),扑翼速度减慢,附着的涡流从翅膀脱落。此时,观察到一对下行驻涡缠绕在双翅上(图 3.58(b-1))。当拍动的翅膀开始在展向轴上快速俯仰时,在翼尖和后缘周围检测到一对向上的起动涡(图 3.58(b-2))。

2)上行的流动结构

仰旋后(图 3.57 中点(f)),扑翼快速加速时产生与上行开始相关的 TEV 和 TiV。随后捕捉到圆形涡环的下行尾流(图 3.58(b-3)),但对升力影响不大(图 3.60)。如 3.3 节所述,非定常流动结构对升力增强的作用需要在特定的背景中进行考察。当上行程开始时(图 3.57 中点(g)),TEV 和 TiV 从两翼脱落(图 3.58(c-1))。与 TEV 一起,LEV 和 TiV 形成一个包裹着每只翅膀的马蹄形涡对(图 3.58(c-2))。类似于在下行程中所看到的,马蹄形涡生长并演变成在每个翅膀的环状涡环。需要指出的是,由于上行和下行之间迎角的不对称变化,上行产生的 LEV 小于下行产生的 LEVs。在上行程的后期(图 3.57 中的点(h)),环状的涡对环在保持环形的同时拉长并变形(图 3.58(c-3))。

对于气动力的产生,预测到悬停的天蛾在每次行程中都有两个升力峰值(图 3.60)。考虑到空气动力与 3.3 节所讨论的与扑翼相关的关键非定常流动特性之间的关系,LEV 的延迟失速以及 TEV 和 TiV 的贡献是产生第一个升力峰值的原因。第二个峰值可能与快速增加的涡量有关[289],因为翅膀经历了快速俯仰运动。

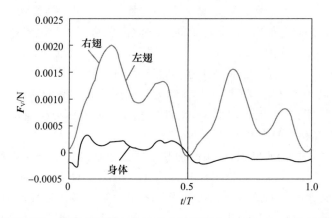

图 3.60　悬停天蛾一个扑动周期内的垂直力时间变化。$t/T = 0 \sim 0.5$ 对应向下行程。天蛾的重量约为 $15.7 \times 10^3 \text{N}$[384]

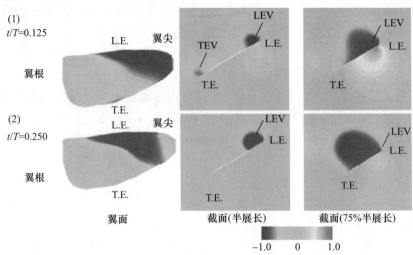

图 3.61 对应于图 3.57(b)和(c)下行时选定时刻的压力分布。左:翅上表面。中:半展长截面之间。右:自翅根的 75% 半展长截面。L.E. 和 T.E. 分别表示前缘和后缘。注意所有子图中 LEV 压力系数均为负

3.7.2 悬停雀形目鸟

根据其运动学特征,鸟类悬停飞行模式通常分为对称飞行模式(蜂鸟是典型代表)和非对称飞行模式,非对称飞行模式也常在其他鸟类中观察到,如日本白眼雀(Zosterops japonicus)和谷翅雀(Erythrura gouldiae),它们都属于雀形目。对于悬停的雀鸟来说,只有下降行程才能产生支撑其重量的升力;上升行程在空气动力学上是不活跃的,没有升力产生[4,389,390]。因此,即使在整个翅膀拍动周期内不持续产生升力,雀形目动物也能悬停。

Chang 等[391] 采用实验测量方法来支持这样一种观点,即悬停的雀形目动物(日本的白眼雀)可以使用一种非传统的"腹部合拢"机制来产生支撑重量的升力。他们声称,这种腹部合拢可以在下降行程中先减弱,然后增加升力的产生。腹部合拢对升力产生的净效应是正的,因为升力增大的程度大于升力减小的程度,如图 3.62 所示,其中 PIV 数据说明了与扑动的各个阶段相关联的流动结构。如本节和 Trizila 等[301] 所述,可以观察到 LEV、TEV 流动及向下的射流流动,这导致了复杂的平衡和空气动力的净产生。

在 Chang 等[391] 的研究中,采用两种基于尾流拓扑结构的方法来评估气动力。第一个主要与 Kutta–Joukowski 升力定理有关[392-394]。对于做准定常水平飞行的鸟类,作用于其翅膀上的总升力必须等于其重量。第二种评估气动力的方法是基于涡环模型,通过计算动量变化再除以运动动物扑动或拍动产生涡环的时间来获得时均力(即脉冲)[342,395,396]。虽然这些方法简单方便,如 3.6 节所述,但这些方法在提供准确的描述时遇到困难,而且它们并不是基于第一性原理。

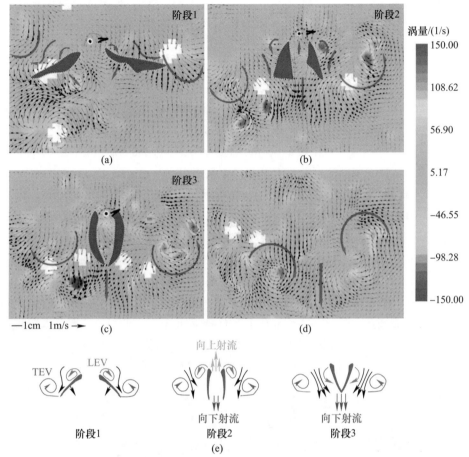

图 3.62 悬停的日本白眼雀正面的尾迹流场。颜色云图代表流场的涡量分布。(a)~(c) 腹部合拢运动阶段相关的近尾迹流场,紫色块标记两个翅膀的位置,紫色点线表示鸟的轮廓;(d) 在阶段 3 之后悬停日本白眼雀下方的远尾迹流场,深红色箭头表示流体运动的趋向;(a)~(d) 深红色箭头表示流体运动的趋向;(e) 三个运动阶段尾迹流动结构图示。黑色箭头表示流体射流,橙色和蓝色旋转箭头分别代表 LEV 和 TEV。紫色箭头代表翅膀下行执行腹部合拢时产生的向下射流。来自 Chang 等[391](见彩图)

3.7.3 前缘涡和展向流动的雷诺数效应:悬停飞行的天蛾、蜂鸟、果蝇及牧草虫

如前所述,在扑翼飞行过程中,由于 LEV 的延迟失速而产生的升力增强效果是非常重要的[199,245]。LEV 的形成依赖于翅膀运动学特性、翅膀几何细节以及雷诺数[397]。为了考察具有合适运动学特性的、与昆虫类似的身体—翅膀布局在 LEV 结构和展向流动方面的雷诺数效应,Shyy 和 Liu[397],Liu 和 Aono[225] 研究了悬停的天蛾($Re = 6.3 \times 10^3$, $k = 0.30$),蜜蜂($Re = 1.1 \times 10^3$, $k = 0.24$),果蝇($Re = $

$1.3 \times 10^2, k=0.21$),以及牧草虫($Re=1.2 \times 10, k=0.25$)等相关的扑翼流动物理机理。对每个昆虫模型都考虑了不同的典型运动学参数(扑动幅度、扑动频率和规定作动方式)和无量纲数(雷诺数、减缩频率)[225]。雷诺数和减缩频率基于平均弦长和翼尖速度计算。天蛾的形态学和运动学模型如图 3.56 和图 3.57 所示。对于其他昆虫模型,Liu 和 Aono[225] 的文献中可以得到相似的信息和计算模型。

图 3.63 显示了这四种昆虫在半展长 60% 位置的速度矢量场的侧视图。天蛾和果蝇的 LEV 结构和展向流动(图 3.63(a)和(c))与 Birch 等相应的实验结果有较好的定性一致性[283]。对于牧草虫($Re=1.2 \times 10, k=0.25$),LEV 在前缘的上游形成,在所有的情况下展向流动是最弱的。对于果蝇($Re=1.2 \times 10^2, k=0.21$),LEV 结构比天蛾和蜜蜂要小。果蝇 LEV 为管状有序型,后缘上部观察到展向流动。天蛾($Re=6.3 \times 10^3, k=0.30$)和蜜蜂($Re=1.1 \times 10^3, k=0.24$)在 LEV 内部和翅膀的上表面产生更明显的展向流动,与 LEV 一起形成一个前缘附近的螺旋流动结构(图 3.63(a-1)和(b-1))。图 3.64 为四种典型昆虫在下行中段时的翅膀的展向压力梯度云图。与天蛾和蜜蜂相比,尽管翅膀运动学和翅膀身体几何外形是不同的,果蝇在雷诺数范围为 $1.0 \times 10^2 \sim 2.5 \times 10^2$ 时在涡核处不能产生如此陡峭的压力梯度;尽管如此,它们似乎能够在大部分下降行程和上升行程中保持稳定的 LEV。虽然天蛾和蜜蜂翅膀上的 LEV 在下降行程的中段附近都发生了破裂,但果蝇翅膀上的 LEV 在整个行程中都保持着附着状态,最终在随后的仰旋或俯旋中破裂[387]。

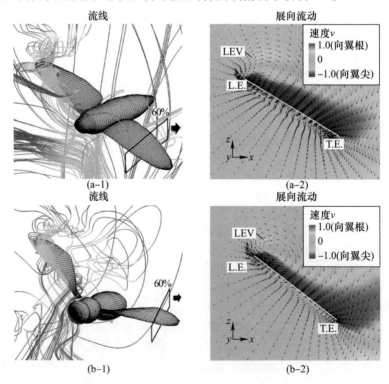

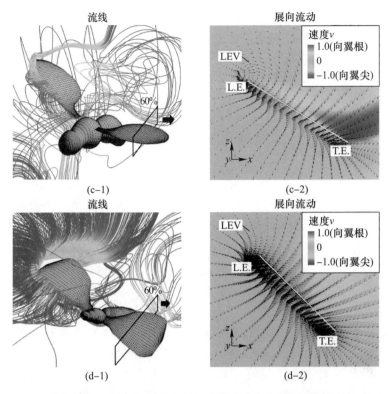

图 3.63 四种模型在下行中间位置附近近场流场对比。(a)天蛾模型($Re = 6.3 \times 10^3$, $k = 0.30$);(b)蜜蜂模型($Re = 1.1 \times 10^3$, $k = 0.24$);(c)果蝇模型($Re = 1.3 \times 10^2$, $k = 0.21$);(d)牧草虫模型($Re = 1.2 \times 10^1$, $k = 0.25$)(见彩图)

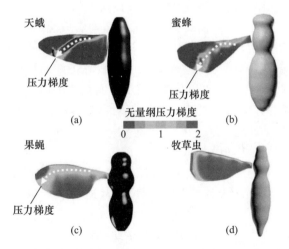

图 3.64 在下行中间位置附近扑动翅膀上的展向压力梯度云图:(a)天蛾模型($Re = 6.3 \times 10^3$, $k = 0.30$);(b)蜜蜂模型($Re = 1.1 \times 10^3$, $k = 0.24$);(c)果蝇模型($Re = 1.3 \times 10^2$, $k = 0.21$);(d)牧草虫模型($Re = 1.2 \times 10^1$, $k = 0.25$)(见彩图)

实际上,牧草虫的翅膀非常小,大约为1mm,由一个梳状平面组成,其实度比为0.2或更小[398]。因此,雷诺数非常低,以至于黏性效应占主导地位,翅膀周围的非定常黏性流可以近似为Stokes流动。Weihs和Barta[398]以及Barta[399]利用细长体理论研究了振荡体阵列周围的流动物理特性。结果表明,牧草虫的梳状翅膀能够产生与实心翅膀相似的力,同时还能减轻重量。

3.8 本章小结

本章重点介绍了在$O(10^2)$和$O(10^4)$之间的低雷诺数范围内的刚性扑翼空气动力学。与传统的三角翼相似,扑翼可以提高升力,因为涡流从机翼前缘开始形成,在背风侧卷成一个大的涡,包含一个明显的轴向速度分量。在这两种情况下都可能发生涡破裂,导致紧密相干涡结构的破坏。LEV是低雷诺数扑翼气动特性的共同特征;流场结构受涡流强度、雷诺数和旋转速度的影响,LEV提升升力的有效性与飞行器的尺寸有关。在一个固定的迎角中,如果涡流增强,那么涡破裂发生在较低的雷诺数下。相反地,较弱的涡流在较高的雷诺数下破裂。因此,由于果蝇以较低的雷诺数范围飞行,呈现较弱的LEV,所以相对于产生较强LEV的天蛾和蜜蜂,果蝇倾向于更好地维持涡流结构。此外,与固定有限翼展机翼相关的TiV通常被视为会降低升力,产生诱导阻力[297]。然而,对于扑翼来说,机翼和涡流的相互作用,以及由此产生的气动结果,可能要复杂得多。对于小展弦比的悬停机翼,通过滞后旋转,TiV可以通过在翼尖附近创造一个低压区域,以及通过固定LEV以延迟甚至阻止其脱落来增加升力。此外,对于某些扑翼运动学特性,如适度迎角的同步旋转,LEV沿展向附着,翼尖效应不明显;在这些情况下,空气动力受机翼展弦比AR的影响很小。适当的超前旋转和与大迎角动态失速的组合可以产生更有利的升力。TiV、LEV和射流的综合效应可以通过运动学参数的选择来控制,从而使一个三维机翼在空气动力学上比一个无限长的机翼更好或更差。另外,LEV的延迟失速以及TiV和LEV之间的相互作用受到了自由来流的显著影响。

然而,当机翼的方位和周围涡流结构不能很好地协调时,机翼-尾翼相互作用以及TiV会导致气动性能下降。因此,非定常流动机制的有效性与扑翼运动学、雷诺数和自由来流环境密切相关。

对于向前飞行时的浅失速(俯仰/沉浮)和深失速(沉浮)的平板和SD7003翼型,本章还评估了雷诺数Re、斯特劳哈尔数St、减缩频率k,以及雷诺数$O(10^4)$下的运动学特性的作用。在平板的尖前缘观察到大量的前缘分离;它的几何效应超过了其他的黏性效应,并且对雷诺数Re的依赖是有限的。对于较钝的SD7003翼型,在$Re=6\times10^4$的浅失速情况下,流动大部分是附着流,而对于深失速情况,流动中存在大规模的分离。深度失速运动学随时间产生更激进的有效迎角变化,具有更高的极大值。这种流动的特点是较强的前缘分离,LEV产生较早,并在平板表面附近形成二次涡。平板的最大升力系数与 SD7003 翼型完全不同。此外,在升力系数的时间变化上,深失速的 SD7003 翼型和平板存在明显的相位滞后。前缘形状曲率的差异导致了 LEV 的生成和发展的滞后。总的来说,对于浅失速运动,与作用在平板上的力相比,作用在 SD7003 翼型上的升力和阻力较小,这是由于平板中形成了 LEV 的作用。相比之下,形状效应对具有较大最大有效迎角的深度失速运动的影响就不那么显著了:在下降行程的后半段,气流在 SD7003 翼型上分离,产生的力与平板的力类似。

基于生物飞行运动学和几何学的研究为非定常空气动力学机制提供了直接证据。与简单的扑动运动所产生的流动结构相比,昆虫扑动翅膀周围的流动结构具有独特的特征,例如每个行程有一个带有强烈向下射流的环状涡产生。

另外还强调了用于控制或优化设计的线性化气动模型,因为它们的计算成本明显小于 Navier–Stokes 方程的求解。然而,它们的适用性在扑翼中并没有得到全面的理解。虽然准定常模型往往会高估升力的产生,而且可能无法在不同雷诺数下捕捉到机翼尾流的相互作用,但它们仍然可以提供合理的时均升力估计。

本章还介绍了一些关于生物飞行的研究,旨在提供自然界的案例研究,以及基于简化问题定义的"权威"研究中讨论的有趣的流动特性的快照。

本章讨论和强调的主题对于理解刚性机翼的扑翼空气动力学是至关重要的。在第 4 章中,讨论了机翼柔性的影响,这增加了自由度,并展示了多学科物理特性的挑战和乐趣。

第 4 章　柔性翼空气动力学

4.1　柔性翼飞行器背景介绍

如 1.1 节所述,众所周知,飞行动物通常有柔性的翅膀来适应周围的流动环境。鸟类有不同层次的羽毛,所有的羽毛都是柔性的,且往往相互连接。因此它们可以根据特定的飞行模态调整翅膀的平面形状。此外,蝙蝠的翅膀中有 20 多个独立控制的关节[400]和高度变形的骨骼[401],使它们能够在正或负的迎角下飞行,并且可以动态地改变翅膀的弯度,也可以形成复杂的三维翅膀拓扑结构,以获得非凡的飞行性能。蝙蝠有柔软的薄膜翼面,其飞行具有高度非定常和翅膀三维运动的特点(图 4.1)。

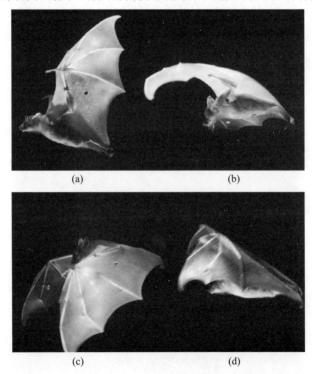

图 4.1　飞行中的蝙蝠(Cynopterus brachyotis)。(a)下行开始,头朝前,尾朝后,整个身体拉伸成一条直线;(b)下行中间,翅膀高度弯曲;(c)下行结束(上行开始),翅膀仍然保持弯曲,大部分翅膀在头的前面,正准备撤回到它的身体;(d)上行中间,翅膀向身体折叠。来自 Tian 等[231]

如第 1 章所述,鸟类和蝙蝠也可以改变翼展(弯曲翅膀),以减小翅膀面积,增加前飞速度,或在上行程时减小阻力。在快速向前飞行时,鸟类和蝙蝠在上行时的翅膀面积相对于下行时略有减小。在中等飞行速度下,上行时翅膀的弯曲更加明显。然而,蝙蝠和鸟类以不同的方式弯曲翅膀。鸟类翅膀的表面区域主要由羽毛组成,当翅膀弯曲时,这些羽毛可以互相滑动,并保持表面光滑。相反地,蝙蝠的翅膀大多是一层薄薄的翼膜,由臂骨和极长的指骨支撑。考虑到翅膀翼膜的弹性,蝙蝠可以稍微弯曲翅膀,将翼展减少 20% 左右,但不能过度弯曲翅膀,否则翼膜会松弛。松弛的膜效率很低,因为阻力增大,后缘容易颤振,使它们难以快速飞行[22]。

当进行弯曲或扭转运动时,飞行生物具有根据气流环境的要求调整翅膀弯度的自然能力,如遭遇阵风、避让物体和跟踪目标时。众所周知,蝙蝠能够根据自由来流条件被动地改变翅膀的形状。如图 4.1 所示,蝙蝠可以在每个拍动周期中改变翅膀的形状。在人类制造的装置中,船帆和降落伞是按照类似的概念操作的。这种对翅膀表面的被动控制可以防止气流分离,增加升阻比。鸟类根据不同的策略调整翅膀。例如,一些物种的覆羽可以起到自激襟翼的作用,从而防止气流分离。这些特点提供了外形自适应并帮助调整空气动力控制面,在着陆和非定常环境中特别有用。在图 4.2 中,在贼鸥身上突然出现覆羽,羽毛的柔性结构清晰可见。图 4.3 突出显示了三种不同飞行模态的飞行:正在捕鱼的白鹭、试图着陆的翠鸟,以及巡航的黑鸢。

图 4.2　贼鸥翅膀上面柔软隐蔽的羽毛起到自激襟翼的作用。来自 Bechert 等的照片[416]

昆虫的翅膀在飞行过程中会发生很大的变形,由于膜-条结构的存在,它们的翅膀特性通常是各向异性的;大多数昆虫沿翼展方向的弯曲刚度大约比沿弦向的弯曲刚度大 1~2 个数量级。实验研究报告了翅膀弯曲刚度和翅膀长度之间的比例关系[402-403]。在 Combes 和 Daniel 的分析中,每个抗弯刚度都是基于一维梁模型估算的。结果表明,翼展弯曲刚度随翼弦的三次方而变化,弦向刚度随翼弦的二次方而变化[402]。图 4.4 显示了主红雀、蜂鸟、蝙蝠、蜻蜓、蝉和黄蜂的翅膀,它们

图 4.3 不同飞行模态的三种鸟的柔性翼形式,包括正在捕鱼的白鹭、试图着陆的翠鸟,以及巡航的黑鸢

都具有相似的总体结构特征。它们在展弦比和形状上表现出巨大的变化,但都具有前缘加固的共同特征。蜻蜓的翅膀在结构组成上具有更多的局部变化,比蝉或黄蜂的翅膀更皱。文献表明,翅膀褶皱增加了翘曲刚度和柔韧性[24]。蜻蜓的翅膀结构有助于防止疲劳断裂[24]。

图 4.4 主红雀、蜂鸟、蝙蝠、蜻蜓、蝉和黄蜂的柔性选择性加强翼

此外,当行程反向时,翅膀柔性允许因翅膀旋转过程中的惯性力而进行的被动俯仰运动[303]。被动俯仰运动有三种模态,与刚性翅膀模型研究中考虑的模态相似(另请参见图 3.9)[201,245,301]:①延迟俯仰;②同步俯仰;③超前俯仰。扑动频率与翅膀固有频率之比是确定翅膀被动俯仰运动模态的关键[404]。昆虫翅膀的表面结构较薄,使其不适合承受压缩载荷,因为压缩载荷可能导致表面起皱和/或屈曲。例如,在空气动力学方面,风洞测量表明,波纹固定翼在空气动力学上对雷诺数变化不敏感,这与典型的低雷诺数翼型截然不同(见 3.5 节)。例如,图 2.5 表明,蜻蜓的翅膀对其工作范围内雷诺数的变化不敏感,而 Eppler 374 翼型在一定雷诺数范围内显示出锯齿形模式。显然,这些特征超越了这样一个事实,即随着飞行物尺寸的减小,翅膀变得更薄,并且趋向于变得更灵活。正如详细讨论的,翅膀的柔性对其在升力、阻力和推力方面的性能有着深刻的影响。从根本上说,被动顺应式结构有助于调整翅膀结构,从而使产生的空气动力学保持理想状态[405-408]。认识到流体动力学和结构动力学(及其相互作用)的无量纲标度不能是不变的,不需要试图根据不同的雷诺数和尺寸、频率等绘制出所有的物理机制,而是需要专注于识别材料的有利组合(弹性、各向异性、空间变化特性等)以及控制组合拍动和柔性结构动力学的形状变形,目的是识别运动学、结构行为和可能的控制策略(包括悬停和阵风效应)的最优化组合。

总的来说,生物飞行有几个突出的特点,可能会对 MAV 的设计带来一些挑战。例如:①弦向和展向之间的翅膀结构特征存在显著的各向异性;②它们采用形状控制来适应空间和时间上的流动结构;③它们适应阵风并完成不同运动模式下的位置保持;④它们使用多个非定常空气动力学机制来提高升力和推力;⑤它们结合了传感、控制和翅膀机动,以保证升力和飞行稳定性。原则上,我们可能希望首先了解这些生物系统,抽象出某些需要的特性,然后将它们应用到 MAV 的设计中。一个挑战是,在较小的自然飞行动物和实际飞行硬件/实验室实验(较大尺寸)之间,流体动力学、结构动力学和飞行动力学的缩比从根本上讲是非常困难的。无论如何,要发展出一个令人满意的飞行器,需要达到以下目标:

(1) 产生必要的升力,该升力以飞行器/翅膀长度 L_{ref}^3(在几何相似条件下)进行缩比;然而,飞行器往往需要增加或减少升力以趋近/躲避物体,从而需要更为复杂的考虑。

(2) 最小化功率消耗。

如 1.1 节所示,当阵风调整、物体避让或位置保持成为主要因素时,经常观察到高度变形的翅膀形状和协调的尾翼运动(图 1.12)。理解这些模式的气动、结构和控制机制对于开发能够执行理想任务的高性能和鲁棒的 MAV 至关重要。动物翅膀的柔性导致复杂的流体-结构相互作用,而拍动的运动学以及自然飞行动物惊人的机动导致流体动力学、气动弹性、飞行动力学以及控制系统的高度非线性耦合。较大的柔性变形能比那些限制在线性范围内的变形提供更好的与空气动力学的相互作用吗？如果可以调整翼展的扭转刚度，这将如何影响最佳推力产生时的翅膀运动学？这些几何非线性效应和结构的各向异性如何影响扑翼的空气动力学特性？

空气和薄翼结构之间的相互作用不仅在动物运动中观察到。例如，在第3章非定常气动机制中曾讨论过 LEV 的形成会引起增升效应，在自旋转植物种子中也观察到了类似的现象[409]。自由落体的纸张[410]及其典型的商业名片或树叶[411-412]的特征旋转也用第3章中描述的原理进行了很好的建模。最近，在风洞[413]中测量了不同风速下叶片的变形及其周围的流场(图4.5)。叶片通过流线型结构重新改变外形，这样产生的阻力比经典的 U^2 关系式增长得慢[414]。大风引起的树木振动是造成树木损坏的主要原因之一，揭示这些日常生活物理现象有助于人们应对环境挑战。

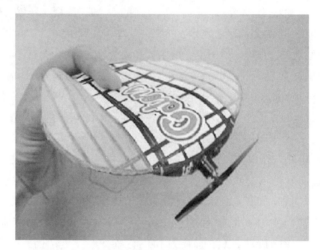

图 4.5 柔性翼 MAV,6in(15cm)。来自 Ifju 等[17]

自然界中柔性结构的设计可以应用于 MAV。采用与蝙蝠翅膀相似的柔性翼设计(图4.6和图4.7)，可以提升 MAV 的性能，特别是在大迎角时的被动形状适应，会造成延迟失速[147,406]。图4.8改编自 Waszak 等[406]，比较了刚性翼和薄膜翼相对于迎角的升力曲线。三种不同的柔性翼布置如图4.7所示。单板条设计具有最大的柔性，其特点是具有较大的薄膜拉伸。相比之下，双板条设计更坚固，在气动载荷下膜的拉伸更小。六板条翅膀上覆盖着一层不可拉伸的塑料膜，进一步增加了翅膀的刚度，并减少了膜变形和振动。名义上的刚性翅膀是由一个由刚性石墨板覆盖的双板条框架构成的。在适度的迎角下，刚性翅膀和膜式翅膀都表现出相似的升力特性，并且刚性翅膀的升力系数略高。然而，膜翼的失速迎角比刚性翼高很多。这是提高 MAV 稳定性和敏捷性的关键因素。

薄膜的概念已经成功地融入了 Ifju 等[17]，以及 Stanford 等[407]设计的 MAV 中。然而，传统材料(如轻木、泡沫塑料)和单涂层材料不适合在这些小型飞行器上实现柔性机翼概念。在图4.6和图4.9所示的设计中，骨架(前缘梁和弦向板条)采用单向碳纤维和布预浸材料。这些材料同样用于需要完全弹性的结构,但会发生较大的变形。鱼竿就是这种结构的典型例子。对于薄膜,选择弹性材料来允许变形,即使是在非常小的负载下,如轻负载翅膀。这种情况下使用了乳胶橡胶板材料。整个结构的刚度可以通过板条的数量和所用的膜材料来控制。

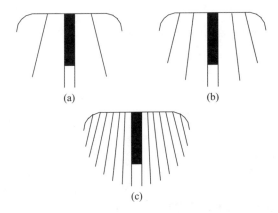

图 4.6　风洞中测试的三种柔性翼,来自 Waszak 等[406]。(a)单板条柔性翼;(b)双板条柔性翼;(c)六板条柔性翼,覆盖有不可拉伸的塑料薄膜

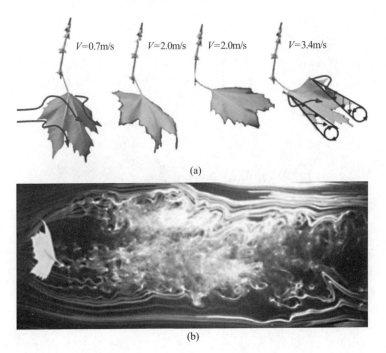

图 4.7　受控实验条件下叶子的气动弹性研究。(a)不同风速下叶子的变形;(b)迎角为 90°时,叶子后面的烟线可视化流场图。来自 Shao 等[413]

如前所述,刚性和柔性机翼的实验数据(图 4.8)与图 4.9 所示的布局相似,表

明薄膜翼在比刚性翼更高的迎角处失速。Torres 和 Mueller[162]以及第 2 章中介绍了小展弦比、低雷诺数、刚性机翼空气动力学的一些内容。图 4.8 中的升力曲线斜率约为 2.9,对应于固定支柱。Torres 和 Mueller[162]在相似的雷诺数和展弦比($Re = 7 \times 10^4$, AR = 2)下报告的类似刚性机翼的升力曲线斜率也约为 2.9。然而,这些机翼的失速角介于 12°～15°之间。柔性翼的失速角介于 30°～45°之间,与较小展弦比刚性翼的失速角相似(AR = 0.5～1.0)[159]。然而,小展弦比刚性机翼的升力曲线斜率明显较低,通常在 1.3～1.7 之间[159]。因此,柔性翼可以有效地保持理想的升力特性,同时具有更好的失速边界[406]。图 4.8 显示了由 Ifju 和佛罗里达大学的同事设计的固定柔性翼 MAV[17]。设计的总体参数见表 4.1。Stanford 等[407]以及 Shyy 等[408]综述了基于薄膜的固定翼 MAV 的发展情况。

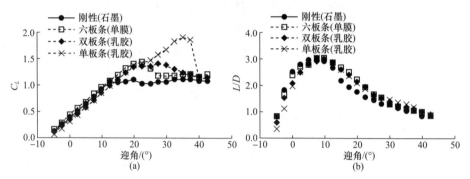

图 4.8 变刚度翼布局的气动参数随迎角的变化曲线。(a)升力系数随迎角的变化曲线;(b)升阻比随迎角的变化曲线。来自 Waszak 等[406]

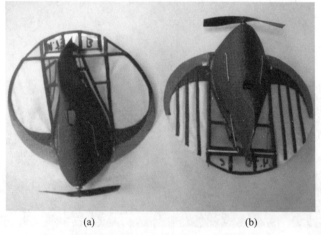

图 4.9 Peter Ifju 与佛罗里达大学的合作者共同研发的典型膜翼 MAV。(a)机翼结构就是整个外边缘;(b)机翼沿着后缘是柔性的,同时用板条加固

从工程的角度来看,柔性可用于改进飞行品质以外的目的。这些目标包括形状操纵和布局重构,以使其易操纵和易存储。传统的操纵面,如方向舵、升降舵和副翼,

几乎只用于飞行控制。通过使用分布式驱动(如压电和形状记忆材料)对翅膀进行变形或整形,可以为特定的飞行状态开发出首选的机翼形状。然而,如果机翼名义上是刚性的,这种重新配置将需要大量的权限和动力。机翼的柔性使得这种分布式驱动具有数量级较小的权限。例如,翅膀上的单个板条可以由形状记忆合金、压电材料或传统执行机构(如伺服机构)制成,这些执行机构可用于操纵机翼的形状和特性。

表 4.1 佛罗里达大学 MAV 的总体详细参数

翼展	4.5ft
机身长度	4.5ft
起飞质量	45g
发动机	Maxon Re10
螺旋桨	U-80(62mm)
RC 接收器	PENTA,有定制半波天线
最大任务半径	0.9mile
视频发送器	SDX-22 70mw
摄像机	CMOS 相机(350 行分辨率)

图 4.10 展示了一个使用变形技术的模型。它用一根螺纹将翼尖连接到飞机

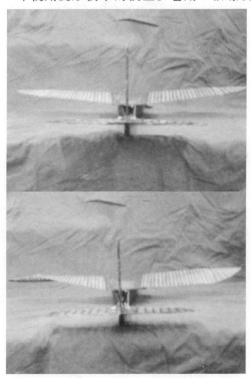

图 4.10 柔性翼允许翼弯曲以提高机动性[415]

机身上的伺服装置上。当飞机一侧的螺纹被拧紧时,它就像副翼一样导致机翼的迎角增加。这种驱动机构产生的横滚率比方向舵产生的横滚率要高得多。此外,它产生的几乎是纯滚动效果,很少有与偏航方向的相互作用。相关技术方法的详细信息参见 Garcia 等的文献[415]。

在某些应用中,在释放 MAV 之前,最好将其存储在小容器中。柔性翼 MAV 可以很容易地重新布局以便于存储。图 4.11 显示了一个翼展 28cm(11in)的可折叠 MAV,它可以存储在直径为 7.6cm(3in)的圆筒中。机翼前缘使用了一个弯曲的壳体结构单元,使得机翼容易向下折叠储存,同时保持向上的刚性,以承担气动载荷。这种效果类似于普通的卷尺,当卷尺从保护壳中抽出来以后,可以利用金属卷尺的弯曲来保持形状,但卷尺仍可以滚回保护壳,以适应小直径的卷轴。曲率确保了卷尺在从保护壳上展开后形成的外形是正(直)的,实际上卷尺可以在一定程度内保持悬臂式。机翼前缘曲率的作用类似于卷尺的曲率。

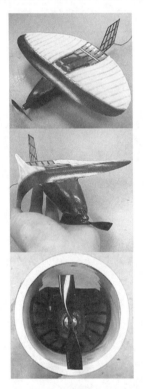

图 4.11 可折叠机翼,增强 MAV 的便携性及存储空间(Peter Ifju)

4.2 翅膀结构控制方程

作为一个例子,考虑图 3.5(a)所示的蜂鸟翅膀。流体流动和柔性翼之间的耦合动力学是一个主要的研究方向。流体流动产生压力和黏性应力,导致翅膀变形。反过来,翅膀通过形状变化影响流体流动结构,导致运动边界问题[417]。

分区分析在计算流体-结构相互作用、计算气动弹性领域非常流行。采用这种方法的一个主要动机是,可以开发和使用最先进的流体和结构求解器,并通过微小的修改将它们重新组合,以允许各个求解器的耦合。所得到的耦合方案的准确性和稳定性依赖于适当的接口策略的选择,这取决于应用类型。任意的动态耦合方案的关键要求是:①流体-结构边界的运动连续性,这导致浸湿表面的质量守恒;②流体-结构边界的动态连续性,这解释了边界任一侧的单位面积力矢量的平衡。这导致浸润表面的线动量守恒。流体-结构交界面的能量守恒要求同时满足这两个连续性条件。流体和结构相互作用的主题是广泛的。Friedmann[418]、Livne[419]和Chimakurthi等[420]最近的综述提供了重要信息和相关参考资料。

考虑到翅膀变形,有必要求解翅膀结构的控制方程。有各种各样的翅膀结构模型,模型的选择取决于感兴趣的问题。在本节中,将翅膀结构视为梁、膜、各向同性平板和壳体。各小节给出了各结构模型的控制方程。

4.2.1 线性梁模型

众所周知,线性梁理论是对结构线性弹性理论的一种简化,它可以被看成是一个很大的一维结构,其宽度比其长度小。它将假定较小的梁的挠度与横向荷载联系起来。对于动态线性梁,横向挠度 $w(x,t)$ 由 Euler-Bernoulli 梁方程表示为

$$\rho_s h_s \frac{\partial^2 w}{\partial t^2} + \frac{E h_s^3}{12} \frac{\partial^4 w}{\partial x^4} = f_{\text{ext}} \tag{4.1}$$

式中:ρ_s 是翅膀的密度;h_s 是翅膀的厚度;E 是弹性模量;f_{ext} 是垂直方向上单位长度上分布的外力。公式(4.1)中假设了均匀翅膀特性。线性梁理论已广泛应用于气动弹性力学领域,用来模拟和研究飞机机翼的动态结构响应和稳定性[333]。

4.2.2 线性翼膜模型

作为说明,考虑图4.12中的膜翼,图中所示的膜翼在自由来流中运动。膜翼的分析始于 Voelz[421]、Thwaites[422] 和 Nielsen[423] 的历史著作。这些工作考虑了在松弛的不可拉伸膜上的定常二维无旋流。由于不可拉伸假设以及小弯度和小迎角的附加假设,膜翼边值问题被线性化,可以用无量纲积分方程形式简单地表示为

$$1 - \frac{C_T}{2} \int_0^2 \frac{\dfrac{d^2(y/\alpha)}{d\xi^2}}{2\pi(\xi-x)} d\xi = \frac{dy/\alpha}{dx} \tag{4.2}$$

式中:$y(x)$ 将膜轮廓定义为 x 坐标的函数;α 是流动迎角;C_T 是张力系数;ξ 是膜翼表面的弧长。公式(4.2)被 Chambers[424] 称为"Thwaites sail 方程",并被 Greenhalgh

等[425]以及 Newman[426]简称"sail 方程"。该方程与无量纲几何参数 ε 一起,完全定义了定常无黏流场中不可拉伸膜翼的线性化理论。参数 ε 表示初始平坦的和拉紧的膜的多余长度,定义如下:

$$\xi = \frac{L_0 - c}{c} \tag{4.3}$$

式中:L_0 是膜的未受拉长度;c 是弦长。从图 4.13 可以更好地理解这些符号的含义。

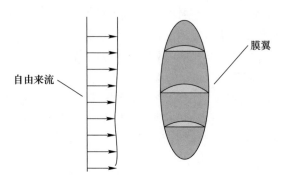

图 4.12　自由来流中的有限翼展膜翼示意图[406]

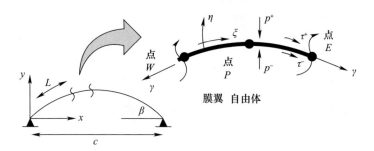

图 4.13　前缘约束弹性膜

不同的分析和数值方法已应用于基本方程组,以确定膜的形状,空气动力学特性,以及从迎角和余长方面来考虑的膜张力。特别要指出的是,Thwaites[422]获得了与理想迎角翅膀相关的 sail 方程的本征解。Nielsen[423]用傅里叶级数方法得到了同一方程的解,该方法对迎角不同于理想角的翅膀也有效。最近类似的研究有 Greenhalgh 等[425],Sugimoto 和 Sato[427]以及 Vanden - Broeck 和 Keller[428]。近年来,线性理论的各种推广出现在文献中。Vanden - Broeck[429]以及 Murai 和 Maruyama[430]发展了适用于大弯度和大迎角的非线性理论。弹性效应已包含在 Jackson[431]和 Sneyd[432]的膜翼理论中,Murata 和 Tanaka[433]研究了膜孔隙效应。在 de Matteis 和 de Social[434]的一篇论文中,采用通过实验确定的分离点来修正升力势流问题,试图模拟后缘附近的流动分离。Newman[426]对 1987 年之前发表的有关膜翼空气动力学的工作进行了全面回顾。

包括 Greenhalgh 等[425]、Sugimoto 和 Sato[427] 以及 Newman 和 Low[141] 在内的几位作者报道了各种基于势流的膜翼理论与实验数据之间的吻合程度。一般地,不同作者的测量值之间存在很大差异[431],这些测量值都处于雷诺数 10^5 和 10^6 之间的湍流状态。报告数据的差异主要是由于雷诺数和实验方法的差异,基于势流的膜理论与数据之间的一致性是混杂的。特别是当余长比小于 0.01,迎角小于 5°时,测得的升力与预测值吻合很好。然而,即使在这个有限的值范围内,测量的张力也明显小于理论预测的张力。此外,对于较大的余长和迎角,理论对升力和张力的预测很差。

这种不一致的主要原因是黏性效应的存在,黏性效应显著影响翅膀上的力分布,从而影响翅膀的有效形状。为了说明柔性结构动力学对气动力的响应,考虑了承受法向应力和剪应力的二维弹性膜的平衡方程。如 Shyy 等[417] 所述,膜被认为是无质量的,平衡条件用瞬时空间笛卡儿坐标系和贴体曲线坐标系表示。公式基本上与许多先前出版的作品相同,如 de Matteis 和 de Socio[434] 以及 Sneyd[432]。

图 4.13 所示为在前后缘受约束的,并且分别受法向和切向表面力 p 和 τ 的弹性膜。在法向和切向施加平衡要求:

$$\frac{d^2y}{dx^2}\left[1+\left(\frac{dy}{dx}\right)^2\right]^{-3/2} = -\frac{\Delta p}{\gamma} \tag{4.4}$$

$$\frac{d\gamma}{d\xi} = -\tau \tag{4.5}$$

式中:γ 是膜张力。方程(4.4)是笛卡儿坐标系下的"Young-Laplace 方程"。作用在膜段上的净压力和剪应力分别由下式得出:

$$\Delta p = p^- - p^+ \tag{4.6}$$

$$\tau = \tau^- - \tau^+ \tag{4.7}$$

式中:上标 + 和 - 分别表示膜上、下表面的值。如果假定膜材料是线性弹性的,则可以用膜的名义应变 $\bar{\delta}$ 将膜的名义张力 $\bar{\gamma}$ 表示为

$$\bar{\gamma} = (S^0 + E\bar{\delta})h_s \tag{4.8}$$

式中:S^0 为膜预应力;E 为弹性模量;h_s 为膜厚度。膜的名义应变由下式得出:

$$\bar{\delta} = \frac{L - L_0}{L_0} \tag{4.9}$$

式中:L_0 是膜的无应变长度;L 是变形后膜的长度,可以用空间笛卡儿坐标系表示为

$$L = \int_0^c \sqrt{1+\left(\frac{dy}{dx}\right)^2}\,dx \tag{4.10}$$

式中：c 是弦长。

在引入以下无量纲变量后，气动弹性边界值问题可以用无量纲形式表示：

$$x^* = \frac{x}{c} \tag{4.11}$$

$$y^* = \frac{y}{c} \tag{4.12}$$

$$P = \frac{p}{\rho U_{\text{ref}}^2} = \frac{p}{q_\infty} \tag{4.13}$$

$$\gamma^* = \frac{\gamma}{S^0 h_s}, \gamma^* = \frac{\gamma}{E h_s} \tag{4.14}$$

公式(4.14)用于膜张力的无量纲化，取决于张力是由预张力还是由弹性应变控制的。当膜张力由弹性应变控制时，得到的无量纲平衡方程为

$$\frac{d^2 y^*}{dx^{*2}}\left[1+\left(\frac{dy^*}{dx^*}\right)^2\right]^{-3/2} = -\frac{1}{\Pi_1}\frac{\Delta P}{\gamma^*} \tag{4.15}$$

式中：有效刚度 Π_1 定义为

$$\Pi_1 = \frac{E h_s}{q_\infty c} \tag{4.16}$$

当膜张力以预张力为主时，由公式(4.4)可以得出以下无量纲方程：

$$\frac{d^2 y^*}{dx^{*2}}\left[1+\left(\frac{dy^*}{dx^*}\right)^2\right]^{-3/2} = -\frac{1}{\Pi_{1,\text{pret}}}\frac{\Delta P}{\gamma^*} \tag{4.17}$$

式中：有效的预张力 $\Pi_{1,\text{pret}}$ 定义为

$$\Pi_{1,\text{pret}} = \frac{S^0 h_s}{q_\infty c} \tag{4.18}$$

如果二维膜的两端是固定的，则无量纲形式的边界条件为

$$y^* = 0 \; (x^* = 0,1) \tag{4.19}$$

关于气动弹性参数 Π_1 和 $\Pi_{1,\text{pret}}$ 的物理意义，在无预张力的情况下，初始平坦弹性膜的无量纲变形与 Π_1 成反比。在存在较大初始预张力的情况下，膜的无量纲变形与 $\Pi_{1,\text{pret}}$ 成反比。因此，在规定的迎角条件下，初始平面膜翼的定常无黏气动弹性响应在消失预张力极限下仅由 Π_1 控制，而在消失材料刚度极限下仅由 $\Pi_{1,\text{pret}}$ 控制。同样地，Song 等[435]也提出了气动载荷作用下膜弯度的理论模型，并给出了无量纲气动载荷的表达式，用 Weber 数表示，可以得到：

$$We = \frac{\Delta p c}{E h_s} = 2\left(\frac{S^0}{E h_s} + \frac{\bar{\delta}}{c}\right)\sin\beta \tag{4.20}$$

式中:β 是在前缘和后缘处的接触角(图 4.13)。

这种缩比分析是基于无质量结构的。如果考虑翼型质量,则需要考虑惯性缩比。在弹性和惯性缩比之间,还可以推导出结构固有频率。

4.2.3 超弹性翼膜模型

橡胶状材料可用于覆盖 MAV 设计的刚性骨架,以获得机翼的柔性(图 4.6)。在工况范围的雷诺数下,观测到的这种材料的大变形表明,线性弹性假设可能是无效的。为了解决这一问题,采用了描述三维薄膜材料性能的超弹性模型[162]。超弹性材料的应力-应变曲线是非线性的,但在塑性极限内加载和卸载时遵循相同的路径(其塑性极限明显高于金属)。与前面讨论的二维线性模型相比,三维薄膜模型引入了一些复杂的因素。首先,对于三维薄膜,张力定义为沿主应力线的双轴张力[436]。其次,几何和材料特性可能沿翼展方向变化,需要详细描述。最后一个因素是膜的压缩性,当其中一个主张力消失时会导致褶皱。另外,在求解膜运动动力学方程时,需要考虑膜的质量。

Oden 和 Sato[437] 提出了大变形膨胀膜静态平衡的有限元分析。Jenkins 和 Leonard[438] 对早期的膜动力学分析工作进行了回顾。Jenkins[439] 提出了膜动力学最新模型。Verron[440] 通过数值和实验方法研究了橡胶状薄膜的动态膨胀。Ding 等[441] 对部分起皱膜进行了数值研究。

在最近的一项研究中,Stanford 等[442] 提出了用于 MAV 设计的三维膜的精确线性模型。他们的实验测量表明,最大应变值很小,因此他们构建了以膜翼的预应变值为中心的应力-应变曲线的线性近似。用于薄膜建模的线性本构方程为 Poisson 方程:

$$\frac{\partial^2 W}{\partial x^2} + \frac{\partial^2 W}{\partial y^2} = -\frac{p(x,y)}{T} \tag{4.21}$$

式中:W 是反相膜位移;$p(x,y)$ 是施加的压力(这种情况下是翼载荷);T 是单位长度的膜张力。在刚性翼上计算气动载荷,并将其输入结构模型,假设膜翼形状的变化不会明显地引起压力场的重新分布。他们的实验数据和计算结果之间取得了很好的一致性。

Lian 等[163] 发展了一个三维薄膜模型。该模型对大变形膜动力学有较好的效果,但对膜压缩时出现的褶皱现象处理能力有限。所考虑的膜材料遵循超弹性 Mooney – Rivlin 模型[443]。接下来简要回顾了它们的膜模型。

Mooney – Rivlin 模型是最常用的超弹性模型之一,因为它数学形式简单,对相当大的应变(小于 150%)具有较好的精度[443]。对于最初各向同性的膜,Green 和 Adkins[444] 定义了应变能函数 W,即

$$W = W(I_1, I_2, I_3) \tag{4.22}$$

式中:I_1、I_2和I_3分别是Green变形张量的第一、第二和第三不变量。有关模型、验证和数值方法的更多详细信息,请参阅文献(如文献[154,160,440])。

4.2.4 平板和壳模型

平直三维翼可以被建模为一个板,该板允许展向和弦向的弯曲和扭转。对于薄的各向同性平板,小横向位移由经典板方程控制为

$$\rho_s h_s \frac{\partial^2 W}{\partial t^2} + \frac{E h_s^3}{12(1-\nu^2)}\left(\frac{\partial^4}{\partial x^4} + 2\frac{\partial^4}{\partial x^2 \partial y^2} + \frac{\partial^4}{\partial y^4}\right)W = f_{ext} \qquad (4.23)$$

式中:W为横向位移;ρ_s为密度;h_s为厚度;E为弹性模量;ν为机翼的泊松比;f_{ext}为垂直方向上单位长度上分布的外力。

最一般的结构类,包括前面介绍的模型,是壳模型。将薄壳模型化为弯曲二维结构,同相和反相位移通过其曲率耦合。壳体有限元可以承受弯曲力和薄膜力。利用薄壳有限元(FE)模型,Nakata和Liu[445]研究了各向异性柔性天蛾翅膀在空气中拍动时的非线性动力响应,Chimakurthi、Cesnik和Stanford[446]模拟了小应变和大位移/旋转情况下的拍动板/壳状机翼结构。

为了进一步完善翅膀等极度柔性结构的各向异性的、加强板条力学特性的结构模型,并更好地理解由此产生的流体-结构相互作用的动力学特性,还需要进行更多的研究。

4.3 柔性翼缩比参数

如前文1.2节所述,量纲分析得到的缩比参数有助于通过Buckingham定理辨识出模型的关键特征,并将相关参数的数量减少到足够数量的组合[333,447-449]。在某些情况下,从量纲分析中得到的结果可以简化为一个更简单的关系,并减少参数个数,以此作为正在考虑的特殊问题的一个特性。这种量纲分析产生的无量纲参数可以辨识相似变量,即使缺少完备的数学解,这些相似变量也可能具有临界值[447]。

一般地,对于扑动式刚性机翼框架(如第3章所述),流体的控制方程中出现了两个无量纲参数,如雷诺数和减缩频率(或斯特劳哈尔数)。在柔性扑翼空气动力学领域,大量使用缩比参数的努力增加了我们对柔性与由此产生的空气动力学之间复杂相互作用的认识。然而,根据模型类型和控制方程,所得到的缩比参数集可能会有所不同。例如,对于柔性扑翼,Shyy等[450]考虑了基于Navier-Stokes方程和各向同性平板的平面外运动耦合的扑翼气动弹性系统。Ishihara等[451-452]引入了从缩比理论(Navier-Stokes方程和线性各向同性弹性方程)得到的描述流体动压力与弹性反作用力之比的Cauchy数,并给出了时均升力与柯西数之间的关

系。Thiria 和 Godoy – Diana[453]以及 Ramananarivo、Godoy Diana 和 Thiria[454]介绍了弹性惯性数,并使用缩比理论将其定义为惯性力和弹性恢复力之间的比值,并基于一种在空气中有柔性翼的自推动扑翼飞行器的飞行速度测量值说明了时均推力和弹惯性数之间的关系。由于空气和机翼之间的密度比很高($O(10^3)$),机翼的弹性变形主要由机翼惯性平衡。此外,Ramananarivo 等[454]将气动立方非线性阻尼项与空气动力学性能中的柔性效应联系起来。然而,任何研究都很难涵盖扑动柔性翼系统的所有参数空间。例如,密度比对柔性扑翼的力产生的影响尚未得到充分解决。理想情况下,应以系统的方式绘制涉及流体 – 结构相互作用缩比参数的参数空间,以理解柔性和密度比对耦合系统的力产生和推进效率的影响。然而,如下所示,所涉及的无量纲(缩比)参数的数量很大,使得检查所有组合几乎不可能实现。因此,需要深入理解,以便努力创建这些缩比参数的适当组合。

我们考虑了与 Shyy 等[450-455]和 Kang 等[351]提出的柔性扑翼流体动力学系统相关的物理量。共有 13 个变量(图 3.5(a)):流体密度 ρ 和流体黏度 μ,流场的参考速度 U_{ref},翅膀几何结构的半展长 R、平均弦长 c_m 和厚度 h_s,翅膀结构的密度 ρ_s、弹性模量 E 和泊松比 ν、扑动(沉浮运动)幅值 $\phi_a(h_a)$、扑动频率 f、几何迎角 α,以及总的气动力 F。3 个基本量纲产生 10 个无量纲参数。以 ρ、U_{ref} 和 c_m 为基础变量,独立表示基本量纲,量纲分析得出表 4.2 所列的无量纲参数。由此产生的一组无量纲参数包括扑翼空气动力学界的大部分已知参数;然而,还有其他无量纲参数。更重要的是,其中一些无量纲参数以不同的方式与飞行器的物理尺寸成比例。如 1.2 节所指出的,不同无量纲参数与扑动翅膀的尺寸、速度和其他参数之间的不同比例关系在使用不同尺寸的实验室模型时构成了根本困难:随着翅膀的物理尺寸和速度的变化,比例参数的变化不同,使保持动态相似性的实验几乎不可能实现。

尽管表 4.2 提供了一套完整的基于所选有量纲量的无量纲参数,但也可通过组合这些无量纲参数得出其他的参数。例如,公式(3.14)给出的前进比 J 是由斯特劳哈尔数得出的。另一个例子是有效惯量 $\varPi_0$(式 4.24):

$$\varPi_0 = \rho^* h_s^* (k/\pi)^2 \qquad (4.24)$$

后面经常用此公式来讨论柔性翼气动力的缩比,它是 ρ^*、h_s^* 和 k 的组合。另外两个比较重要的无量纲参数是频率比 f/f_1,即运动频率与翅膀的第一阶固有频率之比,以及无量纲参数翼尖变形参数 γ,它随气动性能而变化。表 4.2 所列的无量纲参数与这两个参数之间的关系将在 4.5 节中推导。此外,随着机械系统范围的扩大,会出现额外的无量纲参数。如 Shyy 等[450]所讨论的,如果将翅膀考虑成各向异性剪切变形板,则会出现一个额外的无量纲参数,它描述旋转惯性力和空气动力之间的比率。该有效转动惯量 $\varPi_2$ 被定义为

$$\Pi_2 = I_B / (\rho U_{ref}^5) \tag{4.25}$$

式中:I_B 是质量惯性矩。文献[24]中多次考虑了扭转对气动性能的影响。

表 4.2 柔性翼空气动力学无量纲参数列表

无量纲参数	符号	定义	注释
雷诺数	Re	$\rho U_{ref} c_m / \mu$	
展弦比	AR	R/c_m	
厚度比	h_s^*	h_s/c_m	
密度比	ρ^*	ρ_s/ρ	
泊松比	ν	ν	
有效刚度	Π_1	$E h_s^{*3} / [12(1-\nu^2)\rho U_{ref}^2]$	板
		$E h_s^{*3} / (12\rho U_{ref}^2)$	梁
		$E h_s^* / (\rho U_{ref}^2)$	膜翼
有效预应力	$\Pi_{1,pret}$	$S^0 h_s^* / (\rho U_{ref}^2)$	
有效转动惯量	Π_2	$I_B / (\rho U_{ref}^5)$	
减缩频率	k	$\pi f c_m / (U_{ref})$	
斯特劳哈尔数	St	$\phi_a AR k / \pi$	扑动
		$h_a k / (c_m \pi)$	沉浮运动
有效迎角	α_e	$a + \operatorname{atan}(2\pi St)$	沉浮运动
力系数	C_F	$F / \left(\dfrac{1}{2}\rho U_{ref}^2 c_m^2 AR \right)$	

柔性翼结构可局部建模为一个在气动载荷作用下由于柔性而振荡的梁(见公式(4.1))。按照与第 3 章相同的无量纲化过程,公式(4.1)变成

$$\rho^* h_s^* \left(\frac{k}{\pi}\right)^2 \left(\frac{l}{c_m}\right) \frac{\partial^2 w^*}{\partial t^{*2}} + \Pi_1 \left(\frac{c_m}{l}\right)^3 \Delta^{*2} w^* = f_{ext}^* \tag{4.26}$$

特别要注意翅膀弯曲方向,因为展向弯曲的正确参考长度是半翼展 R 而不是弦长 c_m。产生的修正系数表示为 (l/c_m),其中 $(l/c_m) = 1$ 表示弦向柔性翼型(4.4.2.1 节),而 $(l/c_m) = AR$ 表示展向柔性翼型(4.4.2.2 节)或各向同性 Zimmerman 翼型(4.4.2.3 节),其中 AR 表示翅膀的展弦比;对于三维翅膀,弯曲运动沿 R 对齐,因此,需要一个 AR 系数来重新使横向位移正规化。公式(4.26)中出现的所有无量纲参数与表 4.2 中列出的参数一致。有效刚度 $\Pi_1 = E h_s^{*3}/(12\rho U_{ref}^2)$ [450] 给出了弹性弯曲力与流体动力之间的比值。板和膜的等效有效刚度很容易找到,分别为 $E h_s^{*3}/[12(1-\nu^2)\rho U_{ref}^2]$ 和 $E h_s^*/(12\rho U_{ref}^2)$。式(4.26)中惯性项的系数,简称"有效惯性",为 Π_0。最后,通过一个待确定的关系式给出力系数。

$$C_F = \tilde{\Psi}(Re, AR, h_s^*, \rho^*, \Pi_1, k, St) \tag{4.27}$$

4.4 弹性结构动力学和空气动力学的相互耦合

4.4.1 固定膜翼

在膜翼研究中,许多早期的工作都集中在基于固定翼的飞行器上[207]。对膜翼 MAV 来说,特别重要的是翅膀蒙皮被动地改变形状以适应飞行条件的能力。Shyy 等[408]全面回顾了 MAV 的性能特征,特别强调了小展弦比和低迎角对 TiV、层流附面层分离、失速特性以及 MAV 振动的影响。Ifju 等[17]介绍了各种柔性翼 MAV 的设计和制造方法,并证明了柔性翼设计的自适应特性极大地提高了稳定性,降低了阻力。

Shyy 等[456]比较了低雷诺数薄膜和刚性翼型在升阻比方面的性能。他们研究了在振荡的自由流中名义弯度均为 6% 的三种翼型,一种是刚性翼型,一种是膜基翼型,第三种是前两种翼型的混合翼型。为了模拟阵风的影响,自由流中的振荡被调整为 25% 或更大,自由流的正弦振荡频率为 1.7 Hz。采用线性膜模型解释翼型的柔性。混合翼型是在膜下方加一个弯曲的金属丝网建造的,这样它可以实现大于 6% 的弯曲变形,但弯度不能小于该值,因为金属丝网结构阻止了弯度的减少。基于翼弦长和平均风洞速度的雷诺数为 7.5×10^4。所有三个翼型的实验在 7° 的迎角下进行,结果如图 4.14 所示。基于 Navier-Stokes 方程和两方程湍流模型,结合动网格技术,对不同构型的膜翼型和混合翼型进行了详细的数值模拟以追踪其外形变化。

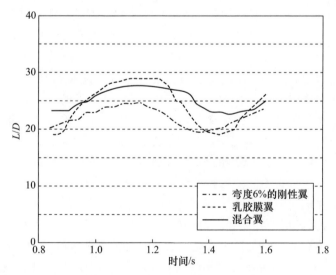

图 4.14 刚性翼、柔性翼和混合翼在 $Re = 7.5 \times 10^4$,AoA = 7°时的 L/D 实验结果。在 35.4ft/s 时,乳胶膜翼的弯度约为 6%。混合翼有一个弯曲的丝网弯度止动。来自 Shyy 等[456]

Shyy 等[456]发现,在适当的迎角下,刚性翼型上的气流始终附着在翼型表面,升阻比跟随自由流振荡。当迎角增加到 7°时,会发生大量的气流分离,导致刚性翼型的有效形状发生改变。随着迎角的增大,C_L 也趋于增大,但由于流动分离,升阻比减小。当流动在更高的迎角处分离时,翼型对非定常自由流的敏感性较低。在不同迎角下,刚性翼型和柔性翼型之间的升力系数是类似的,但柔性翼型的升阻比较高。对于膜式翼型,当迎角为 7°时,气流分离被限制在前缘,从而产生更好的空气动力学性能。然而,柔性膜会产生一些负面效应。当自由流速度在振荡周期内达到其较低值时,柔性膜的弯度趋于坍塌,整个表面发生了大规模的分离。这种现象是由于膜上、下表面之间的压差较小,因此性能明显下降。

混合翼型的结果很有趣,因为它有一个弯曲的丝网止动以防止弯度变得太小。对于较低的迎角,由于翼附近的流场没有分离,因此混合翼相关的气动特性基本上与柔性翼型的气动特性相同。然而,当迎角增加时,与柔性翼型相比,混合翼型的特性明显更好。与刚性翼型相比,混合翼型的分离区更小,与柔性结构相比,混合翼型对自由来流波动的敏感性降低。

膜翼非定常结构响应的计算研究[469]如图 4.15(a)所示。该图通过显示瞬时和平均膜偏转差异的 $x-t$ 图显示膜振荡。膜在 AoA = 4°处名义上是静止的,因为气流在翅膀的大部分是定常的(图 4.15(b))。在 AoA = 8°时,产生第三模式驻波响应。在较高的迎角(12°~20°)处,膜结构响应表现出由结构模态组合引起的较不规则行为。偏转的最大峰 - 峰幅值随着迎角值的增加而增大,迎角增加值是弦长的 0.07 倍。

为了了解膜运动对流场的影响,在 AoA = 20°时对刚性膜进行了计算研究[470]。图 4.16 比较了这两种情况下的平均解和非定常解。刚性(图 4.16(a)和(c))和动态(图 4.16(b)和(d))情况的平均解表明,刚性膜周围的流场表现出更大和更强的失速涡,以及位于翼型下游 $x = 0.171$ 至 $x = 0.44$ 之间的更大的二次分离气泡。在与涡流卷起有关的后缘附近也有一个符号相反的强涡度区域。刚性平均流和动态平均流之间的显著差异源于图 4.16(f)和(g)所示的非定常流场的明显变化。膜的动态运动激励前缘的分离剪切层,使其更快卷起并形成一系列更小的涡流(图 4.16(g))。在动态情况下,TEV 的强度也降低,倾向于在下游和远离后缘的位置形成,这减少了它对翼型的影响。刚性和动态流场之间的这些变化导致翼型周围的平均压力分布不同。这种差异在上表面更大,在上表面,刚性翼呈现出完全失速流的平坦的压力分布特性,但在后缘附近观察到 TEV 影响的情况除外。相比之下,动态情况显示出翼前部有很强的吸力区域,但下游的压力值更高。因此,动态运动的总体影响似乎是翼型失速的延迟,与刚性翅膀相比,升力增加 8%,阻力减少 15%。进一步研究动态结构响应对整体空气动力学的影响是有必要的,因为这可能为被动流动控制提供一种手段,通过明智的气动弹性裁剪提供改进的翼型性能。

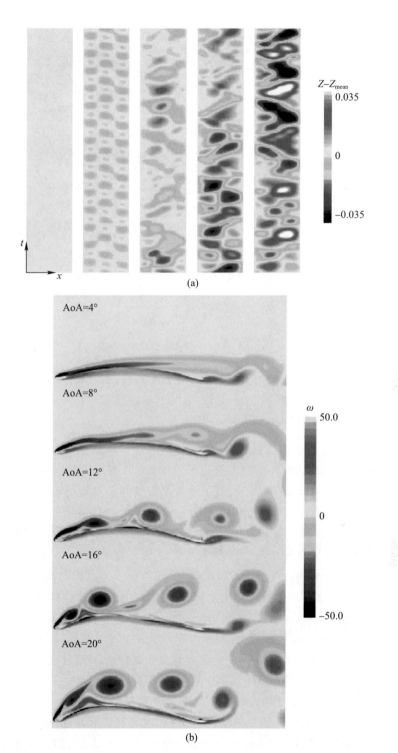

图 4.15　(a)平均膜偏转扰动的 $x-t$ 图;(b)不同迎角时的瞬时涡量。来自 Gordnier[469]（见彩图）

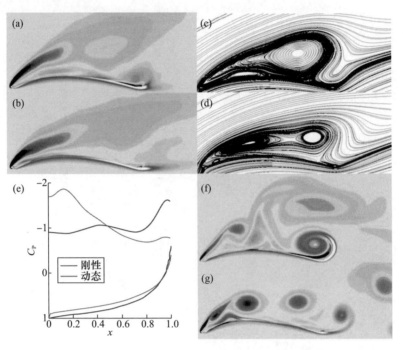

图 4.16 当 AoA = 20°刚性((a)、(c)、(f))和动态((b)、(d)、(g))膜翼解的对比。(a)、(b)平均涡量;(c)、(d)平均流线;(e)表面压力系数;(f)、(g)瞬时涡量。来自 Gordnier[469](见彩图)

被 Albertani 等称之为"适应性外洗[457]"的效应可以减少阻力,改善失速性能,并允许被动阵风抑制。有几个因素决定膜翼 MAV 的飞行性能,包括骨架布局、刚度和膜预应变。Abudaram 等[458]研究了板条厚度和间距对飞行中的 MAV 的影响,结果表明,薄(不太硬)的板条会带来翅膀弯曲的降低和自适应外洗。Rojratsirikul 等[459]实验研究了膜预应变和余长对二维膜翼流固耦合的影响。他们测试了翼预应变为 0、2.5% 和 5%,迎角的变化范围为 9°~30°,流速为 5m/s、10m/s 和 15m/s ($Re = 5 \times 10^4 \sim 1.5 \times 10^5$)等情况。低流速时,时均膜张力以膜预紧为主,在所有预紧情况下,膜张力逐渐增加到均匀值。研究还表明,预紧模型具有较大的流动分离区域。

Hui 等[460]研究了结构刚度对 MAV 气动响应的影响($Re = 7 \times 10^4$)。他们用相同的翼型制造了五架 MAV;第一架完全由单向碳纤维作为刚性基础制成,而其余四架则被建造成板条加强膜 MAV。板条的数量在不同的模型之间有所不同,分别为 1、2、3 和 10。他们结合 PIV 测量分析了各种结构的空气动力学性能。结果表明,单板条模型等刚度极低的板条加强膜 MAV 在飞行过程中过于灵活,无法保持翼型形状,模型的升阻比 L/D 最小。与刚性翼模型相比,其余的板条加强模型提供延迟失速、减阻和更高的升阻比 L/D。研究还表明,板条显著增加,刚度显著增加,因此,如 10 板条模型那样,提供了与刚性翼模型非常相似的空气动力性能。PIV 测量表明,在 AoA > 10°时,刚性翼型经历了流动分离,而板条加强模型变形,降低了有效迎角,并允许流动保持更长的附着。BR 模型的膜表面振动以低迎角(AoA < 10°)为特征。

Lian 和 Shyy[154]通过计算将刚性翼的气动性能与板条加强型 MAV 的气动性能进行了比较,表明它们具有类似的预压性能,而膜式 MAV 则显示失速延迟和失速后升力增加。Stanford 等[461]使用定常计算来表征膜翼的偏转。他们将计算的膜翼 MAV 压力分布和静态结构偏转与视觉图像相关(VIC)结果进行了比较。他们认为,Hooke 定律是近似拉伸膜的预应力的一种精确的方法,尽管橡胶橡胶具有超弹性材料的特性。

Galvao 等[462]在雷诺数范围为 $7 \times 10^4 \sim 2 \times 10^5$ 和迎角范围为 $-5° \sim 60°$ 的条件下测量了柔性矩形膜翼的升力、阻力和偏转。翼由一层柔韧的乳胶膜组成,该乳胶膜夹在位于前缘和后缘的两个不锈钢柱之间。他们总共测试了四个翼模型:一个薄的非柔性翼,由钢垫片组成(图 4.17 和图 4.18 中 RW02),使用厚度为 0.25mm 和 0.15mm 的乳胶橡胶板的两个柔性膜翼(图 4.17 和图 4.18 中分别标记为 EW01 和 EW006),以及一个乳胶膜翼(0.25mm 厚),其中膜的松弛度为 6%(图 4.17 和图 4.18 中 EW01s)。图 4.17 描述了实验的升力系数。柔性翼的升力线斜率比刚性翼大,而较薄的柔性翼的升力线斜率比较厚柔性翼大。翼偏转测量表明,这种更大的升力线斜率是由于柔性翼的弯度增加;这与数值结果一致[158]。由于较薄的柔性翼比较厚的柔性翼拉伸的程度更大,因此在同一迎角上具有更大的弯度,从而产生更大的升力系数。图 4.8 表明膜翼具有与刚性翼相似的升力线斜率,图 4.17(a)表明柔性翼具有比刚性翼更大的升力斜率。这个看似矛盾的结论是由于不同的实验设置导致。图 4.8 基于具有自由后缘的 MAV 的测量,该后缘在力作用下可以向上倾斜[406]。正如 Lian 和 Shyy[154]所指出的,后缘偏转降低了有效迎角。

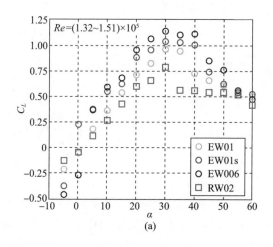

(a)

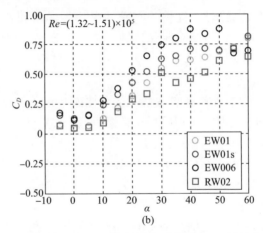

图 4.17 不同柔度矩形翼的升力系数和阻力系数:RW02,刚性钢板翼;EW006 和 EW01,薄的和厚的橡胶翼;EW01s,松弛度为 6% 的橡胶翼[462](见彩图)

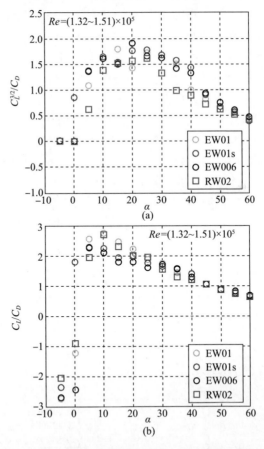

图 4.18 不同柔度四个矩形翼测量功率效率和升阻比:RW02,刚性钢板翼;EW006 和 EW01,薄的和厚的橡胶翼;EW01s,松弛度为 6% 的橡胶翼[462](见彩图)

弯度、有效迎角和升力之间的相互作用非常复杂。在失速前,Waszak 等的实验发现柔性结构的有效迎角更小,这是由于后缘不固定,有效弯度相应减小。相反地,在 Galvao 等[462]的实验中,后缘是固定的,从而产生更高的弯度。他们报告说,柔性翼可以将失速迎角延迟 2°~8°,这与 Waszak 等[406]的观察结果定性一致。失速后,与刚性翼相比,柔性翼的升力系数下降的程度减弱。接近失速时,观察到翼弯度减小。弯度的降低减弱了分离的严重程度,从而延迟了升力的急剧下降。这种特性使翼能够在高迎角时维持高升力。此外,柔性翼在 5°~55°的迎角范围产生更多升力。由于两个可能的原因,柔性翼也会产生更多的阻力(图 4.17)。首先,扩大的弯度增加了形状阻力。其次,高频波动和振动加剧了阻力。当后缘不固定时,这种振动变得更加明显,并有可能导致颤振。正如之前所解释的,在缓慢向前飞行的过程中,蝙蝠只能稍微弯曲翅膀以避免颤振。柔性翼在功率效率($C_L^{3/2}/C_D$)方面也显示出其在较宽迎角范围内的优势(图 4.18(a))[462]。这在更高的迎角下更明显。然而,在飞行气动效率(C_L/C_D)方面,柔性翼的性能与刚性翼相当(图 4.18(b))。

Lian 和 Shyy[463]对柔性翼空气动力学进行了数值研究。在他们的实验中,翼型的上表面覆盖着一层沿弦长延伸范围为 33%~52% 的膜。膜上不施加预紧力。膜的厚度不变,为 0.2mm,密度为 1200kg/m³,被认为是超弹性材料。在 AoA = 4°和 $Re = 6 \times 10^4$ 情况下进行计算研究。据观察,当气流通过柔性表面时,表面会发生自激振荡,翼型会随着时间的推移呈现不同的形状(图 4.19)。分析表明,横向速度的大小可达到自由流速度的 10%(0.3m/s)。在振动过程中,能量从壁面传递到流动中,分离的流动被激发。与相应的刚性翼模拟相比,表面振动使分离和转捩位置显示出 6% 弦长大小的标准差。

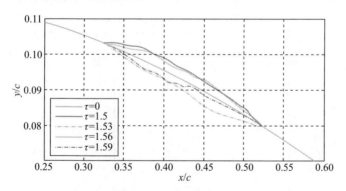

图 4.19 定常来流时不同时刻膜翼的外形。外形变化改变了翼的有效弯度,τ 是无量纲时间,定义为 tc/U[463](见彩图)

图 4.20 给出了膜翼升力系数的时间变化历程。尽管柔性翼的时均升力系数 0.60 与相应刚性翼的时均升力系数相当,但膜翼升力系数随时间变化,最大变化

幅度高达平均值的10%。阻力系数表现出相似的规律,但时均值与刚性翼非常类似。这些观察结果与之前在三维MAV机翼仿真中的结果一致,但是仿真时并没有使用转捩模型[154]。此外,实验证据也支持,在失速之前,薄膜翼和刚性翼表现出相当的空气动力学性能。相比之下,柔性翼可大大地延迟失速[406,462]。使用离散傅里叶变换分析,发现该柔性翼的主频为167Hz(图4.21)。考虑到翼弦长(0.2m)和自由来流速度(0.3m/s),这种情况下高振动频率不太可能影响飞行的稳定性。图4.20表明,升力系数变化的高频行为存在低频周期。这个周期的频率约为14Hz,似乎与旋涡脱落有关(图4.22)。在对6inch膜翼(即整个翼表面是柔性的)的层流流动模拟中,Lian和Shyy观察到了频率约为120Hz的自激结构振动[154];类似翼的实验测量记录的主频约为140Hz[406]。

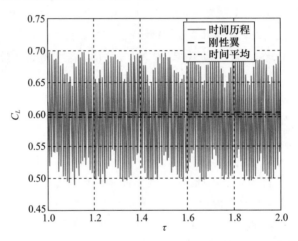

图4.20 膜翼升力系数随时间的变化,既有高频振荡也有低频振荡[463]

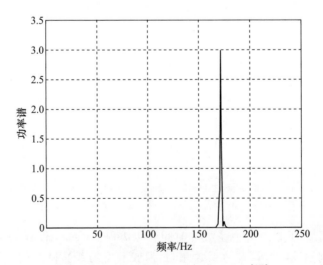

图4.21 升力的功率谱,主频是167Hz[463]

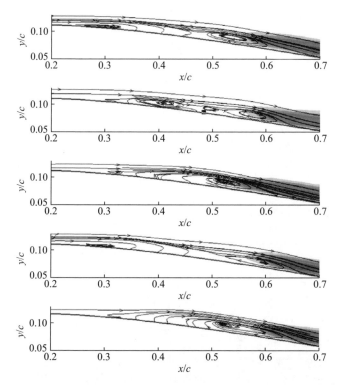

图 4.22 在 $Re = 6 \times 10^4$,AoA = 4°时膜翼的流动结构和相应的涡脱落。从上至下对应的无量纲时刻分别为 τ = 1.5,1.506,1.512,1.515,1.521

Lian 等[160]比较了膜翼和刚性翼空气动力学在 MAV 上的应用。在迎角 AoA = 6°时,柔性翼的升力系数略小于刚性翼。升阻比(C_L/C_D)的差异也很小。当迎角较大,为 AoA = 15°时,膜翼产生的升力系数比刚性翼小约 2%;然而,其升阻比比刚性翼稍大。这一观察结果与 Shyy 等的研究结果一致[456]。膜翼在外力作用下会改变其外形。这种形状变化有两种效应:通过减小膜翼的有效迎角来减小升力,通过增加弯度来增加升力。Lian 和 Shyy[158]的数值结果以及 Waszak 等[406]的实验观察结果均表明了膜翼和刚性翼在失速极限前具有相当强的空气动力性能。图 4.23 显示了后缘的时均垂直位移。位移由翼最大弯度进行无量纲化。由于膜变形,膜翼的有效迎角小于刚性翼。在相同的流动条件下,具有相同几何构型的刚性翼和翼膜之间翼展方向的迎角如图 4.24 所示。在图 4.24(a)中,刚性翼翼根的迎角为 6°,单调地增加到翼尖处的 9.5°。在沿翼展方向 36% 的内翼部分,膜翼与刚性翼具有相同的迎角;然而,靠近翼尖位置的有效迎角小于刚性翼。在翼尖处,膜翼的翼尖约小了 0.8°。图 4.24(b)比较了 AoA = 15°时的平均展向迎角,表明在翼尖位置,膜翼的有效迎角比刚性翼小 1°以上。有效迎角的减小导致升力的降低。

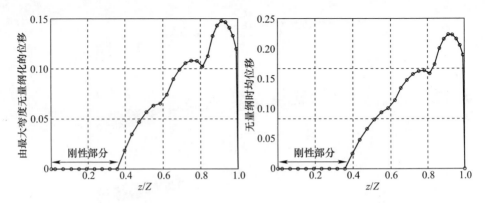

图 4.23　膜翼后缘平均位移。(a) AoA = 6°;(b) AoA = 15°[158]

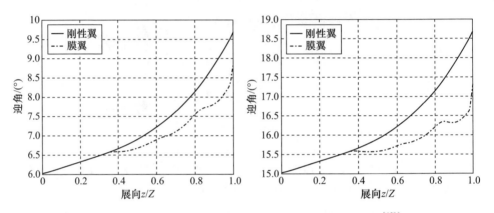

图 4.24　膜翼时均展向迎角。(a) AoA = 6°;(b) AoA = 15°[158]

为了尝试理解膜翼的空气动力学/气动弹性特性,Shyy 等[455]、Stanford 和 Ifju[464]以及 Stanfor 等[407]研究了刚性翼和两个柔性固定翼的 MAV 结构。第一个柔性翼 MAV 的膜翼带有多个弦向板条结构以及可以几何扭曲的自由后缘(板条加强翼,简称 BR 翼)。第二个膜翼的内部不受约束,并沿周边密封到坚硬的层板上,以实现空气动力学扭转(周边加强翼,简称 PR 翼)。当迎角 AoA = 15°,来流速度 U_∞ = 15m/s 时,所有三个翼的典型流动结构如图 4.25 所示。从刚性翼上的流动可以看出,MAV 空气动力学的两个特征:低雷诺数(10^5)导致层流附面层在翼根由于逆压梯度而分离,小展弦比(AR = 1.2)迫使流场形成一个强大的 TiV 流系统,在翼尖处留下一个低压区。柔性 BR 翼上的气流的特点是表面压力波动[465],其中每个板条之间的膜膨胀使气流转向。形状适应性降低了逆压梯度的强度,从而减小了分离气泡的尺寸。PR 翼的膜前缘发展出一个较大的压力尖峰。翼上的压力恢复向后移动,当气流沿着膨胀的形状向下流动时,气流分离,然后被卷入 TiV 的低压涡核中。已知 TiV 与纵向流分离之间的相互作用会导致高迎角下的非定常涡失稳[167];对于 BR 翼和刚性翼而言,这种关系并不明显。两个膜翼翼尖处的低压区比刚性翼上观察到的低压区弱,这可能是由于能量方面的原因:膜中的应变能可能从横向旋转系统中移除能量。此外,膨胀的膜形状可能会阻碍翼尖涡流的形成。

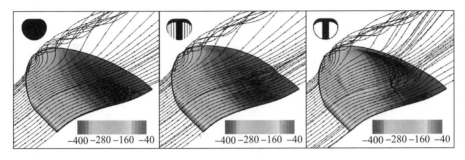

图 4.25　上翼面流线和压力(Pa)分布。AoA = 15°, $U_\infty = 15\text{m/s}$[407](见彩图)

图 4.26 显示了这三个翼的升力、阻力和俯仰力矩系数随迎角 α 的变化曲线。由于翼尖低压区的形成,$C_L - \alpha$ 的关系成轻度非线性(C_L 在 0°和 15°之间增加 20%～25%)。小展弦比的进一步特征由高失速角体现,刚性情况下计算的失速迎角为 21°。PR 翼的气动扭转增加了升力系数 C_L(高达 8%),使得 MAV 更容易受到阵风的影响。$C_{L,\max}$ 也稍高,随后将失速角降低到 18°。BR 翼的自适应外洗降低了 C_L(比刚性翼降低 15%),尽管在较低的迎角处变化可以忽略不计。这一减少被认为是两个抵消因素的结果:后缘的自适应外洗降低了升力,而翼膜向前缘的膨胀增加了有效弯度,因此升力增加。

对比图 4.26 中的阻力极曲线,可以看出两个柔性翼在小升力值条件下都会产生阻力损失,这表明柔性翼假设并非空气动力学最佳形状,尽管在给定的迎角条件下,BR 翼的阻力较小[466]。刚性翼和 BR 翼之间的阻力差异非常小,而 PR 翼显示的阻力更大。这一更大的损失可能是由两个因素造成的:翼经历气流分离的比例更大,前缘的大部分压力峰值指向轴向。根据稳定性要求,俯仰力矩(在前缘测量)关于 C_L 和 AoA 的斜率均为负。由于小展弦比效应,非线性趋势再次明显。与刚性翼相比,BR 翼和 PR 翼的 $\partial C_m / \partial C_L$ 都较低,但只有 PR 翼显示出因膜膨胀而发生的剧烈变化(高达 15%),膜膨胀将压力恢复推向后缘,随着 C_L/AoA 的增加,恢复俯仰力矩的强度自动增加[461]。更陡的 C_m 斜率表明静态裕度更大:稳定性问题是从一代 MAV 到下一代 MAV 设计改进的主要目标。可飞重心(CG)位置的范围一般只有几毫米长;满足这一要求是一项艰巨的重量管理挑战。此外,PR 翼显示了更大范围的 C_m 线性行为,可能是因为自适应膜膨胀抑制了低压区的强度,如前所述。对于低迎角,三种翼的 L/D 特性没有明显差异。在中等迎角下,PR 翼的大阻力降低了效率,而 BR 翼的性能稍优于刚性翼。在较大的角度下,PR 翼的升力和阻力特性均优于其他两种翼,从而获得最佳的升阻比 L/D。

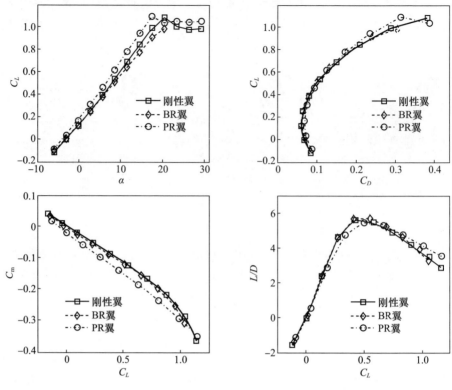

图 4.26　计算的气动特性。AoA = 15°, $U_\infty = 15\text{m/s}$[407]

气动弹性裁剪通常使用不平衡的层压板进行弯曲/扭曲耦合,但薄膜蒙皮内的预张力对空气动力学有着巨大的影响:对于二维情况,较高的预张力通常使柔性翼的性能趋向于刚性翼的性能。对于三维翼,响应可能会更加复杂,这取决于薄膜加固的类型。增加薄膜预张力的影响可能包括阻力减小、升力系数减小、线性化升力行为、零升力迎角增加和更突然的失速模式。此外,可以通过翼展向和弦向预张力的特定比率来避免与低迎角的形状滞后有关的气动弹性不稳定性[467]。

增大 BR 翼膜蒙皮内的预应力(图 4.27)通常会增大 $C_{L\alpha}$,减小 $C_{m\alpha}$,并减小 L/D。由于自由边缘处的零预应力条件,系统对垂直于板条的预应力变化非常敏感,而对平行于板条的应力则不那么敏感。当翼展方向无预应力而翼弦方向有微小应力时,$C_{L\alpha}$ 最小(用于最佳的阵风抑制)。无约束后缘消除了该区域的刚度(允许自适应外洗),但保持了朝向前缘的刚度,消除了那里看到的膨胀(以及相应的升力增加)。这种策略减少了在 BR 翼上看到的气动弹性升力的冲突来源。通过最大化 N_y 和将 N_x 设置为 0 来最大化 $C_{L\alpha}$(例如,对于有效的上拉机动)。相反地,通过最大化 N_x 和将 N_y 设置为 0 来最大化 $C_{L\alpha}$,同时限制 L/D。PR 翼的变化趋势刚好相反。增大翼膜蒙皮内的预应力通常会降低 $C_{L\alpha}$,增加 $C_{m\alpha}$,并增加 L/D。弦向预应力对稳定性导数的影响可以忽略不计,尽管两个方向对 L/D 的改善作用都相同。因此,可以通过最大弦向预张力和展向松弛膜的设计,很容易地提供对 L/D 有约束的任一导数的优化。对于导数而言,空气动力学对 BR 翼或 PR 翼膜表面预张力的整体敏感性可能较大(BR 翼的 $C_{m\alpha}$ 变化高达 20%),但对于翼效率而言,这种敏感性较小。L/D 的变化不超过 5%。

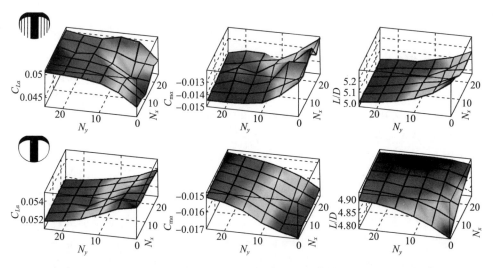

图 4.27 弦向(N_x)、展向(N_y)膜预应力的气动弹性剪裁结果(N/m)。云图表示 z 轴值[407](见彩图)

最近,已经开发并测试了膜翼 MAV,以确定 BR 膜翼在不同条件下的结构响应:小迎角、板条数量和膜预张力[468]。对于所有模型,在颤振后出现极限环振荡时,会出现自激不稳定(颤振)。这些实验表明,增加膜翼 MAV 的膜预张力和结构板条的数量会推迟颤振的速度,并降低给定流速条件下极限循环振荡的幅度。

4.4.2 扑动柔性翼

对扑翼的气动弹性的研究最近有所增加,尽管还没有全面了解基本的气动弹性现象[451]。要理解拍动柔性翼的关键原理,需要回答的一个重要问题是,在生物飞行过程中,气动载荷是否对确定翼变形至关重要?Daniel 和 Combes[470]采用解析方法解决了这个问题,并提出,当翅膀结构与周围空气的比率较高时,气动载荷在确定振荡翼的弯曲模式时相对不重要。随后,由 Combes[471]、Combes 和 Daniel[472]进行实验研究发现,在空气和氦气中拍动(单自由度拍动旋转)时,天蛾翼的整体弯曲模式非常相似,尽管后者的流体密度降低了 85%,这表明扑动时,与惯性 - 弹性力相比,空气动力的贡献相对较小。然而,他们还提到,真实的翅膀运动学可能包括在逆行程时的快速旋转,这可能导致因非定常空气动力机制而增加的空气动力(另见 3.3 节)。此外,Combes 和 Daniel[402]进行的静态弯曲实验表明,不同种类昆虫的翅膀结构具有各向异性。Mountcastle 和 Daniel[473]使用 PIV 测量并研究了翅膀柔性对平均对流（象征诱导流速）的影响。他们的研究结果表明，柔性翼产生的平均对流比刚性翼产生的平均对流具有更大的幅度和方向，对升力更有利。

对于较简单的扑翼布局，Zhu[474]对柔性翼的非定常振荡进行了数值研究，发现当翼浸入空气中时，弦向柔性既降低了推力，又降低了推进效率，而展向柔性（通过等效的沉浮和俯仰柔性）则增加了推力，同时在结构参数的小范围内效率没有降低。然而，当翼浸入水中时，弦向柔性提高了效率，展向柔性降低了推力和效率。Shkarayev等[475]研究了带弯度膜扑翼的空气动力学。具体地说，他们通过塑造附在25cm翼展模型膜蒙皮上的金属肋，将有弯度的翼型引入。他们发现9%弯度翼产生的推力比同样尺寸的平直翼高30%。在翼上增加一个上反角，保持拍动幅值不变，进一步提高了带弯度翼的性能。气动系数是用参考速度来定义的，参考速度包含两个组成部分：自由来流速度和行程平均翼尖拍动速度。在所研究的前进比下，特别是在较低的迎角条件下，利用该方法得到的升力、阻力和俯仰力矩系数会彻底地失效。

Hui等[476]检查了各种柔性翼的结构，以评估其对扑翼空气动力学的影响。结果表明，柔性翼比刚性翼具有更好的整体气动性能（即升阻比），尤其是在高速翱翔或相对较高的迎角条件下。一般情况下，刚性翼在扑动飞行过程中能更好地产生升力。乳胶翼是三种测试翼中最柔韧的一种，在扑翼飞行过程中具有最佳的推力生成性能。柔性较低的尼龙翼在翱翔时整体空气动力学性能最佳，但是在扑翼飞行应用时性能最差。

Kim等[477]利用微纤维复合材料作动器研制了一种仿生柔性扑翼，并对其在风洞中扑动和非扑动时的气动性能进行了实验研究。结果表明，在准定常和非定常区域，翼柔性引起的弯度对扑翼空气动力学特性有积极影响（即延迟失速、减阻和稳定 LEV）。Mueller等[478]提出了一种测量扑翼 MAV 推力和升力的多功能实验。结果表明，由于翼柔性增加，以及在高频操作期间过度柔性对阻力的不利影响，平均推力增加。他们还观察到了柔性对扑动开始和结束时产生额外推力的有效作用。

Watman 和 Furukawa[479]利用机器翅膀模型研究了扑翼的被动俯仰运动对气动性能的影响。他们考虑了两种被动扑动翼模型。第一个模型在结构所有部分之间采用了刚性连接。这一设计在多个 MAV[480]中得到了应用，并被用作扑翼分析的常用设计。第二个模型的设计允许肋和膜在有限的角度上自由旋转。该设计最近在一个小型 MAV 原型[481]中使用。结果表明，由于翼的被动俯仰角的有利变化，前一个被动扑翼（受约束）比后一个设计具有更好的性能。

Wu 等[482]通过量化和比较 6 对不同的 MAV 机翼（每对机翼中，膜蒙皮由不同的前缘和板条结构加固）的弹性、动态响应和气流模式，进行了一项与扑翼 MAV 的气动弹性和推力产生相关的多学科研究，机翼的平面形状为具有不同弹性的

Zimmerman 外形(两个椭圆在 1/4 弦处相交)。在他们的实验中,单自由度扑动被规定为在空气和真空中的机翼。在许多结论中,他们发现,在所考虑的弹性范围内,较柔韧的翼在较低的频率下产生更有效的推力,而较硬的翼在较高的频率下产生的推力更有效。他们假设柔性翼可能有一定的驱动频率来产生推力峰值,一旦超过这个频率,性能就会下降。近年来,关于柔性扑翼的研究报道越来越多[351,451]。由于翼结构的各向异性以及气动载荷、惯性和弹性力之间的相互作用引起了复杂的问题,在解决各向异性翼的结构之前,有必要了解简化柔性翼模型的空气动力学和翼变形。这种方法把 MAV 和生物飞行联系起来。在下面的部分中,重点介绍了对简化柔性翼模型的研究,即弦向的、展向的,以及各向同性的柔性翼。

4.4.2.1 弦向柔性翼

Katz 和 Weihs[483]分析了无黏不可压缩流中均匀无质量柔性翼在大振幅弯曲运动中产生的流体动力。他们发现,与刚性翼的类似运动相比,弦向柔性使推进效率增加 20%,同时导致整体推力小幅下降。

Pederzani 和 Haj Hariri[484]对刚性翼进行了计算分析,从刚性翼上切下一部分,并用一种非常薄且柔韧的材料(乳胶)覆盖。结果表明,由于一个突然运动(即,在乳胶的每个行程开始时,与行程相反方向上的非零速度),在较轻的翼结构中,脱落的涡流的强度更高,导致产生更大的推力。此外,较轻结构的突然运动比较重的结构需要更少的输入功率。利用无黏流理论和梁方程,Chaithanya 和 Venkatraman[485]研究了规定运动引起的惯性效应对沉浮/俯仰薄板推力系数和推进效率的影响。结果表明,具有惯性效应的柔性翼比没有惯性效应的柔性翼产生更多的推力。这是由于前者的流体负荷增加,随后导致变形增加。由于它们的形状,变形的翼型沿着前飞速度方向产生一个力分量[485]。

Gopalakrishnan[486]利用线性弹性膜求解器结合非定常大涡模拟方法分析了矩形膜扑翼的弹性弯曲对前飞空气动力学的影响效应。他们研究了不同的膜预应力,以提供一个空气动力载荷的理想弯度响应。结果表明,翼柔性引入的弯度大大提高了推力和升力的生成。对气流结构的分析表明,LEV 保持附着在翼的上表面,跟随弯度覆盖了翼的主要部分,从而产生了很大的力。Attar 等[487]研究了斯特劳哈尔数、减缩频率和静态迎角对沉浮膜翼结构和流体响应的影响。他们表明,在较低的迎角和较低的斯特劳哈尔数情况下,增加减缩频率会导致平均截面升力的降低和阻力系数的增加;增加斯特劳哈尔数会显著地影响较低迎角和减缩频率的中间值下的升力生成。他们还观察到,当研究斯特劳哈尔数和减缩频率固定情况下的有效迎角时,与固定柔性翼相比,沉浮作用提供了改进的平均截面升力(见4.4.1节)。相比之下,对于他们也考虑过的刚性翼,LEV 从表面脱离,导致生成的力较小。

为了评估 LEV 对柔性带弯度翼型所起的作用,Gulcat[488]研究了:①一个做沉浮运动的薄刚性板;②一个柔性带弯度翼型,其弯度周期性变化;③一个柔性带弯度翼型的沉浮运动。利用 Blasius 定理对三种情况下的前缘吸力进行了预测,并通过非定常气动因素确定了随时间变化的表面速度分布。Gulcat[488]报道了由非定常附面层解获得的黏性效应对净推力振荡行为的影响很小。这些力仅仅减小由非定常气动理论获得的前缘吸力的振幅。上下沉浮运动对推力的贡献最大,因此可以在有限的弯度柔性下获得较高的推进效率。

Miao 和 Ho[489]针对一个纯俯仰翼型,设定其剖面随时间进行柔性变形,研究了不同雷诺数和减缩频率组合下弯曲幅度对非定常气动特性的影响。结果表明,对于雷诺数、减缩频率和沉浮振幅的特定组合,在弯曲幅度为弦长 0~0.5 倍的翼型后缘后面观察到象征推力的尾流结构。随着翼型弯曲幅值增加到弦长的 0.6 和 0.7 倍,尾流结构演变为象征阻力的形式。在不同雷诺数和减缩频率组合下进行的研究表明,弦向柔性翼在纯俯仰中的推进效率主要受减缩频率,而不是雷诺数的影响。

Toomey 和 Eldredge[490]进行了数值和实验研究,以理解使用铰链与扭转弹簧连接的两个刚性椭圆截面的扑翼飞行中柔性的作用。前缘部分采用类似果蝇的悬停机翼运动学[201]约定,而后缘部分由于流体动力和惯性/弹性力而被动响应。研究发现,升力和翼偏转主要由翼的旋转特性控制。例如,较快的翼旋转会导致更大的偏转峰值和升力产生。超前旋转也会导致翼偏转峰值瞬间的移动,从而增加平均升力。与旋转运动相比,平移运动特性对弹簧偏转或力的影响很小。虽然旋转运动学几乎与雷诺数无关,但平移运动学特性随雷诺数的增加而增加。

Poirel 等[491]进行了一次风洞实验研究,研究了 NACA0012 翼型在过度雷诺数状态下发生的气动弹性的自激振荡,特别是约束在纯俯仰旋转条件下翼型的气动弹性极限环振荡。结构刚度和弹性轴的位置是不同的。他们的研究表明,无论后缘分离还是由于存在层流分离气泡,层流分离都在振荡中起作用。

Vanella 等[492]对类似结构进行了数值研究,发现当机翼在其固有频率的 1/3 处受到非线性共振激励时,可实现最佳性能(升力增加约 30%)。对于所考虑的所有雷诺数,由于机翼周围在逆行程时更强的流动,尾迹捕获机制加强,导致后缘的涡流更强。

Heathcote 等[493]研究了悬停条件下弦向柔性对纯俯仰翼型气动性能的影响。由于后缘是零自由流速度下涡量脱落的主要来源,结果表明后缘运动的振幅和相位角影响涡的强度和间距,以及诱导射流的时均速度。直接力测量证实,在高沉浮频率时具有中等刚度的翼型的推力系数最高,尽管最小刚度的翼型可以在低频时产生较大的推力。所以可以推出,为在给定的沉浮频率和振幅下,存在一个最佳的翼型刚度。在另一项研究中[494]也得出了类似的结论,该研究分析了共振对弦向柔性翼型性能的影响,该翼型在前缘做纯沉浮运动。结果表明,尽管平均推力可能随着柔性的增加而增加,但在某一阈值以下,翼柔性过大会导致无法将动量传递给气流。然而,太多的柔性会导致净阻力,因此,只有适当的柔性才是产生推力的理想条件。

尽管最近的大多数计算和实验研究已经探讨了翼柔性在提高气动性能时的作用,但集中在雷诺数相对较高的单翼上,Miller 和 Peskin[495]对小昆虫($Re \approx 10$)翼柔性对合拢-打开/剥落[68]过程中产生的力的影响进行了数值研究,研究重点在翼-翼相互作用上。他们分别规定了刚性翼和弦向柔性翼的合拢-打开运动学特性,结果表明,尽管刚性和柔性合拢过程中产生的升力系数是相当的,但柔性情况下的峰值升力比相应的刚性情况下更高。这是由于剥落运动延迟了 TEV 的形成,从而保持了涡流不对称性,并延长了增升时间[496]。

Zhao 等[497]在雷诺数为 2×10^3 的静止流体中,使用 16 个不同的动态缩比机械柔性模型机翼,研究了弦向柔性对 LEV 和空气动力产生的影响[498]。他们的实验结果表明,LEV 的大小与扑翼产生的气动力有关,而弯度通过调整 LEV 来影响瞬时气动力。Du 和 Sun[499]数值研究了规定的时变扭曲和弦向变形对悬停的类似果蝇模型翅膀气动力产生的影响。结果表明,扑翼的气动力不受扭转的影响,而是受弯曲变形的影响。组合弯度和扭转变形的影响与单独弯度变形的影响相似。对于 6%的弯曲变形和 20°扭曲(观察到的许多昆虫翅膀的典型值),升力比刚性平板翼增加 10%~20%。结果表明,弦向变形可以提高果蝇模型翅膀的最大升力系数,降低其飞行动力要求。

Lee 等[500]数值研究了雷诺数为 2.5×10^3 情况下一个由刚性前缘和柔性板组成的蝌蚪式翼。他们考虑了两种弹性分布:均匀分布和线性分布。他们的研究结果表明,结构变形改变了有效迎角、涡强度和净力矢量的方向,导致均匀型升力增加 13%,线型的推进效率和力增加 33%。Mountcastle 和 Daniel[501]对翼弯曲刚度的俯仰/沉浮相位和变化对气动力产生和控制潜力的影响进行了数值研究。结果表明,在不同相区的性能最优条件下,升力和推力对弯曲刚度分布高度敏感。

在另一项研究中,Heathcote 和 Gursul[336]进行了水洞研究,以检验前飞二维柔性沉浮翼的推力和效率。他们的实验装置如图 4.28 所示。他们的翼型由一个 30% 弦长的刚性泪珠状外形以及一个 70% 弦长的柔性平板组成(图 4.28(b))。他们通过改变平板的厚度来改变翼型的弦向柔性。在 Heathcote 和 Gursul[336]的实验之后,Kang 等[351]探讨了弦向柔性引起的推力增强;他们计算了在不同厚度比($h_s^* = 4.23 \times 10^{-3}$、$1.41 \times 10^{-3}$、$1.13 \times 10^{-3}$、$0.85 \times 10^{-3}$ 和 0.56×10^{-3})和运动频率时做纯沉浮运动的弦向柔性翼型的推力,这些运动频率对应的斯特劳哈尔数在 $St = 0.085$ 和 0.3 之间,增量为 0.025,沉浮运动振幅固定为 $h_a/c_m = 0.194$。然后,减缩频率 k 在 1.4 和 4.86 之间变化。翼型由刚性泪珠状前缘和弹性板组成,在自由流中做正弦沉浮运动。如图 4.29 所示,厚度的变化改变了 Π_1,而运动频率同时影响 k 和 St。流动机理的详细实验设置和讨论详见 Heathcote 和 Gursul[336]。

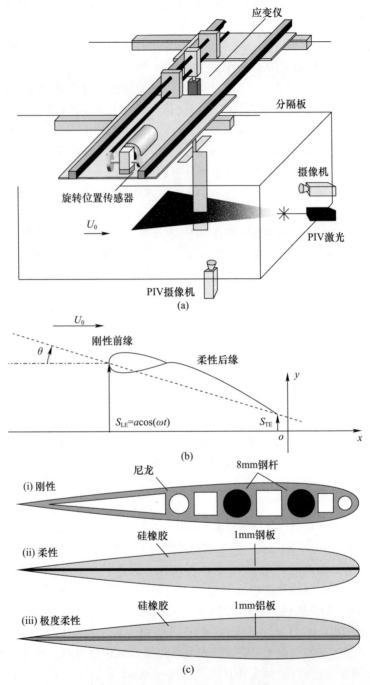

图 4.28 （a）力测量、翼变形测量以及 PIV 测量的水洞实验设置；（b）弦向柔性翼布局；（c）展向柔性翼布局横截面。来自 Heathcote 和 Gursul[336]、Heathcote、Wang 和 Gursul[502]

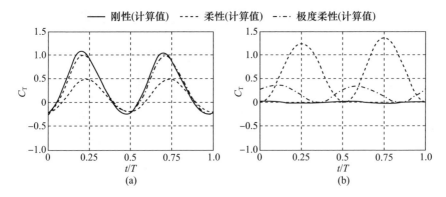

图 4.29 当 $St=0.17$ 时泪珠形和柔性板对推力系数的贡献。(a) 刚性泪珠形的响应;(b) 柔性平板的响应。来自 Shyy 等[450]

Shyy 等[450]得到了 $St=0.17$ 时不同厚度比下的数值解。他们使用 Euler-Bernoulli 梁求解器来求解公式(4.1)得到弹性平板的变形,而刚性泪珠形则随着施加的运动学而移动。此外,在所有情况下,雷诺数 $Re=9.0\times10^3$,密度比 $\rho^*=7.8$ 都保持不变。Shyy 等[450]发现了一种机制,在柔性和极端柔性的情况下,后柔性板的弦向变形带来产生推力的有效投影面积。$St=0.17$ 时,作为刚性、柔性和极度柔性翼标准化时间函数的推力系数如 Shyy 等[450]以及图 4.29 所示。为了估计泪珠形和柔性板对力产生的单独贡献,将每个部分的推力系数时间历程分别显示出来。每个部分对柔性变化的推力响应是不同的:随着板的弦向柔性的增加,柔性板的瞬时推力增大。

图 4.30 进一步说明了 St 指示的运动频率与由此产生的推力和翼尖位移之间的相互作用。对于柔性翼型,产生的推力随运动频率(k 和 St)的增加而增加;最大翼尖位移也随运动频率单调增加。一个引人注目的现象是,所有斯特劳哈尔数对应的涡量场看起来都相似,但压力云图和由此产生的推力时间变化值不同。这可能与 4.5 节中提出的缩比有关,即在高减缩频率下作用在运动物体上的力主要由翼型的运动控制,而流场中的涡量对力的生成影响不大。对于厚度比比柔性翼型小 2.5 倍的柔性很大的翼型,也有类似的趋势,推力随 k 和 St 的增大而增大,但 $St=0.15$、0.25 和 0.4 时,最大翼尖振幅饱和。较高的运动频率导致翼尖相对于翼根较大的相位滞后,而不是较大的翼尖幅值运动。增加运动频率会导致翼加速,从而产生更大的力。然而,如 4.5 节所述,流体动力学的时间尺度和响应最终成为限制因素。

图 4.31 显示了一定运动频率范围内数值计算[351]和实验测量[336]的时均推力系数。对于最厚的平板($h_s^*=4.23\times10^{-3}$),计算的推力与实验测量值吻合较好。在较高的运动频率下,$St=0.28$ 和 0.3,计算的推力开始偏离。在其他厚度下观察到类似的趋势:($h_s^*=0.85\times10^{-3}$),若 $St<0.23$,数值结果与实验测量之间的相关

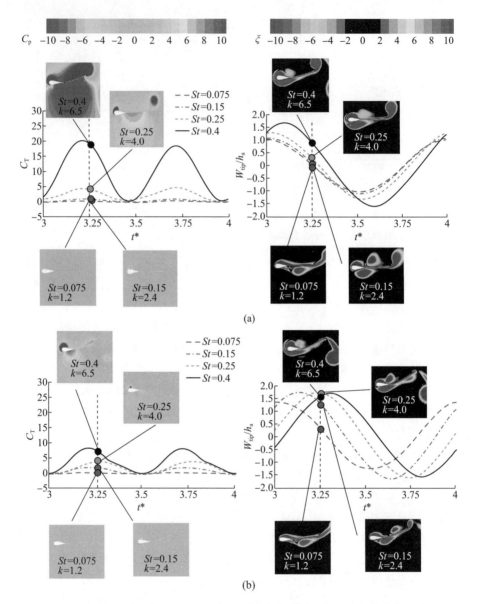

图 4.30 由沉浮幅值无量纲化的推力和翼尖位移随无量纲时间的变化。也显示了每个斯特劳哈尔数时压力系数和涡量在 $t^* = 0.25$ 时的云图($Re = 9.0 \times 10^3$, $\rho^* = 7.8$)。(a) 柔性($h_s^* = 1.41 \times 10^{-3}$);(b) 极度柔性($h_s^* = 0.56 \times 10^{-3}$)。来自 Kang 等[351](见彩图)

性良好;而在 $h_s^* = 0.56 \times 10^{-3}$ 时,仅在最低频率下才吻合。模型的不确定性,如层流到湍流的转捩、结构模型中的非线性,或实验装置中不可忽略的扭曲或展向弯曲,这些在数值计算中都没有考虑到,可能是计算和实验差异的原因。最厚翼型

($h_s^* = 4.23 \times 10^{-3}$)的推力可以通过增加运动频率来增强,这会导致更高的 St 和 k。增加 St 会导致更大的流体动力,如 3.6.4 节所述,增加 St 和 k 会进一步导致更大的加速反作用力。图 4.31 还表明,推力的产生取决于翼的厚度:当 $St = 0.125$ 时,$h_s^* = 0.56 \times 10^{-3}$ 对应的推力最大,但对于更高的 St,最薄翼产生的推力最小。当 $St = 0.3$ 时,$h_s^* = 0.85 \times 10^{-3}$ 对应的推力最大,而最薄的翼 $h_s^* = 0.56 \times 10^{-3}$ 的推力下降。

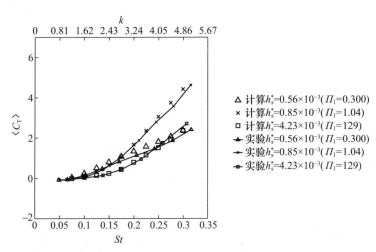

图 4.31 在 $Re = 9.0 \times 10^3$,$\rho^* = 7.8$ 时,对于不同的平板厚度和运动频率,沉浮弦向柔性翼型的时均推力系数。实验数据来自 Heathcote 和 Gursul[336],Kang 等[351]

为了表征结构响应,图 4.32 中绘制了在所考虑厚度和频率下,由沉浮幅值归一化的翼尖位移(w_{tip}/h_a)随相对于前缘的相位滞后的变化。相位滞后 Φ 通过后缘位移最大的瞬间来计算。对于最厚翼型,$h_s^* = 4.23 \times 10^{-3}$,变形和相位滞后都很小。随着翼型厚度的减小,$w_{tip}/h_a$ 和 Φ 都随着频率的增加而增加。最终,w_{tip}/h_a 在 Φ 接近 90°时饱和:当 $\Phi > 90°$时,变形后缘的运动与强迫运动的前缘反相。相对前缘位移,$(w_{tip} - W_{root})/h_a$ 的变化表明,通过降低刚度和增加运动频率,不仅翼尖变形会单调增加,相位滞后也会增加,因此当运动反相时,产生的翼尖位移会减小(图 4.31)。已知相位滞后是飞行效率的一个关键参数[223,454]。由于观察到 $(w_{tip} - W_{root})/h_a$ 和 Φ 之间的单调关系,对于本研究中考虑的情况,相位滞后的作用可能与相对最大变形有关,相对最大变形是描述力和推进效率缩比的主要参数(4.5.2 节)。在 4.5 节中,建立了平均推力和结构响应之间的关系。此外,Spagnolie 等[223]表明,当 $\Phi < 180°$时,自由运动的翼向前移动,当 $\Phi > 180°$时,自由运动的翼向后移动。本研究中观察到的相位差小于 180°,产生的推力与观测值一致。同样值得注意的是,Spagnolie 等[223]指出的临界相位滞后为 180°,对应于最大可获得的相对翼尖变形,当翼尖运动与翼根运动相差 180°时发生。

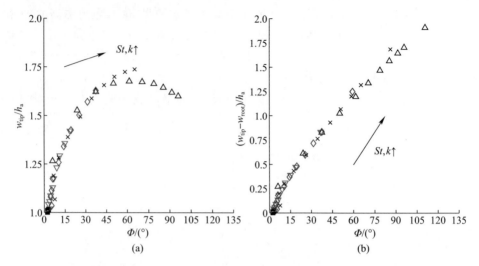

图 4.32 在 $Re=9.0\times10^{3}$, $\rho^{*}=7.8$ 时，对于不同的平板厚度和运动频率，沉浮弦向柔性翼型的翼尖变形。(a)翼尖位移；(b)相对翼尖变形。△ $h_{s}^{*}=0.56\times10^{-3}$；× $h_{s}^{*}=0.85\times10^{-3}$；◇ $h_{s}^{*}=1.13\times10^{-3}$；▽ $h_{s}^{*}=1.41\times10^{-3}$；□ $h_{s}^{*}=4.23\times10^{-3}$。来自 Kang 等[351]

综上所述，考虑到迄今为止讨论的弦向柔性沉浮/俯仰结构研究的结果，三个因素对悬停/前飞过程中的气动力生成起着至关重要的作用：①翼型沉浮运动改变了有效的迎角和气动力；②前缘和后缘的相对运动产生了决定净力方向的俯仰角；③翼型形状的变形改变了有效的几何结构，如弯度。

4.4.2.2 展向柔性翼

翼展向的柔性影响沿着展向产生的扑动速度。Liu 和 Bose[503]研究了前飞中的一个三维俯仰和沉浮翼。结果表明，翼相对于规定升沉运动的弯曲运动阶段对确定尾翼的推力和效率特性起着关键作用。

Heathcote 等[502]进行了水洞研究，以研究展向柔性对前飞沉浮式柔性翼布局的推力、升力和推进效率的影响。翼根的前缘以规定的正弦沉浮位移剖面驱动。机翼的形状用 50 帧/s 的高速快门数码摄像机记录下来。他们测量了整体翼推力系数和翼尖位移响应。"非柔性"翼的横截面由尼龙制成，并由钢条加固，"柔性"和"极度柔性"的横截面由 PDMS（橡胶）制成，并分别用钢和铝制成的薄金属板加固（图 4.28(i)～(iii)）。随后，Chimakurthi 等[420]，Gordnier 等[504]和 Aono 等[505]采用气动弹性框架在基于弦长的雷诺数为 3×10^{4} 的情况下对这些翼布局进行了计算。最近，Kang 等[351]研究了相同情况下展向柔性对推力产生的影响。

在下面的讨论中，根据 Kang 等[351]以及 Shyy 等[450]报告的结果，强调了在两种密度比和有效刚度的组合下，以及 $Re=3.0\times10^{4}$ 的若干运动频率下，与前飞过程中展向柔性沉浮机翼相关的推力增强机制。图 4.33(a)显示了计算和实验得出的柔性翼和极度柔性翼的翼尖垂直位移。根据规定的翼根运动振幅对位移进行了归一化(式(3.12))。对于柔性翼,与先前研究(实验[502];隐式大涡模拟(iLES)计算[504])中给出的翼尖响应相比,当前计算的翼尖响应显示出良好的相关性。然而,对于非常柔韧的机翼,与测量值相比,当前计算的翼尖响应显示出稍大的振幅和相位超前[502]。

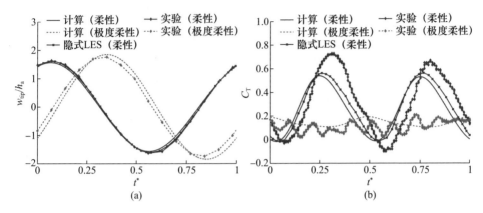

图4.33 在 $Re=3.0\times10^4$ 时,对于不同的刚度、翼密度和运动频率,沉浮展向柔性翼参数随时间的变化。(a)翼尖位移;(b)推力系数。实验数据来自 Heathcote、Wang 和 Gursul[502],隐式 LES 来自 Gordnier 等[504]、Kang 等[351](见彩图)

柔性翼和极度柔性翼推力系数的时间变化如图4.33(b)所示。对于柔性翼,当前计算中的推力预测不足,与测量值相比,显示出相位超前[502]。然而,推力峰值的大小和时间与使用 iLES[504] 耦合几何非线性梁求解器进行的推力预测吻合很好。此外,在下行和上行中测得的推力是不对称的,而在这两种计算中,推力是对称的。对于极度柔性翼,计算的推力历史与实验测量结果在振幅和推力趋势方面是一致的。值得指出的是,测量值包括较高的频率分量,而计算推力的波形在所有情况下都是平滑的[351,504]。如图4.34所示,翼尖响应中没有高频行为的证据。然而,实验流场测量[502]表明,涡流碎化形成了一组弱涡流,Heathcote 等[502]指出,这种破碎可能是推力系数时间变化过程中观察到的多个峰值的原因。图4.34显示了当翼处于下行中心位置时,在 $t^*=0.25$ 时间瞬间的翼展中间截面上的柔性翼和极度柔性翼布局的涡量和压力云图。图4.34显示了柔性情况下前缘吸力的优势地位以及极度柔性情况下前缘吸力的减少。规定运动和翼变形之间的相位滞后可用来解释柔性扑翼中的推力生成[450]。对于极度柔性的情况,横截面运动与翼根施加的运动方向正好相反。对于柔性和极度柔性的情况,翼尖相对于规定运动的相位滞后分别为126°和-26°。在非常柔韧的情况下,由于存在相位滞后,翼尖和翼根在大部分行程中向相反方向移动,导致有效迎角较低,从而产生较小的气动力;在云图中,也可见表示翼运动方向的箭头方向。

图4.35 显示了从 0.4~1.82 的不同频率 k 下,两种不同材料的时均推力系数。在较高的运动频率下,柔性翼的时均推力低于当前计算结果的预测值,而极度

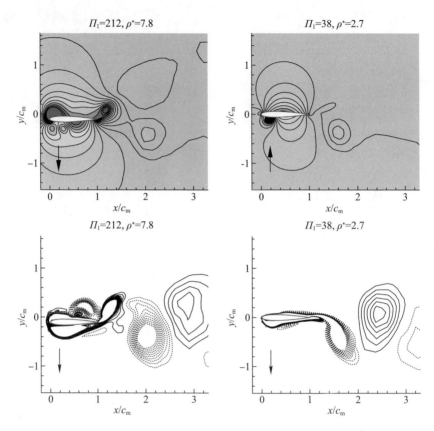

图 4.34 柔性翼和极度柔性翼在 75% 展向位置的压力系数 $(p-p_\infty)/\left(\frac{1}{2}\rho U_{\text{ref}}^2\right)$ 和涡量云图。箭头指示运动方向。(a)压力系数层级:20;范围: $-2.5 \sim 2.5$; $h_s^* = 0.01$, $St = 0.1$, $k = 1.82$, $t^* = 2.25$。(b)涡量层级:20;范围: $-3 \sim 3$; $h_s^* = 0.01$, $St = 0.1$, $k = 1.82$, $t^* = 2.25$。来自 Kang 等[351]

柔性翼的推力则高于预测值,这也可以归因于计算建模或实验装置中的不确定性。然而,推力响应随运动频率变化的定性趋势被很好地捕捉到。当沉浮运动缓慢(即 $k<1.2$)时,两种材料的推力生成相似。对于更高的运动频率,柔性翼比极度柔性翼更能从柔性中获益:随着 St 的增加,极度柔性翼的推力饱和。此外,观察到类似的趋势:增加运动频率提高推力,降低有效刚度并不一定会导致更高的推力值。

结构响应如图 4.36 所示。对于柔性翼,$k>1.4$ 时规定运动和翼尖响应之间的相位滞后为 17.6° ~ 23.8°;对于极度柔性翼,相位滞后 Φ 为 108.8° ~ 125.9°。对于较高的运动频率,极度柔性翼的翼尖在大部分行程从根部向相反方向移动,而对于柔性翼,翼根和翼尖同相。这在图 4.36 中得到了证实,对所有柔性翼情况,翼尖相对于翼根有相位滞后,$\Phi<90°$,对于极度柔性翼,$k=1.6$ 和 $k=1.82$ 时,

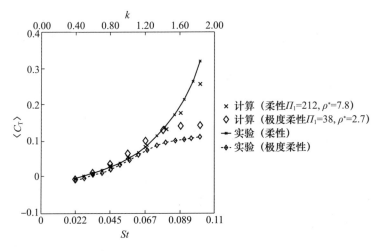

图 4.35 在 $Re = 3.0 \times 10^4$ 时,对于不同的刚度、翼密度和运动频率,沉浮展向柔性翼时均推力系数。实验数据来自 Heathcote、Wang 和 Gursul[502]、Kang 等[351]

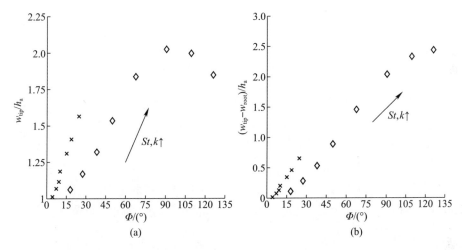

图 4.36 在 $Re = 3.0 \times 10^4$ 时,对于不同的刚度、翼密度和运动频率,沉浮展向柔性翼的翼尖变形。(a)翼尖位移;(b)推力系数。× $\Pi_1 = 212, \rho^* = 7.8$;◇ $\Pi_1 = 38, \rho^* = 2.7$ 来自 Kang 等[351]

$\Phi > 90°$。同样,从翼根到翼尖的动力学相关性在翼尖位移中起着关键作用,如图 4.36 所示,其中,相对翼尖位移对于 Φ 是单调的。到目前为止,讨论的结果集中在单一雷诺数 3×10^4 上。在参数研究中,Heathcote 等[502]发现平均推力系数是斯特劳哈尔数的函数,并且仅与雷诺数弱相关。

4.4.2.3 各向同性翼

当材料的性质在各个方向都相同时,这种材料被称为各向同性材料。Aono 等[506]报告了一个特性良好扑翼结构的计算和实验研究。模型为铝制翼,在频率 10Hz 和振幅 ±21° 条件下做单自由度扑动,分别采用数字图像相关技术和数字 PIV

技术测量流速和变形。对于多数柔性扑翼,由于形状变形诱导有效迎角发生变化,翼的弹性扭转产生较大的平均和瞬时推力。相关的流动物理现象被记录下来,包括翼运动过程中前缘和后缘的反向旋转涡,以及它们与翼尖涡的相互作用。

本节将重点介绍一个悬停在空中扑动的各向同性三维机翼。机翼为平板,$c_m = 0.0196 \mathrm{m}$,$AR = 3.825$,厚度比为 $h_s^* = 2.0 \times 10^{-2}$,具有 Zimmerman 平面形状(图 4.37,在 $Re = 1.5 \times 10^3$ 情况下在空中悬停)。根据式(3.15),在翼根前缘的刚性三角形处引入正弦拍动运动,其中 $St = 0.25, k = 0.56$。拍动轴与翼根平行。注意,在 Wu 等[507]的轴定义中,由于翼柔性,翼上下拍动产生推力;但是,在此处所考虑的研究中,扑翼轴线已经旋转,使得扑动轴线平行于升力方向,因此翼中的任何柔性都会产生升力。由于实验[506]中的扑动机构在翼上的这个区域被驱动,因此前缘根部附近的三角形刚性区域经受规定的运动,并在结构求解器中受到所有自由度的约束。

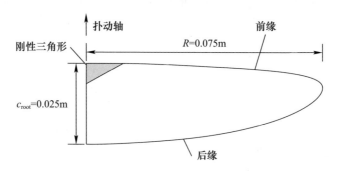

图 4.37 Zimmerman 翼平面形状

为了评估翼特性(有效刚度 Π_1 和密度比 ρ^*)对产生的升力和翼变形的影响,构建了代理模型以定性地探讨其影响。设计空间中这些变量的范围确保涵盖广泛的应用,如图 4.38 所示。为了有效地评估设计变量量级的影响,变量空间采用对数缩比。

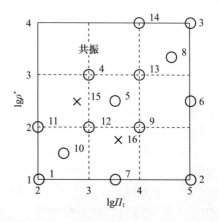

图 4.38 设计变量 Π_1 和 ρ^* 对数尺度的实验设计。○训练点;×测试点

三个目标函数分别为升力系数、扭转角以及弯曲角。升力系数指的是在第二个和第三个周期之间的一个运动周期为平均的升力系数,扭转角 θ 描述了翼由于变形而产生的升力有利投影面积的程度,定义为

$$\theta = \max\{a\cos(\boldsymbol{c}_3 \cdot \boldsymbol{e}_1)\} \qquad (4.28)$$

式中:c_3 是翼半展长附近从前缘到后缘方向上的单位矢量;e_1 是升力方向上的单位矢量。弯曲角 ψ 表示翼展方向 x 的翼变形,作为相对于强迫拍动角 ϕ 的最大翼尖位移角的度量,定义为

$$\psi = \max\left\{\tan^{-1}\left(\frac{w}{R}\right) - \phi\right\} \qquad (4.29)$$

为了简单起见,在本节中将升力看作时均升力系数。

实验采用面心立方设计(FCCD),然后将设计空间的其余部分均匀地填充到设计空间中,包括案例 8 和 10 以及由拉丁超立方体算法生成的测试点。总共选择了 14 个训练点。图 4.38 所示为设计空间,其对数偏向于较软 Π_1 和较轻 ρ^* 结构。$\lg\rho^* > \lg\Pi_1 + 2$ 的区域不在当前研究范围内,因为该区域显示出翼运动的大部分不稳定行为,因为施加的频率 10Hz 接近固有频率[351]。

图 4.39 所示为升力、扭转和弯曲角度的代理模型。注意,刚性翼的时均升力为 0,这是由于没有俯仰运动的悬停运动特性的对称性引起的。升力、扭转和弯曲在情况 4 处达到最大值(图 4.38)。然而,这三个目标函数在设计空间中遵循定量相似的趋势,这表明所产生的时均升力与最大变形之间存在相关性。此外,有效刚度 Π_1 或密度比 ρ^*,以及这两个参数之间的平衡共同决定了产生的变形和升力。在 $\lg\Pi_1 = 4$ 和 5 以及 $\lg\rho^* = 1 \sim 2$ 之间增加的目标函数区域是由代理模型中的误差引起的,这是因为共振区域附近存在高梯度,但在设计空间的较硬和较轻部分有一个几乎为 0 的宽区域。

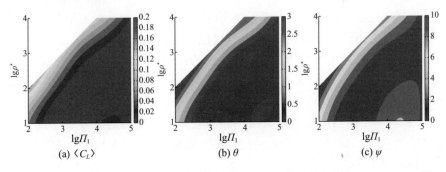

图 4.39 在 $Re = 1.5 \times 10^3$,$k = 0.56$ 的悬停条件下,扑动各向同性 Zimmerman 翼。(a)升力;(b)扭转;(c)弯曲角度的代理模型响应(见彩图)

由于正弦刚体运动施加在靠近翼根的三角形刚性部分(图 4.37),翼惯性和由此产生的气动载荷由弹性力平衡。由于翼是由各向同性材料制成的,因此结构的

响应既有展向弯曲,也有扭转。

对于 4.4.2.1 节中的弦向柔性翼和 4.4.2.2 节中的展向柔性翼,前飞过程中产生的推力主要取决于相对于翼根强迫运动产生的翼尖运动。对于悬停在空中的扑动 Zimmerman 翼,绘制出由规定振幅 $h_a = R\sin\phi_a$ 归一化的最大水平翼尖位移 w,随相对于刚体运动行程顶部的相位滞后的变化图。与强迫运动相比,较高的翼尖振幅对应较大的相位滞后,而翼尖运动是同相的。最低 Π_1/ρ^* 值的情况下,变形较大,与图 4.39 所示的代理模型响应一致。

4.5　柔性翼力生成的换算参数

如 4.4.2 节所述,最大推进力,如前飞时的推力或悬停运动时的升力,产生的频率略低于系统的固有频率[222,367,453,454,494,508]。Zhang、Liu 和 Lu 等[222]采用格子玻耳兹曼方法,对翼前缘支点处具有扭转弹簧的刚性平板进行了数值模拟。他们得出的结论是,当前缘以低于系统固有频率的运动频率沉浮时,平板将向前移动,从而产生推力;如果运动频率与固有频率之间的频率比大于1,平板将向后移动。同样地,Masoud 和 Alexeev[508]使用格子玻耳兹曼方法来证明在频率比为 0.95 时获得最大推进力。当惯性效应变得比流体惯性更为重要时,力的最大值会增大。Michelin 和 Llewellyn-Smith[494]使用势流理论来描述在一个沉浮柔性翼周围的流动。结果表明,在共振条件下,后缘扑动幅度和推进力最大。在一系列使用自推进简化昆虫模型的实验中,Thiria 和 Godoy-Diana[453],Ramananarivo、Godoy-Diana 和 Thiria[454]也表明,在频率比为 0.7 左右时产生最大推力。最近,Gogulapati 和 Friedmann[367]将一个被扩展到包括前飞流体黏性影响的近似空气动力学模型耦合到一个非线性结构动力学模型。对于复合各向异性 Zimmerman 翼[507]的各种设置,他们研究了前飞时产生的推进力。他们发现,最大的推动力也是在频率比略低于 1 时得到。这些观察结果与对共振现象的一般感知是一致的,在共振现象中,即使是较小的外力也能引起大幅变形,并且可能是高效的。

然而,据报道,昆虫的拍动频率低于翅膀的固有频率,只有共振频率的几分之一[509,510]。Sunada、Zeng 和 Kawachi[509]测量了四种不同蜻蜓在空气中振动的固有频率以及翅膀拍动频率。翅膀拍频比在 0.30~0.46 之间。Chen, Chen 和 Chou[510]还测量了蜻蜓翅膀的拍动频率和固有频率。在他们的测量过程中,平均拍动频率为 27Hz,而使用频谱分析仪计算的固有频率在翅膀底部固定时为 170Hz,导致频率比约为 0.16。

此外,还使用自推进模型对推进效率进行了数值模拟[492,508]和实验研究[453,455]。Vanella 等[492]对一个双连杆模型进行了数值研究,发现当翼在 0.33 的频率比下被激励时,可以实现最佳性能。对于在 $7.5 \times 10^1 \sim 1 \times 10^3$ 范围内考虑的所有雷诺数,尾迹捕获机制因在逆行程时翼周围更强的流动而增强,这是由后缘更强的涡流造成的。使用前面描述的实验设置,Thiria 和 Godoy – Diana[453],以及 Ramananarivo、Godoy – Diana 和 Thiria[454]的研究结果表明,在 0.7 的频率比下获得最大效率,低于最大推力的频率比。他们得出的结论是,性能优化不是通过考虑共振,而是通过调整翼形状的时间演变来获得的。相比之下,Masoud 和 Alexeev[508]表明,当运动在频率比为 1.25 时被激发,在 $Re = 100$ 的情况下,悬停平板的效率最佳。在他们的装置中,柔性平板的几何迎角为 40°,与前面提到的研究相比,前者的沉浮运动是对称的。

4.5.1 推进力和无量纲翼尖变形参数

根据 4.4.2.1 – 4.4.2.3 节中针对三种不同情况的结果,Kang 等[351]观察到以下现象:①时均力随着运动频率的增加而增加;②结构特性的变化,如厚度比、弹性模量或翼密度(质量),导致力产生过程中的非单调响应;③对于悬停各向同性 Zimmerman 翼,力产生过程中密度比和有效刚度的比值随时均升力的产生而单调变化。为了解释观察到的趋势,基于缩比理论,Kang 等[351]主要根据简化近似的等式(4.1)分析流体动力 f_{ext}^*(另见 3.6.4 节)。流场和结构位移场应同时满足式(3.18)和式(4.1);在这两个方程中,式(4.1)的优点是除了流体动力项外,它是线性的;相反,Navier – Stokes 方程中的对流项是非线性的。然后,通过考虑能量平衡,建立了时均力与最大相对位移的关系。

为了抓住由于柔性带来的力增量的本质,有必要分析施加的运动学、翼的结构响应以及作用于翼的流体力之间的相互作用。关于垂直于翼运动的时均力 $\langle C_F \rangle$ 与最大相对翼尖变形 v_{max} 之间关系的推导很长,其中 $v^*(x^*, t^*) = w^*(x^*, t^*) - h(t^*)$ 是相对于强迫运动的翼位移;详见 Kang 等[351]。使用简化近似法的处理方法有助于分析,但主要用于阐释标度分析,并不能提供完整的解决方案。考虑方程式(4.26),在一维空间 $0 \leqslant x^* \leqslant 1$ 和时间 $t^* \geqslant 0$ 时,对于法向位移 w^*,翼近似为线性梁。在前缘 $x^* = 0$ 施加一个式(3.12)的沉浮运动。后缘 $x^* = 1$ 被视为自由端,即边界条件

$$w^*(0, t^*) = h(t^*) = St\frac{\pi}{k}\cos(2\pi t^*)$$

$$\frac{\partial w^*(0, t^*)}{\partial x^*} = \frac{\partial^2 w^*(1, t^*)}{\partial x^{*2}} = \frac{\partial^3 w^*(1, t^*)}{\partial x^{*3}} = 0$$

以及初始条件

$$w^*(x^*, 0) = St\frac{\pi}{k}, \frac{\partial w^*(x^*, 0)}{\partial t^*} = 0$$

对于弦向柔性翼型,其中涉及 l/c_m 的因子变为 1)。对于分别在 4.4.2.2 节和 4.4.2.3 节中讨论的展向柔性翼和各向同性 Zimmerman 翼情况,Π_0 和 Π_1 需要校正

为 $l/c_m = AR$。按照 Mindlin 和 Goodman[511] 中描述的方法,可以通过在位移 $v(x^*,t^*) = w(x^*,t^*) - h(t^*)$ 上叠加沉浮运动找到具有均匀边界条件的偏微分方程。在翼根处产生正弦位移的结果是翼的振动响应等价于正弦激振力,即惯性力。式(3.12)给出的动态运动通过流体力项 f_{ext}^* 与流体运动耦合,由于其非线性,无法以闭合形式求解。

对于高密度比 FSI 系统,Daniel 和 Combes[470] 以及 Combes 和 Daniel[472] 表明翼运动产生的惯性力大于流体动力。为了涵盖更广泛的密度比范围,Kang 等[351] 通过考虑附加质量效应以包括流体动力。动力来源于 3.6.4 节中讨论的缩比理论,其中对于高 k,由于加速体而产生的附加质量项(另见 Combes 和 Daniel[472])对翼的贡献大于流体动力脉冲产生的流体动力;本研究中考虑的无量纲数汇总见表 4.2。图 3.55 说明了非定常流体力各种效应的重要性。因此,翼动力学是根据施加的翼加速度用外力建模的,即

$$f_{\text{ext}}^*(t^*) \approx 2\pi^2 Stk\cos(2\pi t^*) \tag{4.30}$$

而结构动力上的外力并没有明确的空间分布,而是以时间形式简化。

当与惯性力结合时,总外力 $g(t^*)$ 变为

$$g(t^*) = f_{\text{ext}}^*(t^*) - \Pi_0 \frac{d^2 h(t^*)}{dt^{*2}} \approx 2\pi^2 \left(1 + \frac{4}{\pi}\rho^* h_s^*\right) Stk\cos(2\pi t^*) \tag{4.31}$$

翼尖位移的解由 Kang 等[351] 使用变量分离法给出,即 $v(x^*,t^*) = X(x^*) \cdot T(t^*)$,且

$$T_n(t^*) = \frac{2\pi\left(1 + \frac{4}{\pi}\rho^* h_s^*\right) Stk Q_n}{\Pi_0 (f_n^2/f^2 - 1)} \{\cos(2\pi t^*) - \cos(\omega_n t^*)\} \tag{4.32}$$

对于时间分量,用 Q_n 表示空间模式中单位函数的傅里叶系数,满足

$$Q_n = \frac{\int_0^1 X_n dx^*}{\int_0^1 X_n^2 dx^*}$$

以及固有频率

$$\omega_n^2 = \left(\frac{k_n 1}{1}\right)^4 \frac{\Pi_1}{\Pi_0} = \left(\frac{2\pi f_n}{f}\right)^2 \tag{4.33}$$

式中:k_n 是 $k_1 L \approx 1.875$ 时属于空间模式 X_n 的特征值。对于悬臂摆动梁,空间分量 X_n 相同。等式(4.32)给出的翼的时间演化表明,存在一个放大系数为 $1/\left(\frac{f_n^2}{f^2} - 1\right)$,取决于梁的固有频率 f_n 与激励频率 f 之间的比率。

全解为 $w(x^*,t^*) = h(t^*) + \sum_{n=1}^{\infty} X_n(x^*)T_n(t^*)$。一阶振型($n = 1$)的翼

尖变形幅度 γ 表示为

$$\gamma = \frac{\left(1 + \dfrac{4}{\pi}\rho^* h_s^*\right) \cdot St \cdot k}{\Pi_0 (f_1^2/f^2 - 1)} \quad (4.34)$$

相对于由弦长归一化的强迫刚体运动。参数 γ 可重写为

$$\frac{\gamma}{h_a/c_m} = \left(\frac{\rho}{\rho_s}\frac{c_m}{h_s}\frac{\pi}{4} + 1\right)\frac{4}{\left(\dfrac{f_1}{f}\right)^2 - 1} \sim \frac{A+1}{\left(\dfrac{f_1}{f}\right)^2 - 1} \quad (4.35)$$

式中：$f_1/f = \omega_1/(2\pi)$ 为频率比的倒数；$A = \pi\rho c_m/(4\rho_s h_s)$ 为加速反作用力(附加质量)与翼惯性之比。根据这一比值的数值，加速度反作用力项或翼惯性力可以忽略不计。方程(4.35)给出了由沉浮运动幅值归一化的相对翼尖变形，这与基于变形翼尖位移的斯特劳哈尔数有关。注意，当 A 足够大时，可以忽略惯性力项，因此 γ 与 $Ah_a^* \sim \rho h_a/(\rho_s h_s)$ 成比例。

提出的估算扑翼产生力的缩比参数是根据观察得出的，即翼尖处翅膀的动态变形 γ(由等式(4.34)给出)与静态翼尖偏转 $\langle C_F \rangle/\Pi_1$ 之间存在相关性。通过考虑无量纲能量方程，Kang 等[351]得出了时均化 $\langle C_F \rangle$ 与缩比因子 γ 表示的最大相对翼尖位移之间的以下关系，假设为 $f_1/f \ll 1$，从而得出

$$\frac{\langle C_F \rangle}{\Pi_1} \sim \gamma \quad (4.36)$$

图 4.40 所示为三种典型情况下得出的等式(4.36)的缩比参数。当以对数比例绘制时，如图 4.40 所示，所考虑的所有情况的比例变得更加明显。决定系数 $R^2 = 0.98$ 时数据集的线性拟合表明，归一化力与 γ 之间的关系是幂指数规律，指数为 1.19。源于量纲分析的关系式(4.36)，然后简化为

$$\langle C_F \rangle = \Pi_1 \Psi(\gamma) \quad (4.37)$$

式中：$\Psi(\gamma) = 10^{0.98}\gamma^{1.19}$。Thiria 和 Godoy–Diana[454]提出的作为空气中推力缩比参数的弹惯性系数 N_{ei} 是 γ 的一个特例，即

$$\gamma \xrightarrow{\rho^* h_s^* \gg 1, f/f_1 \gg 1} N_{ei} \quad (4.38)$$

重要的是要注意，图 4.40 中的 y 轴显示了 $\langle C_F \rangle$。回顾一下，$\langle C_F \rangle$ 被定义为垂直于翼并导致翼变形的力；因此，$\langle C_F \rangle$ 是垂直于 $\langle C_T \rangle$ 或 $\langle C_L \rangle$ 的力，这取决于翼变形的方向。对于在水中向前飞行的纯沉浮弦向柔性翼型情况，$\langle C_F \rangle = \langle C_T \rangle/(St \cdot k)$，其中 $St \cdot k$ 因子是附加质量力 $\langle C_{L,\max} \rangle/\langle C_T \rangle \sim (St \cdot k)$ 与 Garrick[335]纯沉浮翼型力 $\langle C_T \rangle$ 的比值。对于由 (f, h_s^*) 参数化的所有弦向柔性翼型情况，$\langle C_F \rangle/\Pi_1$ 几乎与 γ 成线性相关。回顾一下，与附加质量项相比，由沉浮边界条件引起的惯性力项较小，因为对于沉浮弦向柔性翼型 $\rho^* h_s^* \ll 1$。与较高的运动频率情况相比，五种

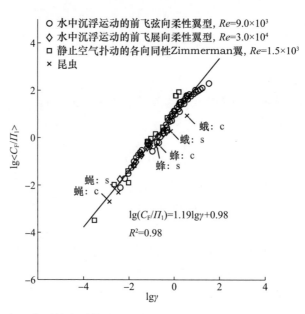

图4.40 归一化时均力系数随 γ 的变化,如式(4.36)。对于昆虫,字母 c 和 s 分别代表弦向和展向柔性方向。来自 Kang 等[351]

厚度下最低频率时的推力产生有较大的变化,图4.40并没有显示。一个似乎合理的解释是,由于在较低的运动频率时存在刚性泪珠部分,当前的分析会失效。当刚性泪珠的沉浮运动很慢时,大的前缘半径产生的时均阻力超过了小偏转的薄平板产生的推力。如图4.40所示,在所有五个厚度比情况下,翼型在 $St=0.085$ 时产生阻力,这将导致 $\langle C_F \rangle / \Pi_1$ 预测值过低。

对于展向柔性翼,尽管相对于翼柔性的雷诺数和推力方向与弦向柔性翼不同,但可以通过将三维翼近似为梁进行类似的分析,对于 Π_0 和 Π_1,修正系数为 l/c_m = AR,如4.5节所述。由于同样的原因,力系数采用与弦向柔性翼相同的参数进行缩比,也就是说,$\langle C_F \rangle = \langle C_T \rangle / (St \cdot k)$。

对于扑动 Zimmerman 翼的情况,翼在空气中盘旋,因此密度比比在水中高。因此,惯性力在附加质量力上占主导地位,如前所述[470,472]。如果假设压力变化为 $O(1)$ 级,水平力 $\langle C_F \rangle$ 可以通过使用 h_s^* 归一化 $\langle C_L \rangle$ 得到,因为法向力和水平力与厚度比成正比。此外,从数值框架计算出的升力仅代表没有翼惯性力的流体动力。作用在翼上的惯性力是通过乘以系数 $\rho^* h_s^* / (St \cdot k)$ 来估算的,该系数是惯性力(正比于 $\rho^* h_s^{*2}$)与流体力(正比于 $St \cdot k$)和 $\langle C_L \rangle$ 之间的比值。由此得到的垂直轴归一化值为 $\langle C_F \rangle = \langle C_L \rangle \rho^* / (St/k)$。

尽管目前的算例有不同的运动学特性(沉浮与扑动;向前飞行与悬停)、不同的密度比(低与高)和结构柔性(单向与各向同性),但先前的趋势再次出现,表明该标度参数 γ 的普遍性。扑动各向同性 Zimmerman 翼悬停情况的趋势在垂直方向上略有偏移,表明由此产生的升力较低。一个重要的因素是约束翼尖变形的刚性三角形(图4.37)存在的影响,使得产生的翼尖变形小于在没有刚性三角形的翼根驱动所施加的运动学的设置。

对于悬停运动中扑动各向同性Zimmerman翼的情况,可以将升力产生与γ联系起来。这一结果表明,可以采用当前尺度分析的外推法计算悬停昆虫的升力。几种昆虫在悬停运动中的升力近似于实验测量的天蛾[226,227]、大黄蜂[512]和果蝇[513-514]的重量。为了计算表4.3中列出的参数,假设翼具有恒定厚度和密度的拍动矩形平面形状。为了计算展向和弦向的有效刚度(即分别为$\Pi_{1,s}$和$\Pi_{1,c}$),使用了Combes和Daniel[402]提出的弯曲刚度数据及其翼长度。结果如图4.42所示,缩比参数为

$$\frac{W}{\frac{1}{2}\rho U_{\text{ref}}^2 c_m^2} = \Pi_1 \frac{St/k}{\rho^* h_s^*} \Psi(\gamma) \sim \Pi_1 \frac{\rho h_a}{\rho_s h_s} \Psi(\gamma) \quad (4.39)$$

再次证明,升力近似于用γ缩比的昆虫的重量。

表4.3 文献中得到的天蛾、大黄蜂和果蝇的运动学、几何、流体以及结构参数

昆虫	天蛾	大黄蜂	果蝇
c_m/mm	18.2	3.22	0.96
R/mm	47.3	10.9	3.0
f/Hz	26.1	181	240
$\phi_a/(°)$	57.2	72	75
$Re/10^3$	6.2	2.2	0.25
K	0.3	0.18	0.19
St	0.25	0.25	0.25
$h_s^*/10^{-3}$	2.0	1.0	0.6
$\rho^*/10^3$	2.0	2.1	1.1
$\Pi_{1,s}/10^2$	0.43	1.4	26
$\Pi_{1,c}$	0.53	2.8	211

注:数据来源于Willmott和Ellington[226-227],Buchwald和Dudley[512],Vogel[513],Shevtsova等[514],及Combes和Daniel[402]。

当前的分析表明,时均力(如推力或升力),可以将力通过有效刚度Π_1归一化,从而与最大相对翼尖位移关联起来,进而得出与静翼尖位移等效的测量值。这些特性如图4.41所示。注意,关系不是线性的,这表明等式(4.34)中的c实际上不是一个常数。对于展向柔性翼,尽管极度柔性翼具有较大的相对变形,但其有效刚度比柔性翼小5.6倍。因此,即使在最高运动频率下极度柔性翼的静翼尖位移较大,由于有效刚度较低,与该变形相对应的力也较小。此外,根据最大相对翼尖变

形绘制$\langle C_T \rangle / \Pi_1$会使两条曲线相互重叠。式(4.35)表明,对于$\rho^* h_s^* \gg 1$,惯性力对翼变形的影响将大于附加质量产生的力。在空气中,ρ^*很高,因此除了通过有效刚度进行归一化外,时均力还需要乘以$\rho^* h_s^*$,以解释惯性力。

在不假设$f/f_1 \ll 1$的情况下,Kang和Shyy[404]考虑了柔性平板在$Re = 100$和1000时的悬停运动。在密度比为7.8的流体中,在平板前缘施加了与水中钢相对应的正弦沉浮运动。平板在自身惯性作用下发生变形,产生气动载荷,导致被动俯仰。本研究考虑的频率比为$0.04 < f/f_1 < 0.8$。应用等式(4.36)给出的缩比导致了较高频率比的非单调趋势,这表明等式(4.36)确实只适用于较小的频率比。相反地,他们提出了一个修正的比例,用$2\pi\gamma$来近似翼尖的速度,这导致

$$\frac{\langle C_F \rangle}{\Pi_1 \left[1 - \left(\frac{f}{f_1}\right)^2\right]} \sim \gamma \qquad (4.40)$$

等式(4.40)能够缩比悬停柔性平板产生的升力,包括被动俯仰,其中$\beta_1 = \Pi_1 \left[1 - \left(\frac{f}{f_1}\right)^2\right]$。式(4.40)给出的一个有趣的缩比性质是,当$f/f_1 \ll 1$时,左侧分母变为1,该式变成式(4.36)。

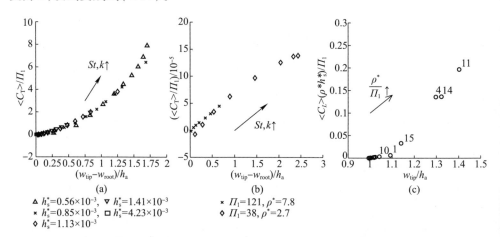

图4.41 当前计算的由有效刚度归一化的时均力(推力或升力)系数随最大相对翼尖变形的变化。(a)弦向柔性;(b)展向柔性;(c)各向同性Zimmerman,图中标记旁边的数字表示算例编号。来自Kang等[351]

总之,推力的产生包括前缘吸力和弦向变形后翼的压力投影的贡献。当后翼的柔性增加时,泪珠部分的推力减小,有效迎角也减小。在一定范围内,随着弦向柔性的增加,即使有效迎角和净气动力因弦向形状变形而减小,平均推力和瞬时推力也因垂直于飞行轨迹的投影面积的增加而增大。此外,对于展向柔性的情况,从翼根到翼尖的运动相关性起作用。在适当选择的展向柔性范围内,由于翼变形,沉浮翼的有效迎角和推力得到增强。

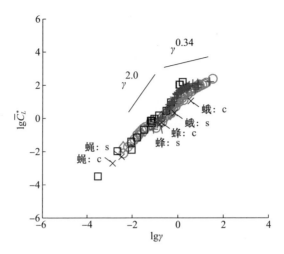

图 4.42　归一化时均力系数随 γ 的变化,如式(4.40)。对于前飞情况、Zimmerman 翼情况以及昆虫,数据点和图 4.40 完全一样。来自 Kang 和 Shyy[359]

4.5.2　昆虫大小的悬停柔性翼的缩比和升力生成

为了进一步说明柔性翼可能的影响,Kang 和 Shyy[404]认为,翼柔性的效果可以从两个角度来探讨:①根据身体周围的应力分布研究平衡形状柔度,由此产生的迎角和翼形状的改变可能会更好地适应,以减少大量分离和失速的趋势;②瞬态过程中的结构动力学可以提供除静态形状柔度以外的更多时间相关行为。即使在与昆虫飞行相关的低雷诺数(即 $Re = O(10^2)$)下,具有形状柔度的流体流动与瞬态响应之间的相互作用也是非线性和有趣的[557]。

为了分离这些气动力变化的来源,Kang 和 Shyy[404]考虑了柔性沉浮翼,通过规定翼前缘(LE)的正弦位移(图 4.43(a)),使翼仅做平动。因此,由于气动载荷、弹性恢复力和翼惯性之间的动态平衡,所产生的翼弯度变形和旋转角 α(后缘(TE)和 LE 之间的角度)纯粹是被动的。为了得到具有最小复杂度和模糊度的柔度效应,α 由分别使用行程中间的角度 α_m 和行程结束的角度 α_e 的一阶谐波(FH)近似,因为 $\alpha_{FH} = 90 - \alpha_a \cos(2\pi t^* + \phi)$,所以只需要计算角振幅 α_a 和相位滞后 ϕ。具体来说,他们把 α 和 α_{FH} 施加在一个没有弯度的刚性平板上。为了阐明流体物理和形状柔度之间的相互作用,他们首先考虑了带有 α 的柔性翼和刚性翼。如 4.5.2 节所述,周期平均升力系数 $\bar{C}_L$ 和 γ 涵盖了与昆虫以及人工设计的柔性翼有关各种翼柔性和扑动特性(图 4.43(b))。参数 γ 可以解释为相对于 LE 的无量纲翼尖位移。弦向翼变形作为有迎角情况时的被动俯仰,这是空气动力学的一个关键度量,直接影响升力(图 4.43(c))。

刚性翼在逆行程中会产生附加力。当主动旋转翼对周围流体施加力时,流体

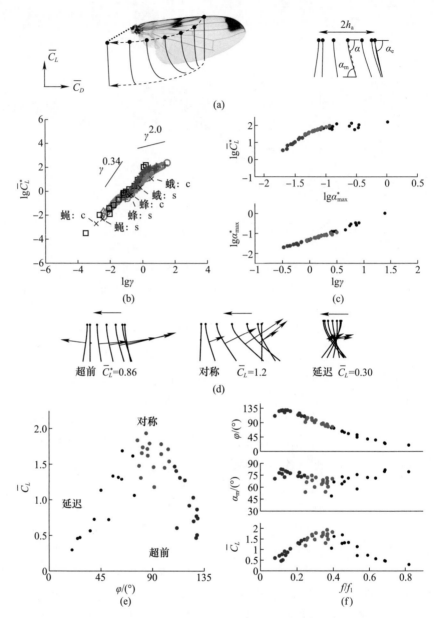

图4.43 柔性翼产生的气动力。(a)超前旋转情况翼的运动;(b)由 γ 缩比的归一化升力 $\bar{C}_L^*$;(c) $\bar{C}_L^*$(以 $\bar{C}_L^*$ 同样的方式归一化的最大角度 α_{max}^*,以及 γ);(d)超前、对称以及延迟相位模式;(e) $\bar{C}_L^*$ 随 φ 的变化;(f) φ、α_m 及 $\bar{C}_L$ 随 f/f_1 的变化。来自 Kang 和 Shyy[404]

会因延迟失速或 3.3 节所述的平移机制而增加或减少升力。具体效果取决于平动和转动之间的相位差,超前旋转是最佳的。柔性翼还通过被动旋转来描述这三种相位模式(图4.43(d))。相位滞后 ϕ 与 f/f_1 密切相关,随着 f/f_1 的增加,产生超前、对称和滞后三种旋转模式(图4.43(e))。然而,由于升力增强的旋转效应,在 TE 附近主动旋转刚性翼上存在的大压差由于柔性翼的柔顺性而被减缓。翼没有产生旋转力,而是使其形状成流线型,使得翼形状和运动与流体力平衡,类似于柔性体的减阻重构。被动旋转角 α 纯粹是由 γ 和 f/f_1 缩比的振幅和相位的变形引起的。此外,α_m 是在最大平动速度瞬间测量的,因此代表与平动机制有关的力。对于超前旋转($f/f_1 < 0.25$),$\alpha_m > 70°$。翼方位几乎垂直,产生较小的升力。另一方面,对于 $f/f_1 > 0.4$ 的滞后旋转模式,变形可能会变得相当大,但由于平移与被动旋转不同步,因此产生的 α_m 和升力仍然小于对称旋转。当 α_m 为 $45° \sim 50°$ 时,平动力达到峰值,对应于 $0.25 < f/f_1 < 0.4$(图4.43(e))。由此产生的升力与具有主动旋转的刚性翼的升力大小相似。然而,对于对称旋转模式,升力现在是最佳的(图4.43(f))。这也可以在果蝇和蜜蜂的翅膀运动学特性中观察到。

为了进一步评估柔性的影响,Kang 和 Shyy[404] 比较了柔性翼和刚性翼旋转 α_{FH} 时产生的升力。两翼产生的升力与 γ 成比例(图4.44(a))。大多数柔性翼产生更高的升力,其差异取决于 γ/k_2(图2B)。随着 γ 的增加,翼变形变大,最终导致观察到的差异。通过考虑附加质量力的相对贡献和3.6.4节所述的流场中涡量诱导的力,可以解释对 k_2 的依赖性,对于悬停,分别由 k 和 $1/k$ 缩比。

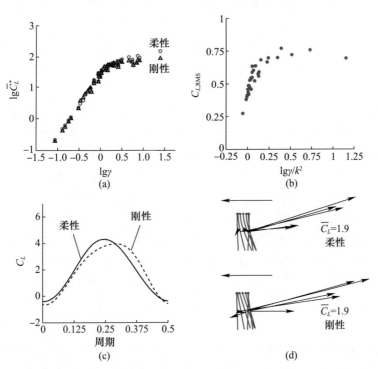

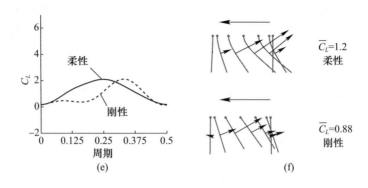

图4.44 柔性翼和刚性翼的升力差别。(a)柔性翼和刚性翼 $\overline{C}_L^*$ 随 γ 的变化;(b)升力的 RMS 值差别 $C_{L,\text{RMS}}$ 随 $\lg\gamma/k^2$ 的变化;(c)、(d)和(e)、(f)分别是两种情况下升力的时间变化以及升力差别最大和最小时的翼形状。两种情况均表现为对称旋转,(c)中减缩频率较高,(e)中减缩频率较低。(d)、(f)是各自的瞬时翼形状。来自 Kang 和 Shyy[404]

因此,在 k 值较高时,附加质量力与翼加速度成线性比例,对升力的贡献较大。附加质量对两翼总气动力的影响仍然相似,因为翼运动的本质在柔性和刚性翼之间是一致的。因此,产生的升力接近图4.44(c)和(d)。

当减缩频率降低时,流场中涡量诱导的气动力(如平动力)和非线性翼-尾流相互作用,开始主导升力。这些非定常空气动力学中的非线性会导致有趣的结果,这是由于所产生的非线性翼运动和弯度变形的微小差异造成的。例如,图4.44(e)说明了升力最大差异对应的情况。与刚性翼相比(图4.44(e)、(f)),柔性翼上的升力在行程中间位置时要高得多,这样柔性翼产生的升力就更高:刚性翼为0.88,而柔性翼为1.2。

扑翼研究中的简洁表达 α_FH 是3.4.1节所述刚性翼的常用近似值,尽管观察到悬停果蝇和蜜蜂明显远离正弦曲线[228]。与这些昆虫类似,所产生的柔性翼运动明显偏离正弦曲线,这取决于翼特性(图4.45(a))。一般地,迎角为 α 的刚性翼的升力更高。流体与翼结构之间的动态平衡导致旋转,在行程中间位置附近 $\alpha_\text{max} = \max(\alpha)$ 指示的变形较大(图4.45(b))。α 之后的刚性翼产生更高的升力,这与 α_max 和简谐运动中的角振幅 $\alpha_{\text{max,FH}}$ 之间的差异相关,大部分如图4.45(c)所示。相反,这意味着偏离简单的正弦旋转运动可以获得更好的性能。

如图4.46所示,柔性翼相对于刚性翼升力增加的一个重要机制是翼-尾迹相互作用。Kang 和 Shyy[404]考虑了一种柔性翼以及相应的刚性翼,旋转 α 从而只关注弯度变形的影响。LEV 和 TEV 在上一个运动行程中脱落,分别用 LEV_0 和 TEV_0 表示,形成一个涡对,并在中间行程附近诱导出向下的尾流,另见第3章,在其返回行程中与翼相互作用。刚性翼-尾流相互作用的结果各不相同。在有利的条件下,增加的动量使升力在行程的第一部分增加。翼随后会经历两个升力峰值:尾迹

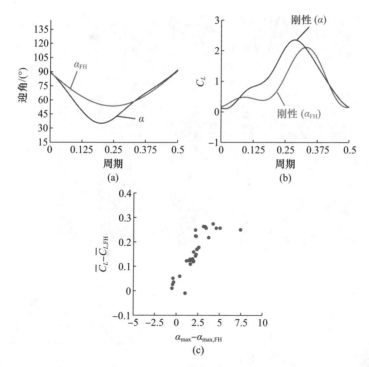

图4.45 非线性结构运动增加了升力。(a)对于有明显变形的情况,产生的翼运动(蓝色)偏离一阶谐波近似值(红色);(b)施加 α(蓝色)和 α_{FH}(红色)运动的刚性翼相应的升力时间变化;(c) $\overline{C}_L^*$ 的增加随 α_{max} 差值的变化。来自 Kang 和 Shyy[404](见彩图)

捕获和延迟失速峰值,如图4.46(b)所示。然而,尾流也会形成向下流动,导致行程中升力显著下降。

另一方面,柔性翼可以重新配置其形状,调整其弯度以使周围流动的流线型更好[404]。因此,柔性翼的 TEV 形成减少,诱导下洗的负面影响得到缓解(图4.46(a)、(b)),从而在行程中产生更高的升力。对于蝗虫,后缘张力使纹理受压,在后翼测量到了正弯度[224]。正弯度导致了伞效应,增强了下行时的升力[224,521]。与雷诺数 $Re \approx 4 \times 10^{3\,[224]}$ 时的蝗虫相比,图4.46着重于 $Re = 100$ 时不同翼的详细特征。这就导致了不同的观察结果:负弯度总体上不利于空气动力性能。然而,对于扑动柔性体,流线型机制使平动升力的利用效率更高,而在逆行程中,它减少了与力增强相关的旋转。因此,升力随时间从两个峰值形状变为行程中间的一个峰值(图4.46(c))。升力增强随着变形的增加而增加,由 γ 决定(图4.46(d))。

为了量化这种流线化过程,Kang 和 Shyy[404]首先测量了 TEV_0 中速度梯度张量 Q 的第二不变量最高点处的涡量。刚性翼的 TEV_0 涡量值更高,这与更强的下洗相关(图4.46(c))。他们通过翼上游跟踪窗口上法向速度的平均化来估计下洗的强度。图4.46(e)证实了图4.46(a)中描述的刚性翼更强的下洗。

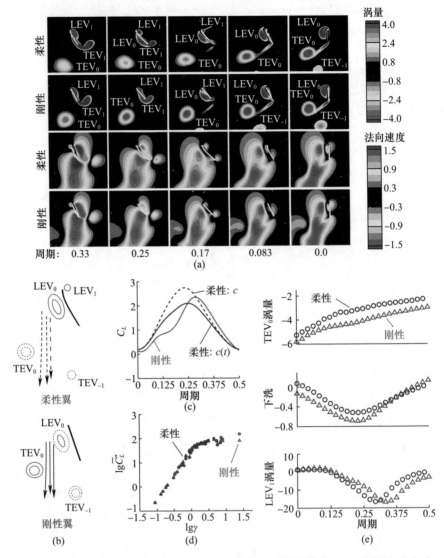

图 4.46 与旋转 α 的刚性翼相比,对称旋转模式的流线化效应。(a)涡量和法向速度场(为了清晰,翼厚度被夸大);(b)翼-尾迹相互作用示意图;(c)由 c 或 $c(t^*)$ 归一化升力的时间变化;(d) $\overline{C}_L^*$ 随 γ 的变化;(e) TEV_0、LEV_1 以及下洗的涡量时间变化。来自 Kang 和 Shyy[404](见彩图)

迎角是衡量空气动力学性能的一个关键指标,它直接影响飞机的 LEV 和升力等特性。由于悬停翼周围的流场很复杂,为了更好地描述空气动力学,需要定义一个有效的迎角,Kang 和 Shyy[404]将翼的平动速度与周围流体的下洗相结合以定义有效迎角。此外,为了估计下洗对升力的影响,他们对准定常模型的平动力项使用了有效迎角(图 4.47(a))。准定常升力与 Navier-Stokes 解的相关性与没有下洗修正的估算值相比显著提高(图4.47(b)、(c))。增强的一致性表明,行程中升力的下降确实是由刚性翼的翼-尾流相互作用引起的(图4.47(c))。柔性翼通过翼外形流线化减弱了下洗,优于相应的刚性翼,其升力系数差异高达0.3。柔性结构的形状柔度和动力响应共同促进了升力的增强。然而,在不知道变形柔性翼的形状的情况下,准定常模型不能令人满意地预测气动力。此外,如果知道如何纠正有效的瞬时先验迎角,它的性能可以显著提高。没有对瞬时流场的全面了解,很难进行这样的修正。

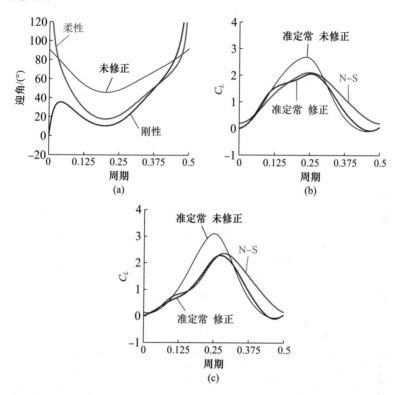

图4.47 准定常模型预测的下洗效应。(a)迎角;(b)、(c)基于翼速度和方位的准定常模型预测的未修正迎角(黑色),以及图4.46所示下洗修正的迎角(蓝色),(b)柔性翼,(c)刚性翼。来自Kang和Shyy[404](见彩图)

4.5.3 功率输入和推进效率

推进效率定义为

$$\eta = \frac{\langle C_T \rangle}{\langle C_P \rangle} \tag{4.41}$$

式中:$\langle C_P \rangle$是纯沉浮翼的时均功率输入,计算如下:

$$\langle C_P \rangle = \langle C_L \dot{h} \rangle \tag{4.42}$$

注意,由于惯性导致的时均功率在正弦运动[336]中消失,因为

$$\langle C_{\mathrm{P,inertia}}\rangle \sim \langle \ddot{h}\dot{h}\rangle = \int_0^1 \ddot{h}\dot{h}\mathrm{d}t = \int_0^1 \cos(2\pi t)\sin(2\pi t)\mathrm{d}t = 0 \quad (4.43)$$

在4.4.2.1节描述的弦向柔性翼和4.4.2.2节描述的展向柔性翼的推进效率与 St 的关系如图4.48所示。为了进行比较,两种情况下的实验测量[336,502]都包括在内。对于弦向柔性翼,η 随 h_s^* 的减小而增大。此外,η 首先随着运动频率(即斯特劳哈尔数)的增加而增加,因为沉浮振幅保持不变,但随后趋于平稳,达到某种最佳效率。最薄的翼型产生最高的 η。图4.45(b)所示的实验测量结果显示出类似的趋势;但是,与计算值相比,存在一个偏离。同样,计算建模或实验设置中涉及的不确定性也可能发挥作用。此外,如后文所示,$\langle C_\mathrm{P}\rangle$ 的大小比 $\langle C_\mathrm{T}\rangle$ 小一个数量级;因此,即使在功率输入测量过程中存在很小的不确定性,也会导致得出的 η 存在很大差异。对于展向柔性翼(图4.48(c)、(d)),发现了类似的趋势。

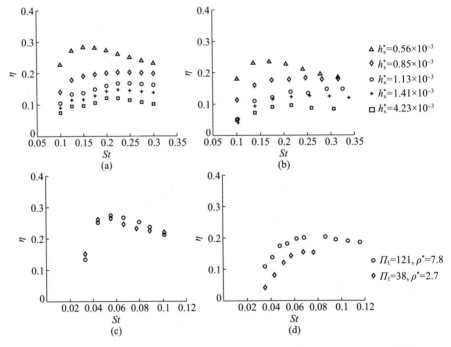

图4.48 推进效率随 St 的变化。(a)、(b)弦向柔性翼;(c)、(d)展向柔性翼

在讨论功率输入和推进效率的缩比之前,注意弦向柔性翼和展向柔性翼的推力产生缩比为 $\langle C_\mathrm{T}\rangle/\beta_1 \sim \gamma^{1.17}$,其中 $\beta_1 = \Pi_1/(k/St)$。与先前确定的值1.19(图4.40)相比,γ 的幂指数略有变化,因为各向同性Zimmerman翼案例和昆虫的数据点被排除在外。尽管数值不同,但在后面将讨论的推进效率的定性趋势仍然一样。

有关功率输入的一个有趣点是,流体动力模型被视为一个附加质量项,它与翼运

动的加速度成比例。如果翼是刚性的,就像惯性力产生的动力输入一样,那么会得到

$$\langle C_{\text{P,addedmass,rigid}} \rangle \sim \langle \ddot{h} \dot{h} \rangle = 0 \tag{4.44}$$

显然情况并非如此,如图 4.49 所示。对于小 St,功率输入按 St_2 缩比,但随着 St 的增加,弦向柔性翼的厚度比或展向柔性翼的不同结构特性都会影响产生的功率。所需功率非零的事实意味着翼所产生的瞬时升力相对于所施加的运动应具有相位滞后。相位滞后的一个主要来源是翼变形。通过确认等式(4.34)中给出的翼变形,可将附加质量产生的时均功率输入系数近似为一阶模态:

$$\begin{aligned}
\langle C_{\text{P,addedmass}} \rangle &= \int_0^1 \Pi_0 (\ddot{T} + \ddot{h}) \dot{h} \, \mathrm{d}t \\
&= \pi^2 \frac{Q_1 \gamma^2 k_1^8 \Pi_1^2}{k^2 \left(1 + \dfrac{4}{\pi} \rho^* h_s^*\right)} \sim \frac{\Pi_1^2}{k^2 \left(1 + \dfrac{4}{\pi} \rho^* h_s^*\right)} \gamma^2 \\
&= \beta_2 \gamma^2
\end{aligned} \tag{4.45}$$

其中积分近似为

$$\int_0^1 \cos(\omega_1 t) \sin(2\pi t) \, \mathrm{d}t = \frac{2\pi(1 + \cos\omega_1)}{\omega_1^2 - 4\pi^2} \approx -\frac{\pi \omega_1^2}{\omega_1^2 - 4\pi^2}$$

$$= \frac{\Pi_1}{4\pi} \frac{\gamma}{St \cdot k \left(1 + \dfrac{4}{\pi} \rho^* h_s^*\right)} \tag{4.46}$$

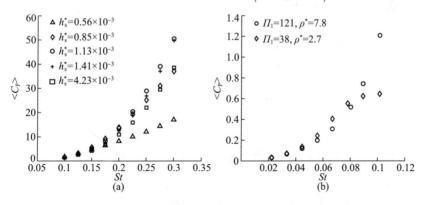

图 4.49 时均功率输入随 St 的变化。来自 Kang 等[351]

对于 $\Pi_1 \gg \Pi_0$,$\langle C_P \rangle$ 的缩比参数简化为 $St^2(1 + 4\rho^* h_s^*/\pi)$;因此,在水中 $\langle C_P \rangle \sim St^2$,例如本例中考虑的实验设置[336,502],或与先前文献[456,502]和图 4.49 一致的固定密度比和翼厚度比。由于 $\langle C_P \rangle$ 的缩比变化极大,因此在图 4.50 的 $\langle C_P \rangle / \beta_2$ 对 γ 的变化中,坐标轴都是对数标度的。$R^2 = 0.98$ 的线性拟合表明,功率输入与 $\gamma^{2.13}$ 成比例。推进效率的缩比现在根据推力的缩比而定,即 $\beta_1 = \Pi_1/(k/St)$ 时 $\langle C_T \rangle / \beta_1 \sim \gamma^{1.17}$,$\beta_2 = \dfrac{\Pi_1^2}{k^2 \left(1 + \dfrac{4}{\pi} \rho^* h_s^*\right)}$ 时 $\langle C_P \rangle / \beta_2 \sim \gamma^2$,因此

$$\eta = \frac{\langle C_T \rangle}{\langle C_P \rangle} \sim \frac{\beta_1 \gamma^{1.17}}{\beta_2 \gamma^2} \rightarrow \frac{\eta}{\beta_3} \sim \gamma^{1.17} \tag{4.47}$$

式中

$$\beta_3 = \frac{St\, k}{\Pi_1} \frac{\left(1 + \frac{4}{\pi}\rho^* h_s^*\right)}{\gamma^2}$$

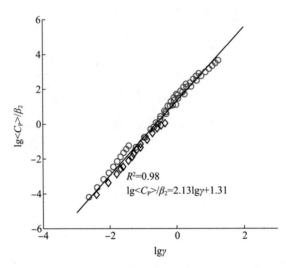

图 4.50　由 β_2 归一化的时均功率输入随 γ 的变化。○:弦向柔性翼;◇:展向柔性翼。来自 Kang 等[351]

结果的比例如图 4.51 所示。

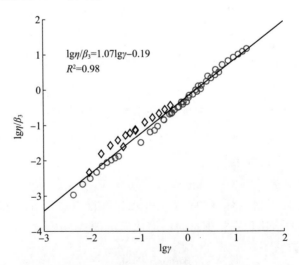

图 4.51　由 β_3 归一化的推进效率随 γ 的变化。○:弦向柔性翼;◇:展向柔性翼。来自 Kang 等[351]

4.5.4 缩比参数对扑动柔性翼气动性能的影响

时均力$\langle C_F \rangle$和推进效率η与翼上的合力有关,取决于具体情况,如流体/惯性力,有/无自由来流,或推力/升力/重量。目前的结果使我们能够利用已知的先验参数估计柔性扑翼时均力生成的数量级及其效率。

此外,该缩比可指导扑翼 MAV 的设计。例如,为了在空气中支撑给定重量W_{body}的机体,缩比方程(4.36)简化为

$$W_{body} \sim \frac{\rho_s^1 R^{3.19} f^{2.38} \phi_a^{2.19} c_m^{1.57}}{h_s^{0.38} E^{0.19}} \rightarrow f \sim \frac{m^{0.42} g^{0.42} h_s^{0.16} E^{0.080}}{\rho_s^{0.42} R^{1.34} \phi_a^{0.92} c_m^{0.66}} \qquad (4.48)$$

假设$\Pi_1 \gg \Pi_0$。当$f_1 \gg f$并进行简化时,满足条件$\Pi_1 \gg \Pi_0$。但它对结构特性的范围提出了限制,使得翼的固有频率高于运动频率。公式(4.48)表明,增加翼面积、运动频率或拍动幅度均有助于产生足够的升力来维持悬停飞行。相反地,通过使翼更柔软(即减小弹性模量或翼厚度),翼变形将增加,从而产生更高的升力。然而,进一步软化翼将违背频率比假设$f_1/f \gg 1$。给出的拍动频率的关系与 Pennycuick[59]确定的关系类似。注意,与等式(4.48)中的体重相比,翼重量可以忽略不计。

缩比的另一个含义是h_s^*对 4.3.2 节所述弦向柔性翼型情况作用的有趣行为。据观察,随着h_s^*的降低,$\langle C_T \rangle$先升高后降低,见图 4.31。使用当前缩比,重复如下:

$$\langle C_T \rangle \sim \Pi_1 \frac{St}{k} \gamma^{1.17} = \Pi_1 \frac{h_a}{c_m} \left\{ \frac{Stk}{\Pi_0 \left(\frac{k_1^4}{4\pi^2} \frac{\Pi_1}{\Pi_0} - 1 \right)} \right\}^{1.17} \qquad (4.49)$$

首先考虑$f_1 \gg f$,即h_s^*不小的情况。那么γ中的分母可以近似为

$$\Pi_0 \left\{ \frac{k_1^4}{4\pi^2} \frac{\Pi_1}{\Pi_0} - 1 \right\} \approx \Pi_1$$

得出

$$\langle C_T \rangle \sim St^2 \left(\frac{Stk}{\Pi_1} \right)^{0.17} \qquad (4.50)$$

因此,通过降低厚度比,$\Pi_1 \sim h_s^{*3}$将减小,导致观察到$\langle C_T \rangle$的增强。然而,进一步降低h_s^*,频率比f_1/f最终将达到相同的数量级,从而导致不同的物理现象。如果,假设$f_1/f = O(1)$,但不在共振区,那么γ中的分母将按$\Pi_0 \left\{ \frac{k_1^4}{4\pi^2} \frac{\Pi_1}{\Pi_0} - 1 \right\} \approx \Pi_0$的比例缩比。然后,得到的比例将是

$$\langle C_T \rangle \sim St^2 \left(\frac{Stk}{\Pi_0} \right)^{0.17} \frac{\Pi_1}{\Pi_0} \qquad (4.51)$$

由于 $\Pi_1 \sim h_s^{*3}$ 以及 $\Pi_0 \sim h_s^*$,得到 $\langle C_T \rangle \sim h_s^{*1.83}$。这与图 4.31 所示的趋势一致,即进一步降低厚度比将减小推力。

此外,对于向前运动时水中扑动柔性翼的推力缩比,公式(4.37)可改写为

$$\langle C_T \rangle \sim St^2 \left(\frac{\rho h_a}{\rho_s h_s}\right)^{0.17} \left(\frac{f_1}{f}\right)^2 \left[\frac{1}{\left(\frac{f_1}{f}\right)^2 - 1}\right]^{1.17} \tag{4.52}$$

因为 $St \sim \omega, k \sim \omega, \Pi_0 \sim k^2 \sim \omega^2$,在共振频率下推力最大。事实上,系统中存在阻尼,无论是结构阻尼还是气动阻尼[456]。虽然此处不考虑阻尼效应,但将这些效应应用于线性振荡器(如文献[515])会产生略低于翼固有频率的共振频率,最大相对翼尖变形和推力为有限值,见图 4.52。在图 4.52(b)中,通过将分母项近似为

$$\sqrt{\left[1 - \left(\frac{f}{f_1}\right)^2\right]^2 + \left(d\frac{f}{f_1}\right)^2} \tag{4.53}$$

可以将阻尼效应包含进来。其中 d 是一些较小的阻尼系数。这一发现与之前的发现一致,即最佳推进性能在翼的固有频率附近,但略低于该频率[222,453-454,508]。

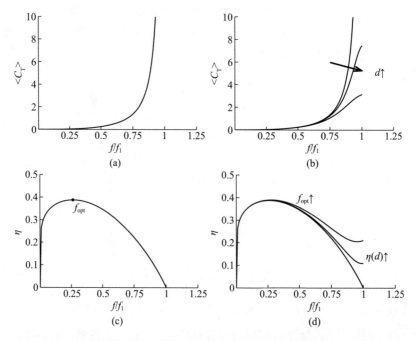

图 4.52 力和推进效率随频率比 f/f_1 的变化。(a)无阻尼力;(b)有阻尼力;(c)无阻尼效率;(d)有阻尼效率

推进效率缩比公式(4.47)可根据频率比 f/f_1 改写为

$$\eta \sim \left[1 - \left(\frac{f}{f_1}\right)^2\right]^{0.83} \left(\frac{f}{f_1}\right)^{0.34} \tag{4.54}$$

其局部最大值在 $f=0.41f_1$ 位置。根据力的比例,最佳频率为

$$\frac{\partial \eta}{\partial f}=0 \rightarrow \left.\frac{f}{f_1}\right|_{\text{opt}} = \sqrt{\beta - 1} \tag{4.55}$$

式中:β 是力缩比中 γ 的指数(式(4.37)中是 1.19 或式(4.47)中的 1.17),得出的最佳频率为固有频率的 0.41。这表明,最佳效率不是在共振频率下获得的,而是翼固有频率的若干分之一,这也与文献[453 - 454,492,510,516]中先前的发现一致;见表 4.4。然而,应注意等式(4.52)是由等式(4.36)推导而来,并假定 $f/f_1 \ll 1$。因此,严格地说,在共振频率下产生最大力的结论是不成立的。Kang 和 Shyy[404] 通过考虑频率比高达 0.8 的悬停柔性平板情况提出了修正比例,将得出 0.6 的频率比,而且不包含阻尼效应。

表 4.4 文献中的最佳频率比

文献	f/f_1	说明
Vanella et al.[492]	0.33	悬停,翼型,Navier - Stokes 方程耦合扭簧模型
Yin and Luo[516]	0.4 ~ 0.5	悬停,翼型,Navier - Stokes 方程耦合膜模型
Ramananarivo et al.[454]	0.5 ~ 0.6	自推进扑动飞行,实验
Kang et al.[351]	0.41	缩比分析

图 4.52(c)将等式(4.55)描述为频率比的函数,表明推进效率随着频率比的增加而增加,直到达到最佳效率,然后在共振频率下降至 0。由于无阻尼线性振荡器不能正确地表示共振行为,因此必须像以前一样在系统中包含一个任意阻尼。图 4.52(b)显示了包括阻尼的影响,其中 $d=0.0$、0.2 和 0.4:最佳频率比随着 d 的增加而增加,共振频率下的效率也随之增加。还要注意图 4.52(b)与图 4.48 所示的计算推进效率曲线之间的相似性。与 Ramananarivo、Godoy - Diana 和 Thiria[454] 报告的测量结果进行定性比较,结果表明,尽管精确的细节有所不同,但总体的定性趋势是相似的。

例如,对于空气中悬停的 2% 厚度铝制矩形翼,当翼的弦长为 20cm,展长为 50cm,扑动幅值为 30°时,扑动运动的最佳频率为 5.4Hz。将翼的几何尺寸缩小为原尺寸的 1/10,使弦长为 2cm,展长为 5cm,保持展弦比不变,最佳扑动频率增加到 54Hz。两种情况下产生的推进力系数和推进效率保持不变。但是,尺寸较小的翼所需的有量纲推进力和功率仅为尺寸较大的翼的 1/100,正比于弦长的平方。然而,对于相同的展弦比和厚度比,翼的体积与弦的立方成正比。因此,对于相同的材料,较小翼的质量仅为较大翼的 1/1000。当前的比例与 Shyy 等[245]一致,结果表明,从效率的角度来看,较小的飞行器需要更快的飞行,但是它们的相对有效载荷能力会增加,因为与较大的飞行器相比,它们的重量以更快的速度减少。

最后,表 4.5 总结了不同流动和运动学条件下的缩比参数。对于水中前飞,有效刚度 Π_1,归一化沉浮振幅 h_a^*,质量比 $\mu_s = \rho h_a/(\rho_s h_s)$,频率比 f/f_1 决定了推进力

和效率。空气中悬停时,对于所研究的运动学特性,质量比的作用被因子 $\rho^* h_a^* = \mu_s/h_s^*$ 所取代。确定空中悬停运动的效率有待于本研究今后的工作,并且所产生的缩比只能通过遵循与空气中前飞推进效率相同的理由来预测。注意,因子 $\rho^* h_a^* = \rho h_a/(\rho_s c_m)$ 远小于 $\mu_s = \rho h_a/(\rho_s h_s)$,导致在空气中悬停对称扑动/沉浮运动的推进力要低得多,因为厚度比的阶数通常仅为 0.01。该估计与 Ramananarivo、Godoy – Diana 和 Thiria[454]中的结果很匹配。对于悬停的 Zimmerman 翼,推进力 C_L 与输入功率所需的力 C_T 之比为 h_s^*。这种缩比表明,昆虫可能需要不同的机制,例如带加强前缘的主动或被动的俯仰运动,这在许多昆虫翅膀中常见(图 4.4)。此外,非对称运动,如翅膀向前运动的"8"字运动图(图 1.11),可能产生更高的效率[517]。

表 4.5 提出的缩比参数总结

参数	向前运动,水中	悬停,空气
力	$\beta_1 \gamma^{1.19}$	$\Pi_1 h_a^* (\rho h_a/\rho_s h_s)^{1.19} \left\{1/\left[\left(\frac{f_1}{f}\right)^2 - 1\right]\right\}^{1.19}$	$\Pi_1 h_a^{*1.19} (\rho h_a/\rho_s c_m) \left\{1/\left[\left(\frac{f_1}{f}\right)^2 - 1\right]\right\}^{1.19}$
效率	$\beta_3 \gamma^{1.17}$	$\beta_3 \gamma^{1.17}$	

注:数据来源于文献[351]。

4.6 飞行动物和柔性翼

近年来,在考虑柔性翼结构影响的同时,对飞行生物的气动性能进行了直接研究。例如,A. Agrawal 和 S. K. Agrawal[518]在 $Re = 7.0 \times 10^3$ 时,通过实验和数值模拟,研究了昆虫翅膀柔性对扑翼空气动力学的效益。他们比较了两个合成翼的性能:①一个基于天蛾翼的仿生柔性翼;②一个具有类似几何结构的刚性翼。结果表明,在所考虑的所有翼运动模式中,仿生柔性翼产生的推力均大于刚性翼。他们强调,这些结果为探索通过翼柔性进行被动变形的优势提供了动力。

Singh 和 Chopra[519]在 $Re = 1.5 \times 10^4$ 时,对许多进行扑动的翼产生的推力进行了实验测量。这项研究得出的关键结论是,惯性载荷占作用于机构上实验的扑动翼上的总载荷的主要部分,并且对于所有实验翼,推力在较高频率时下降。此外,据观察,在这些频率下,研究中使用的轻质和极度柔性翼表现出显著的气动弹性效应。

Hamamoto 等[520]研究了悬停状态下可变形类蜻蜓翼的 FSI 分析,并研究了在 $Re = 1.0 \times 10^3$ 时柔性的优缺点。他们测试了三种扑翼飞行:一种由蜻蜓扑翼运动驱动的柔性翼,一种由蜻蜓扑翼运动驱动的刚性翼(原始柔性蜻蜓翼的加强版),以及一种由基于柔性翼翼尖运动的改进扑动驱动的刚性翼。他们发现,具有几乎相同平均能量消耗的柔性翼产生的升力与具有修正扑动运动的刚性翼几乎相同。

在这种情况下,柔性翼尖的运动所提供的升力与刚性翼翼根运动所提供的升力相等。然而,刚性翼需要增加19%的峰值扭矩和34%的峰值功率,这说明了翼柔性的实用性。

Young 等[521]对一只系留的沙漠蝗虫(Schistocerca gregaria)进行了数值研究。结果表明,在 $Re = 4 \times 10^3$ 的情况下,随时间变化的翼扭转和弯度对附着流动的保持至关重要。作者强调,尽管高升力空气动力学通常与大规模流动分离和大尺度LEV有关,但当不需要高升力时,附着流空气动力学可以提供更高的效率。他们的结果进一步表明,在设计能够支持有效附着流动的鲁棒轻质翼时,重要的是通过翼拍动过程建立能够经受适当气动弹性变形的翼。

Tanaka 等[522]使用一个缩比机械模型研究了食蚜蝇翼柔性的影响。他们认为,在空气中运行的缩比模型有潜力模拟柔性扑翼的空气动力学现象,因为它们的结构、惯性、工作频率和轨迹与自由飞行的昆虫相似。为此,使用定制的微成型工艺,制作了一个模拟食蚜蝇的缩比聚合物翼。它具有类似于食蚜蝇翼的纹理和褶皱外形,其测量的弯曲刚度与天然翅膀相当。为了模拟翼身连接处的扭转柔度,建立了离散的柔性弯曲铰链。选择一系列的弯曲刚度来匹配食蚜蝇俯旋和仰旋的扭转刚度。如图4.53所示,将聚合物翼与使用压电执行器驱动的拍动机构的刚性平直碳纤维翼进行比较。两个翼都表现出围绕翼铰链的被动旋转;但是,对于柔性聚合物翼,由于拍动期间弦向变形导致有效迎角降低,这些旋转有所减小。当铰链的刚度与两种情况下食蚜蝇的刚度相似时,便可达到最大升力,且测得的升力大小足以支持悬停。这些结果表明,食蚜蝇可以利用固有的柔度来产生所需的翼运动,对于相同的拍动运动,刚性翼更适合产生较大的升力。

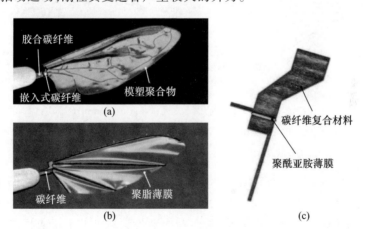

图4.53 缩比模型翼。(a)食蚜蝇模拟;(b)刚性碳纤维模型;(c)铰链示意。翼长度是11.7[mm]。来自Tanaka 等[522]

在接下来的几个小节中,总结了基于生物模型的最新研究报告。

4.6.1 各向异性翅膀结构对悬停空气动力学的影响：天蛾

如前所述,对于与各向异性翼结构有关的扑翼空气动力学研究很少。此外,关于扑翼飞行过程中的三维翼形状和变形时机的研究还不充分。最近,Nakata 和 Liu[523]利用一个考虑到天蛾翼各向异性的真实翼身模型对天蛾悬停飞行进行了计算分析。他们研究了由于固有结构柔性而产生的翼变形和修正运动学特性如何影响非定常流体物理和空气动力学性能。如图 4.54 所示,在他们的研究中建立了一个具有合理代表性的翼身形态模型。注意,尽管天蛾有四个翅膀,为简单起见,他们把前、后翼模拟成一对翅膀,因为在扑动飞行过程中观察到高度同步的运动。天蛾的翼结构主要由纹理和膜组成。如图 4.54(a)所示,纹理在翅膀底部和前缘周围聚集和加厚,并向翼尖和后缘逐渐变细[403,524]。在纹理之间是一层薄的柔性膜;纹理的方向排列以及纹理和膜之间弯曲刚度的差异导致了天蛾翼弯曲刚度的高度各向异性[402]。机翼和机身运动模型是根据悬停天蛾 Manduca 的实验数据和 3.7 节所述的运动参数[247,523]建立的。注意,假设机身是静止的,因为在悬停飞行中机体的运动小到可以忽略[226]。

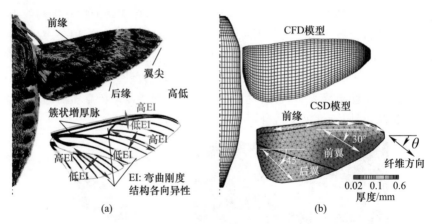

图 4.54 (a)有广泛翼纹理,且有前后翼的天蛾 Agrius Convolvuli;(b) CFD 和 CSD 分析的计算模型。来自 Nakata 和 Liu 等[523]（见彩图）

4.6.1.1 天蛾翅膀飞行变形

图 4.55 显示了与柔性和刚性翼相关的瞬时和时均结果的比较。图 4.56 显示了随展向弯曲、扭转以及弯度而变化的时变翼形状和变形。从图 4.55(a)可以看出,相对于刚性翼翼尖的规定运动,柔性翼的羽角显示出一个超前相位,但在翼尖方位角上显示出一个延迟相位。同样从图 4.55(b)可以看出,$0.8R$ 横截面上的平移和旋转速度显著增加,特别是在逆行程之前。这些结果的出现是因为翼平移时翼展方向的弯曲和扭转较大,以及在随后的逆行程之前出现的小峰值,如图 4.56 所示。此外,虽然展向弯曲和扭转角度变化平缓,但远端区域却迅速增加。柔性翼

的展向弯曲表现出明显的变形,并在逆行程后立即扭转。通过计算预测,远侧区域(前翼)的低头扭转最大值约为12°,而通过实验测的最大值约为15°~20°[226]。可以观测到小于2%的正弯度,与大型昆虫(如蝗虫)的测量弯度相比相对较小[525]。总的来说,这种变形导致了翼尖运动学特性的显著变化。

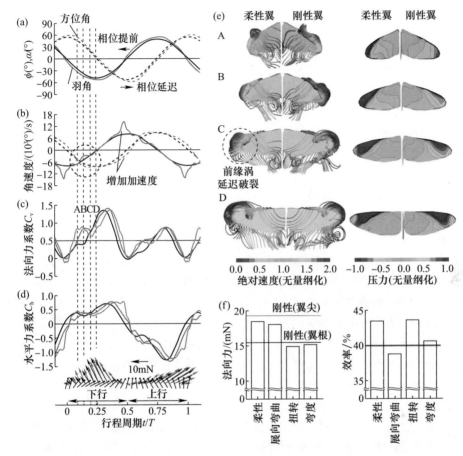

图4.55 (a)在$0.8R$处的方位角和羽角的时间变化。红线,柔性翼;灰线,刚性翼。(b)角速度时间变化。(c)、(d)分别是柔性翼和刚性翼的法向力和水平力系数。红线,柔性翼;灰线,刚性翼(基部);绿线,刚性翼(翼尖)。(e)如(c)所示的A、B、C、D四个时刻,柔性翼和刚性翼上表面的瞬时流线和压力云图。(f)柔性翼、刚性翼和规定弯曲、扭转和弯度的三种刚性翼模态产生的时均法向空气动力。来自Nakata和Liu等[523](见彩图)

4.6.1.2 柔性翼气动性能

这些变形如何影响力的产生?图4.55(c)和(d)中绘制了柔性和刚性翼产生的法向和水平力系数以及气动力矢量的时间历程。尽管柔性翼和刚性翼在下行初期的法向气动力产生中都显示出一个稳定期,但柔性翼明显比刚性翼产生更多的力。力矢量对法向力分量的贡献更大(图4.55(c)、(d))。翼表面的瞬时流线和压力等值线如图4.55(e)所示,挑选了四个不同时刻,四个瞬间分别标记为A、B、C和D(图4.55(e))。在下行初期,随着翼进入俯旋后期并进行下俯旋转,LEV和TEV的尺寸和强度逐渐增大,从翼底部向翼尖延伸;TEV随后从翼面分离,形成一个起始涡流,但时刻A在翼尖处与LEV和TiV连接(图4.55(e))。随后,刚性翼的TiV在时刻C变得不稳定,逐渐从翼表面分离和脱落,相应地导致翼尖处低压轮廓的收缩模式。相比之下,柔性翼上的LEV和TiV似乎比刚性翼更稳定,在B和C时刻低压区域扩大(图4.55(e))。当TiV破裂并与翼面分离时,LEV在D时刻(图4.55(e))仍在以强低压区持续增长,直到柔性翼和刚性翼产生的法向气动力在翼减速后几乎立即变为均匀。然而,有趣的是,在下行后期,柔性翼最终达到比刚性翼更高的力峰值(图4.55(c))。当翼接近仰旋时,由于LEV的破坏或脱落以及平动减速,因而气动力减小。这里,柔性翼也能产生比刚性翼更大的力。

4.6.1.3 翼柔性增升效应

1) 前缘涡的延迟破裂

施加在扑翼上的空气动力和惯性力可导致翼的被动变形,这可能使翼平动时的LEV/TiV稳定,从而延迟破裂。如图4.55(c)所示,柔性翼和刚性翼在开始减速后立即显示出类似的法向力峰值。这是因为,即使在LEV破裂,TEV从翼面脱落后,LEV仍在不断地增长并附着在翼面[225,388]。然而,在下行早期存在明显差异,其中柔性翼明显比刚性翼产生更多的法向力(图4.55(c))。在A时刻中,在柔性翼翼尖附近观察到作为马蹄形涡的一部分的更强的LEV,其在B,C和D时刻快速增长,从而在翼面上形成更大和更强的负压区域(图4.55(e))。显然柔性翼在俯旋过程中诱导的展向弯曲产生比刚性翼更早的LEV(图4.56(a)),这导致在A-B时间段法向力的快速急剧增加(图4.55(c))。然后,在接近下行中间位置和向上行程之前,LEV会一直增长一段时间,直到D时刻。在间隔期间,虽然惯性力变得非常小(图4.56(i)),但展向的弯曲和扭转以及因此而产生的角速度在翼尖附近显示出显著的变化((b)和(c);图4.55(b)中的标记圆)。因此与C时刻的刚性翼相比,这些翼变形很可能稳定了LEV,从而导致D处的延迟爆裂(破裂)(图4.55(e))。这种延迟破裂甚至进一步影响了LEV在破裂后的发展,随后柔性翼达到比刚性翼更高的力峰值(图4.55(c))。此外,低头扭转(图4.55和图4.56)导致翼展向横截面的明显方向变化,从而导致力矢量(图4.55)和下洗的方向变化。

2) 相位超前和角速度增加

如图4.55(a)所示,以被动但自适应的方式调整翼扭转的时机,以提前翼旋转相位。这一现象也在有关弦向柔性的二维研究中观察到。此外,展向柔性可以导致展向弯曲,从而延迟了翼尖的逆行程时机。因此,弦向和展向变形的适当组合会

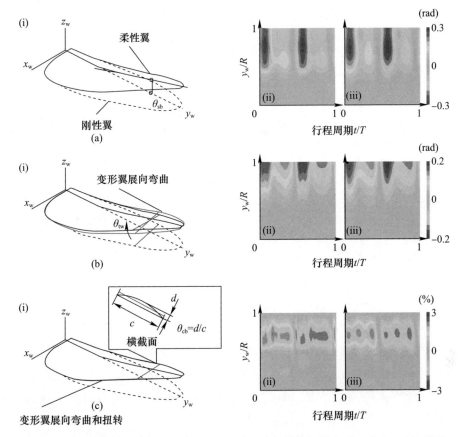

图 4.56 (i)柔性翼模拟参数定义。(a)展向弯曲角;(b)扭转角;(c)弯度。(ii)柔性翼三种变形展向分布时间变化。(iii)插值变形。来自 Nakata 和 Liu 等[523](见彩图)

导致柔性翼的相对旋转相位提前,这可以加强涡环和下洗以及旋转环量,同时调整翅翼姿态以从尾迹捕获过程中获益[201]。

此外,翼变形似乎导致方位角和羽角的角速度增加,主要在扑翼的远端区域(图 4.55),这可以增强昆虫翅膀周围的环量[291]。显然,相对相位超前和角速度的增加对应于更大的法向力(图 4.55),而不是翼旋转期间的刚性翼。因此,展向弯曲是在逆行程之前产生的大多数法向力的原因(图 4.55)。此外,规定了变形翼运动学特性的刚性翼模型(图 4.55)提供了具体证据,证明三维翼布局和翼运动学的变化都可以提高气动力的产生。就下洗和力产生而言,当翼在产生较大力的情况下(图 4.55)经历快速逆行程时,及时产生更强的向下流动(图 4.57),这也得到了 Mountcastle 和 Daniel 的实验证实[473]。

正如 Nakata 和 Liu[523]所述,具有规定翼尖运动学特性的刚性翼模型可产生与柔性翼相当的较大法向气动力;但是,该力导致空气动力效率显著下降 39.8%。此外,柔性翼提高效率需要更多的输入功率。这是因为翼尖的翼运动学特性是由

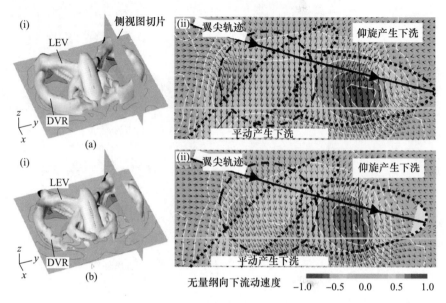

图 4.57 (a)柔性翼;(b)刚性翼下行的尾流结构;(i)以数值 1.5 绘制的等涡面,水平面下洗;(ii)离翼根 0.5R 的切面的速度矢量和下洗速度云图。注意 DVR 代表下行涡环。来自 Nakata 和 Liu 等[523] (见彩图)

于弹性翼变形而被动调整的,但这是有利的,尽管在翼底部输入相对低效的翼运动学特性。注意,在悬停状态下,翼底部的速度较低,不利于产生气动力。这表明翼底部和翼尖之间可能存在一个最佳的翼运动学特性分布,这在产生法向气动力方面应该更有效,另见 4.5 节中的讨论。这说明了翼运动学的动态展向分布对提高气动效率的重要性,从而证实了弹性翼变形是昆虫扑动飞行过程中获得更高气动性能的有效途径。

4.7 蝙蝠飞行空气动力学

正如本章引言中提到的,蝙蝠翅膀有 20 多个关节、高度变形的骨骼和具有可变刚度的各向异性膜皮肤。最重要的是,这些翅膀结构和空气动力载荷是如何相互作用并影响空气动力学特性。在本节中,重点介绍了从实验研究中观察到的以几种速度自由飞行的蝙蝠的空气动力学特性。

借助于 PIV,Hendenström 等[267,269]研究表明,小蝙蝠的尾迹结构(Glossphaga soricina,$Re = 2.6 \times 10^3 \sim 1.8 \times 10^4$;Leponycteris curasoa,$Re = 3.2 \times 10^3 \sim 2.3 \times 10^4$)与鸟类的尾迹结构不同,因为鸟类的每只翅膀都产生自己的涡环。在后续研究中,Muijres 等[268]表明,在慢速前飞(1m/s)过程中,利用附着 LEV,帕拉斯长舌蝙蝠(Glossphaga soricina)可将升力增加 40%,从而使最大升力系数达到 4.8($Re =$

5×10^3,$St=1.36$)。尽管当地迎角和翼弯度特别大,但流过 LEV 的气流在 LEV 后面平稳地重新附着到翼上。图 4.58 显示了在下行过程中蝙蝠翅膀周围涡流系统的一个拟卡通模型;这些涡流结构与讨论的昆虫悬停飞行的涡流结构相似(3.7.1.1 节[225])。

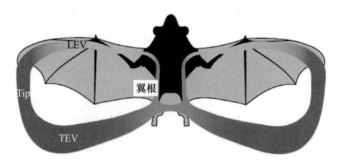

图 4.58 前飞速度为 1m/s、翼水平时,蝙蝠下行中的主要涡结构卡通图。该结构包括两个闭环,每翼一个。环包含翼顶部的一个 LEV,通过 TiV 和翼根涡连接到尾迹中脱落的起动涡。颜色编码表示当地环量的绝对值;黄色是低环量,红色是高环量。来自 Muijres 等[268](见彩图)

对于中等大小蝙蝠(Cynopterus brachyotis)的宽泛飞行速度范围 1.3~5.5m/s,Hubel 等[243,262]在闭环回流风洞($Re=1.7\times10^4 \sim 2.7\times10^4$,$St=0.25\sim0.57$)中,以 200Hz 的采样频率对翼展平面上的翅膀运动学特性(机身和翅膀关节)和尾流结构进行了同步时间分辨测量。他们一致地确定了 Cynopterus brachyotis 以较低速度和较高速度飞行的四个典型旋涡结构。尾流结构主要由一个强大的 TiV 控制,该 TiV 在下行期间形成,并一直保持到上行几乎结束。然而,尽管翼扑动周期中没有 TiV 的部分很短,尾流结构仍然可以被视为涡环而不是连续的涡结构。扑动周期没有 TiV 的部分比例随着速度增加而增加,这与基于观测和理论[230,526-528]提出的用于鸟类飞行的更高速度下的连续涡流或阶梯结构形成了对比。如图 4.59 所示,在下行开始时,随着 TiV 的产生,同时产生了一个身体附近反向旋转涡流,表明左、右翼独立运作,身体上没有或很少产生升力。图 4.59 所示的整体尾流结构模型与 Hendenström 等提出的模型总体上非常相似[269],但缺少细节,因为使用了不同的蝙蝠种类,实验条件(如自由流湍流度、截面尺寸等)也不相同。

正如 1.1 节和本节前面已经讨论过的,最近已经认识到的自然动物飞行中的重要问题是不同的扑动方式、不同的飞行模式以及个体差异。最近,Riskin 等[529]比较了 27 只蝙蝠的翅膀运动学特性,它们代表 6 种狐蝠科物种,体重变化超过 40 倍(0.0278~1.152kg),以确定翼姿态和整体翼运动学特性是否根据现有理论预测的按比例缩比。最小的物种在风洞中飞行,其他五个物种在飞行走廊中飞行。对身体中部和左侧布置的 17 个运动标记进行三维追踪。研究者使用物种信息的压轴回归分析来测试体形变异。他们的数据表明,与先前基于水平表面上展开样本

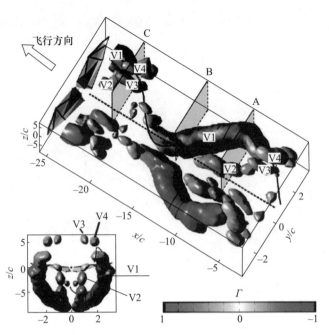

图 4.59 约一个半翼扑动周期的尾流结构(上部)重建。横向涡流的等值面基于二维 PIV 图像显示。尾流由体坐标系的 $y-z$ 平面显示,时间转换为空间以允许蝙蝠后面涡流结构的空间显示。尾流结构沿着身体轨迹延伸方向镜像,并依据发现的主要涡结构环量着色(V1~V4:蓝色,顺时针旋转;红色,逆时针旋转)。来自 Hubel 等[243](见彩图)

的测量结果(表1.3)的研究[4]相比,最大翼展和最大翼面积更加按照正体形变异来缩比,而翼载荷更加按照负体形变异来缩比。他们观察到,大型蝙蝠比小型蝙蝠在飞行中更充分地张开翅膀,而对于蝙蝠来说,单靠身体测量无法预测飞行中翅膀的形态。几个运动学变量,包括下行程比、翼行程幅值、拍动平面角、翼弯度和斯特劳哈尔数,都不会随着机身尺寸的变化而发生显著变化,这表明翼运动学的许多方面在研究的身体尺寸范围内是相似的。

然而,空气动力学理论(另见1.3节)表明,首选飞行速度应随着质量的增加而增加,但他们没有观察到这种增加。相反地,大蝙蝠的升力系数比小蝙蝠高。此外,在等距测量时,翅膀拍动周期对身体质量回归的斜率明显小于预期,迎角随身体质量显著增加。他们的数据中没有一只蝙蝠以恒定速度飞行,因此他们使用多次回归来分离与飞行速度、水平加速度和法向加速度变化相关的翅膀运动学特性变化。他们的研究结果表明,对于中型到大型蝙蝠来说,在一个拍动周期中,它们调节翅膀运动参数以产生推力和升力的方式与身体尺寸无关。

4.8 本章小结

人们发现,柔性的翅膀对于自然飞行动物和人造飞行器有重要意义。鸟类可以在向上飞行时弯曲翅膀以减少阻力,并且可以通过羽毛之间的相互滑动来保持光滑的表面。蝙蝠的翅膀由膜和臂骨组成,它们只能轻微弯曲翅膀以避免结构失效或颤振;但是,它们可以在下行时扩大翅膀的弯度。昆虫可以沿弦向弯曲翅膀以产生弯曲,同时防止沿翼展方向的弯曲。

固定的、柔性的翅膀可以促进更稳定、更好的可控飞行。在阵风环境下,柔性翼可以根据瞬时流场自适应调节弯度,从而提供比刚性翼更协调的升阻比。通过对气动载荷变化的响应,膜翼还可以自适应地进行被动弯度控制以延迟失速。此外,柔性翼可以根据其运动调整翅膀形状,以减轻因非线性翅膀-尾流相互作用而导致的升力损失,这对于刚性机翼的悬停具有重要意义。

研究发现,膜翼存在颤振现象,其频率大约比涡流脱落频率高一个数量级。即使在定常自由来流条件下也存在颤振。这种固有振动是由空气动力学和结构动力学的耦合引起的。

我们还通过单独考虑弦向、展向、各向同性和各向异性翅膀的柔性,强调了柔性的各向异性对飞行性能的影响。弦向和展向的柔性会与周围的空气相互作用,根据施加的运动学特性和翅膀的柔性,这些相互作用可以增强推力。对各向异性翅膀结构的最新研究可以为MAV的发展提供深入的观察结果。结构柔性对向前飞行并做沉浮运动的空气动力学特性的影响可以总结如下:

(1) 推力的产生包括前缘吸力和弦向变形后翼的压力投影的贡献。当后翼的柔性增加时,泪珠部分的推力减小,有效迎角也减小。

(2) 在一定范围内,随着弦向柔性的增加,即使有效迎角和净气动力因弦向形状变形而减小,平均推力和瞬时推力也因垂直于飞行轨迹的投影面积的增加而增大。

(3) 对于展向的柔性情况,从翼根到翼尖的运动相关性起作用。在适当选择的展向柔性范围内,由于翅膀变形,做沉浮运动的翅膀的有效迎角和推力得到增强。

此外已经证明,当雷诺数下降到与果蝇和蜜蜂等动物相对应的 $O(10^2) \sim O(10^3)$ 范围时,黏性效应显著,翅膀结构的柔性可以通过产生大规模法向流动显著改变瞬时有效迎角。结构的柔性也可以通过外形改变来减轻诱导的向下射流。这两种效应都能提高空气动力学性能。此外,在柔性翼上产生的升力与相对翼尖变形参数有关,而当翅膀变形与强迫平动同步时得到最佳升力,我们在果蝇和蜜蜂的飞行中也观察到了这一点。因此,在这种适度的雷诺数下,对柔性翼来说,同步旋转在空气动力学上更可取,这与我们对刚性机翼的观察结果不同。回顾第3章,可以得出结论,与大迎角相关的超前旋转和动态失速的适当组合可以产生更有利的升力。这些发现清楚地凸显了翅膀柔性的影响。

由于不同比例的尺度参数随长度和时间尺度的变化而变化,因此从根本上来讲,在尺度变化过程中流体动力学和结构动力学的缩比不变性的难度和挑战性都很大。似乎也有一个理想的结构柔性来支持理想的空气动力学特性。在不可预测的阵风条件下,为了更好地理解结构柔性和空气动力性能之间的相互作用,需要做大量的工作。流体和机翼结构控制方程的量纲分析和无量纲化产生了一个无量纲参数系统,如雷诺数(Re)、减缩频率(k)、斯特劳哈数(St)、展弦比(AR)、有效刚度(Π_1)、有效迎角(α_e)、厚度比(h_s^*)、密度比(ρ^*),以及力系数。与刚性扑翼气动参数组相比,引入了三个附加的无量纲参数:Π_1、ρ^*和h_s^*。从缩比参数来看,时均力系数与无量纲相对翼尖变形有关。翼尖变形是强迫运动和由翼尖振幅和相位差决定的翅膀结构响应之间相互作用的结果。最大相对翼尖变形的振幅γ是通过无量纲梁分析得到的,它只是已知无量纲参数的函数。考虑到翅膀的能量平衡,由有效刚度归一化的时均力与γ有关。时均力可能与翅膀上的合力有关,但这要取决于具体情况,如流体力/惯性力、有/无自由来流或推力/升力/重量。这些结果使我们能够利用已知的先验参数来估计柔性扑翼产生的时均力的数量级。此外,对于推进效率而言,当运动频率低于固有频率时,可以获得最佳的推进效率。当前的缩比规律显示,从效率的角度来看,较小的飞行器需要更快地扑动,但是因为与较大的飞行器相比,它们的重量以更快的速度减少,因此相对有效载荷能力会增加。

对天蛾悬停的研究表明,翅膀柔性在产生的翅膀运动学和空气动力生成中都起着作用。然而,由于生物类飞行模型中有关流体-结构相互作用的研究数量有限,因此需要进一步研究,以得出有关翅膀柔性在飞行中的作用的通用结论。

第 5 章　未来展望

　　缩比律已清楚表明，MAV 和自然界的小型飞行动物不能采用与大型飞机相同的气动机理产生升力和推力，而需要拍动机翼/翅膀来执行飞行任务。此外，就像我们在自然界中看到的飞行动物一样，这些飞行器可以从主动或被动的变形中受益，以提高飞行性能和飞行控制能力。例如，Lee 等[530]利用降阶空气动力学模型研究了仿生扑翼飞行器的纵向飞行动力学特性，包括机翼柔性效应。他们的研究表明，这种扑翼飞行器对外部干扰很鲁棒，因为它的配平飞行动态特性限制了周期性振荡。此外，前飞平均速度随着拍动频率几乎成线性增长。来自大自然的灵感将使读者深入了解如何管理复杂的飞行环境，但是仍然需要记住，不存在适用于所有飞行器的单一完美机制。最终将由科学家和工程师根据尺寸、重量、形状和飞行环境（包括阵风和任务特性）找出适用于特定飞行器的可用技术的最佳组合。

　　在不同尺寸的飞行动物中，甚至在同一种飞行动物的不同飞行任务中都可以观察到不同的翅膀运动学和身体/肢体动作。这些任务包括起飞、不同速度的前飞、阵风响应、悬停、栖息、威胁回避、目标跟踪和有效载荷变化。众所周知，飞行昆虫通过对其翅膀运动的微妙操纵来执行空中机动。例如，正如 Bergou 等报道的那样[531]，果蝇不对称地改变弹性支撑角度以在急转弯飞行期间产生翅膀的并排运动。此外，Combes 和 Dudley[532]观察到，随着空气速度和流动不稳定性的增加，在室外湍流空气中飞行的蜜蜂在其滚转轴上变得越来越不稳定。据报道，在高速飞行中蜜蜂将其后肢向后腹部延伸，提高了滚转稳定性，同时也增加了 30% 的身体阻力和相关的动力需求。人们对这些复杂动力学的理解以及对扑翼空气动力学中翅膀-身体相互作用影响的理解在很大程度上是不完整的。

　　需要更全面解决的一个问题是，前翅和后翅之间的相互作用，以及由此产生的力和飞行控制问题。例如，众所周知，蜻蜓可以通过调节前翅和后翅之间的相位差来控制气动性能。Wang 和 Russell[533]拍摄了一只系留蜻蜓的翅膀动作，并计算出随相位变化的空气动力和功率。他们发现，在定常悬停时看到的反相运动使用几乎最小的功率来产生平衡重量所需的力，而在起飞时观察到的同相运动提供了额外的力以加速。Thomas 等[258]、Wang 和 Sun[534]分别通过流动可视化和数值模拟研究了前、后翼的相互作用。Brackenbury[535]使用高速摄影分析了超过 30 种蝴蝶的翅膀运动情况。他观察到，在上行程中的早期，翅膀表现出明显的腹侧弯曲，并且由于两对翼对后部的惯性迟滞以及后翼的延迟仰旋的共同作用，导致在翅膀之间形成漏斗状空间。如图 5.1 所示,前翅和后翅的相对尺寸在不同物种之间有所不同,因此,它们的翅膀运动的相位关系也会发生变化。由于涉及众多参数,翅膀与翅膀之间的相互干扰作用非常复杂。根据飞行任务的不同(起飞、爬升、巡航、着陆),流动机理(如前缘涡流,尾流和翼尖涡流)、机翼几何形状(包括尺寸、外形和展弦比)、翅膀的结构柔性都以耦合方式发挥作用。到目前为止,翅膀和身体的相互作用以及它们的相对运动关系大部分还是开放的研究课题。

图 5.1　昆虫的前翅和后翅的相对大小在不同物种之间是不同的,因此,它们的翅膀运动的相位关系也是不同的

在建立可用于发展扑翼 MAV 的控制策略和设计方法的鲁棒的空气动力学模型方面还有许多工作要做。如第 3 章所述,大多数试图减少扑翼空气动力学复杂性的研究都是分散的,因此需要一个连贯的系统工作,包括简化的分析理论、高精度数值模拟和实验体系,以辨别扑翼上的"准定常"力,并记录这些简化模型对于不同构形及无量纲参数,如 k, St, 相位迟滞等的有效性。如前所述,Gogulapati 和 Friedmann[367] 提供了一种在简化框架中处理扑翼空气动力学的最新方法。在这个方向已经取得一些进展,但是还需要更全面的指导方针来建立由无量纲参数决定的黏性流动特征,如前缘涡流和尾流。此外,如果机翼是柔性的,那么黏性和柔性结构的相互作用变得更加复杂。Gogulapati 等[536] 已经在这方面做出了努力,但是未来还需要更严谨的研究方法。

正如第 4 章所讨论的那样,来自准定常模型的平动力都在图中表示,包括未校正的(基于名义迎角)、柔性翼下洗校正的以及刚性翼的平动力。显然,有效迎角和形状变形显著影响着空气动力学性能。如果知道如何校正有效的瞬时迎角以及形状变形,可以显著提高准定常模型的性能。在没有全面了解瞬时流场的情况下,难以进行这种校正。需要做出更多努力来建立更好地使用这种简化空气动力学模型的准则。

针对扑翼空气动力学相关的飞行器的动力学和稳定性问题,Orlowski 和

Girard[537]对飞行动力学,稳定性和操纵性的不同分析做了最新概述。尽管研究者目前正在努力使用多体飞行动力学模型来预测扑翼 MAV 的行为,但大多数飞行动力学研究仍然采用标准飞行器运动方程(6DOF)[537]。此外,对扑翼 MAV 稳定性的研究到目前为止基本上仅限于悬停和定常向前飞行,大多数研究都集中在基于参考飞行条件的线性、与时间无关的飞行状态。基于这样的方法,已经发现扑翼 MAV 在开环环境中本质上是不稳定的[538~544]。此外,扑翼 MAV 的控制研究大多忽略了机翼质量对机体位置和姿态的影响[545~549]。如第 1 章所述,机翼质量与飞行器质量之比可以是 $O(1)$,这意味着机翼的运动会影响飞行器的动力学和稳定性。自然界的飞行生物通常有丰富的传感器,并且这些传感器可以在不确定和不可预测的飞行环境中提供实时机动所需的必要信息。例如,基于视觉的传感技术对飞行控制以及估计飞行器的气动弹性状态非常有用。

第 4 章阐明了当地柔性可以显著影响固定翼和扑翼的空气动力学特性。初步研究表明,柔性结构导致的被动形状变形可以用于稳定飞行器[550]。此外,如前所述,昆虫翅膀的特性是各向异性的,展向弯曲刚度比弦向弯曲刚度高约 1~2 个数量级。随着飞行器尺寸的改变,由于与之相关的缩比趋势不同,缩比参数不能全部保持不变。这意味着由于测量精度的要求,仪器性能限制等,不能对不同尺寸或拍动频率的扑翼设计进行实验室测试[450,551]。需要一个紧密协调的计算和实验框架,以便在寻找最优和最鲁棒的设计时探索大量的设计空间(可以有 $O(10^2)$ 或更多设计变量,包括几何特性、材料属性、运动学特性、飞行条件和环境参数)。

自然界中的飞行动物和游动动物在运动的物理机制方面有许多相似之处。虽然升力对于飞行比游动更重要,但俯仰、沉浮和柔性结构在力的产生过程中都是清晰可见的。空气和水之间的密度差异直接影响结构特性和一些其他参数。但是,从缩比角度来看,这些差异可以通过相同的无量纲参数进行关联。大多数相同的缩比定律同样适用于空中飞行和水中游动[37~38,41,186,552~553]。

此外,在运动学、能量学、形态学和流体动力学相关的领域中经常实现交叉。当然,预计会有更多的相互作用。例如,Weihs[554]使用空气动力学中的细长体理论来研究鱼类的转向机制。他的研究表明,转弯过程包括三个阶段,区别在于质心的不同运动形式。在第一和第三阶段,质心在游动的初始和最终方向上以直线移动,而在中间阶段则沿着近似圆形的连接弧移动。通过研究从鱼鳍脱落的环量产生的涡尾流,可以很好地预测作用在鱼身上的力和力矩。Weihs[555]的研究也表明,通过加速运动和无动力滑翔的交替,鱼可以更高效地游动。他对游动动力学的分析表明,通过这种方法可以在给定运动距离的前提下节省 50% 以上的所需能量。在基于鲑鱼和黑线鳕的测量数据的计算中,证明了可能达到的游动距离比在恒定速度下最多高 3 倍。Wu[553]回顾了向前游动,鸟类近似振翅的飞行,以及通过 LEV 产生高升力的昆虫飞行。从这些研究中,他推导出研究动物运动代谢能量的力学和生物学统一原理。诸如此类的研究可以为分析和设计扑翼飞行器提供重要的依据。

生物界和物理界的科学家及工程师可以从密切合作中受益,以更好地理解实现自然飞行的特征。例如,虽然翅膀在自然系统中产生飞行所需的升力,但并非所有翅膀的特征都与飞行相关。蜜蜂在盘旋时采用低幅高频行程[556],消耗含有高能量的花蜜,以此在这些行程中产生高升力,使得它们能够背负载荷或执行需要高功率的机动或任务。然而,这些行程从空气动力学的角度看是低效的[216,351,404]。此外,鸟的翅膀、蝙蝠翅膀膜、昆虫翅膀等具有一些有趣但各不相同的材料特性,可用于发展扑翼 MAV。例如,这些仿生机制包括关节和分布式驱动以实现拍动和变形。目前尚未充分研究的另一个令人感兴趣的话题是从起飞到着陆的飞行包线。对于扑翼飞行而言,关键优势在于随外形变化的速度变化和拍动,从而实现高度机动的飞行特性。此外,取决于每个物种的生物进化,其起飞和着陆/栖息的关键特征与其他尺寸相当的飞行动物相比,可以比扑动模式更加丰富。一个有趣的例子是栖息在树洞中的台湾巨嘴鸟(五色鸟)(图 5.2)。因此,它们以独特的身体运动起飞以产生初始推力,包括在起飞前立即显著膨胀身体轮廓。着陆需要在速度和位置控制之间进行平衡操作(图 5.2)。

图 5.2　台湾五色鸟(Megalaima nuchalis),在树洞中筑巢。(a)在从树洞起飞之前立即形成明显膨胀的身体轮廓;(b)在着陆时进行速度和位置的精确平衡

鸟类通过翅膀和尾巴的运动组合来获得灵活的机动性,特别是在起飞和降落期间。然而,根据个体情况,尾巴的相对尺寸会有很大差异。鹦鹉和喜鹊的尾巴比大多数鸟类的尾巴长,而有些鸟类的尾巴明显非常短小。这些特征对空气动力学、主动和柔性结构以及最重要的飞行控制具有重要意义。图 5.3 突出显示了这些特征。与鸟类飞行相关的另一个有趣特征是翅膀的形状明显不是流线型。如图 5.4 所示,在起飞过程中,羽毛可以侵扰周围的气流,其影响尚未被定量地描述。

另一个例子与悬停运动有关。在第 1 章中提到,许多鸟类和蝙蝠悬停时的拍动平面与水平方向夹角约为 30°,由此产生的向下行程力是垂直的,其升阻比为 $1.7^{[70]}$。然而,飞行环境,尤其是风和身体尺寸,可能对悬停模式造成重大影响。

图 5.3 鸟类通过组合翅膀和尾巴的运动来获得机动灵活性,特别是在起飞和降落期间。但是根据个体情况,尾巴的相对大小会有很大差异。鹦鹉和喜鹊有相对较长的尾巴,有些鸟的尾巴则明显较短,导致飞行控制模式明显不同

图 5.4 在起飞过程中,鸟翼某些部分的羽毛可以侵入周围的流场

两种小鸟,红宝石喉蜂鸟(总长 7~9cm)和白头鹎,也称为中国白头翁(15~20cm长),可以作为例子。蜂鸟的拍动是在水平倾斜的拍动平面上,是对称的 8 字形模式。此外,如图 5.5 所示,蜂鸟由于体积小,重量轻,经常采用翅膀-尾巴组合和柔性的翅膀结构来适应阵风。与蜂鸟不同的是,白头翁在盘旋时,不对称地拍动翅

膀。如图 5.6 所示,在下行中白头翁的水平倾斜的翅膀在移动的同时旋转。在上行间,翅膀最初弯曲然后水平展开。因此,在下行期间产生升力;在不同行程中产生的向前和向后的推力相互抵消。简而言之,小体型的蜂鸟和白头翁在悬停时利用了截然不同的拍动运动、翅膀形态和结构柔性。即使对于普遍观察到的现象,也需要研究与扑翼空气动力学有关的许多突出问题。如此复杂多变的飞行模式生动地说明,在进一步向大自然学习方面我们仍有巨大的空间。通过跨学科的工作,科学家和工程师将能够更好地揭示自然飞行动物优异性能背后的深层次原理,同时将有助于人造 MAV 的进步。

图 5.5 蜂鸟利用翅膀-尾翼的协调和不同倾斜度来适应风场

图 5.6 中国夜莺盘旋时的扑动模式。(a)翅膀在上行程的早期阶段收缩;(b)翅膀在下行程的早期阶段水平倾斜;(c)翅膀在下行程的末段完全展开并垂直向下

参 考 文 献

[1] K. P. Dial, "Inside look at how birds fly: Experimental studies of the inertial and external process controlling flight," in *Thirty - Eighths Symposium Proceedings Experimental TestPilots*, Lancaster, California, pp. 301 - 314, 1994.

[2] L. Da Vinci, *Codex on the flight of birds*, 1505.

[3] J. D. Anderson Jr., *Inventing flight: The Wright brothers and their predecessors*: Johns Hopkins University Press, 2004.

[4] U. M. Norberg, *Vertebrate flight: Mechanics, physiology, morphology, ecology and evolution*: Springer - Verlag, 1990.

[5] J. H. McMasters and M. J. Henderson, "Low speed single element airfoil synthesis," *Technical Soaring*, vol. 6, pp. 1 - 21, 1980.

[6] G. E. Goslow, K. P. Dial, and F. A. Jenkins, "Bird flight: Insights and complications," *BioScience*, vol. 40, pp. 108 - 115, 1990.

[7] P. Shipman, *Taking wing: Archaeopteryx and the evolution of bird flight*: Simon and Schuster, 1999.

[8] B. W. Tobalske and K. P. Dial, "Flight kinematics of black - billed magpies and pigeons over a wide range of speeds," *Journal of Experimental Biology*, vol. 199, pp. 263 - 280, 1996.

[9] G. C. Aymar, *Bird flight*: Garden City Publishing Co., 1938.

[10] J. H. Storer, *The flight of birds*: Cranbrook Institute of Science, 1948.

[11] A. Magnan, *La locomotion chez les animaux*: Hermann and cie, 1934.

[12] J. H. McMasters, "The flight of the bumblebee and related myths of entomological engineering," *American Scientist*, pp. 164 - 169, 1989.

[13] E. Franco, D. N. Pekerek, J. Peng, and J. O. Dabiri, "Geometry of unsteady fluid transport during fluid - structure interactions," *Journal of Fluid Mechanics*, vol. 589, pp. 125 - 145, 2007.

[14] D. R. Warrick, B. W. Tobalske, and D. R. Powers, "Aerodynamics of the hovering hummingbirds," *Nature*, vol. 435, pp. 1094 - 1097, 2005.

[15] J. M. McMicheal and M. S. Francis, "Micro air vehicles - toward a new dimension in flight," available at www.fas.org/irp/program/collect/docs/mav auvsi.htm.

[16] D. Pines and F. Bohorquez, "Challenges facing future micro - air - vehicle development," *Journal of Aircraft*, vol. 43, pp. 290 - 305, 2006.

[17] P. G. Ifju, D. A. Jenkins, S. Ettinger, Y. Lian, W. Shyy, and M. R. Waszak, "Flexible - wing - based micro air vehicles," in *AIAA*, p. 0705, 2002,

[18] K. D. Jones and F. M. Platzer, "Bio - inspired design of flapping - wingmicro air vehicles - An engineers's perspective," *in 44th AIAA Aerospace Science Meeting and Exhibit*, 9 - 12 January, Reno, Nevada, AIAA - 2006 - 37, 2006.

[19] Y. Kawamura, S. Souda, and C. P. Ellington, "Clapping - wing micro air vehicles of insect size," in *Bio - mechanisms of Swimming and Flying*, eds. N. Kato and S. Kamimura: Springer, 2007, ch. 26, pp. 319 - 322.

[20] G. Warwick, "UAVForge contest seeks better, cheaper approach for design," *Aviation Week*, pp. 1 -

3, Oct. 2011.

[21] S. P. B. Lissaman, "Low Reynolds number airfoils," *Annual Review of Fluid Mechanics*, vol. 15, pp. 222 - 239, 1983.

[22] D. E. Alexander, *Nature's flyers: Birds, insects, and the biomechanics of flight*: Johns Hopkins University Press, 2004.

[23] D. E. Alexander, *Why don't jumbo jet flap their wings?: Flying animals, flying machines, and how they are different*: Rutgers University Press, 2009.

[24] A. Azuma, *The biokinetics of flying and swimming* (2nd ed.): American Institute of Aeronautics and Astronautics, 2006.

[25] A. A. Biewener, *Animal locomotion*: Oxford University Press, 2003.

[26] A. K. Brodsky, *The evolution of insect flight*: Oxford University Press, 1994.

[27] R. Dudley, *The biomechanics of insect flight: Form, function, evolution*: Princeton University Press, 1999.

[28] D. L. Grodnitsky, *Form and function of insect wings: The evolution of biological structures*: Johns Hopkins University Press, 1999.

[29] H. Tennekes, *The simple science of flight*: MIT Press, 1996.

[30] J. J. Videler, E. J. Stamhuis, and G. D. E. Povel, "Leading - edge vortex lift swifts," *Science*, vol. 306, pp. 1960 - 1962, 2004.

[31] S. Vogel, *Life in moving fluids: The physical biology of flow*: PWS Kent Publishers, 1981.

[32] A. J. Ward - Smith, *Biophysical aerodynamics and the natural environment*: John Wiley and Sons Ltd, 1984.

[33] S. Dalton, *The miracle of flight*: Merrell, 2006.

[34] J. W. S. Pringle, *Insect flight* (Reprint ed.): Cambridge University Press, 2010.

[35] C. L. Henderson, *Birds in flight: The art and science of how birds fly*: Voyageur Press, 2008.

[36] D. Floreano, J. - C. Zufferey, M. V. Srinivasan, and C. P. Ellington, *Flying insects and robots*: Springer - Verlag, 2009.

[37] T. Y. - T. Wu, C. J. Brokaw, and C. Brennen, eds., *Swimming and flying and nature*: Plenum Press, 1975.

[38] T. J. Pedley, *Scaling effects in animal locomotion*: Academic Press, 1977.

[39] L. Maddock, Q. Bone, and J. M. V. Rayner, eds., *Mechanics and physiology of animal swimming*: Cambridge University Press, 1994.

[40] M. J. Lighthill, "Hydromechanics of aquatic animal propulsion," *Annual Review of Fluid Mechanics*, vol. 1, pp. 413 - 446, 1969.

[41] T. Y. - T. Wu, *Hydromechanics of swimming of fishes and cetaceans*: Academic, 1971.

[42] S. Childress, *Mechanics of swimming and flying*: Cambridge University Press, 1981.

[43] T. Maxworthy, "Experiments on the Weis - Fogh mechanism of lift generation by insects in hovering flight. Part 1. Dynamics of the 'fling,'" *Journal of Fluid Mechanics*, vol. 93, pp. 47 - 63, 1979.

[44] J. Anderson, *Introduction to flight* (7th ed.): McGraw - Hill Science/Engineering/Math, 2011.

[45] J. Katz and A. Plotkin, *Low - speed aerodynamics* (2nd ed.): Cambridge University Press, 2001.

[46] R. S. Shevell, *Fundamentals of flight*: Prentice - Hall, 1983.

[47] M. Thollesson and U. M. Norberg, "Moments of inertia of bat wings and body," *Journal of Experimental Biology*, vol. 158, pp. 19 - 35, 1991.

[48] A. Magnan, *Le vol des insectes*: Hermann, 1934.

[49] A. Magnan, "Les characteristiques des oiseaux," *Annales Des Sciences Naturelle*, vol. 5, pp. 125 - 334, 1922.

[50] S. Dhawan, "Bird flight, Sadhara," *Academy Proceedings in Engineering Sciences*, vol. 16, pp. 275 - 352, 1991.

[51] J. B. Anders, "Biomimetic flow control," in *AIAA* 2000 - 2543, Denver, 2000, pp. 1 - 28.

[52] M. J. Lighthill, "Introduction to the scaling of aerial locomotion," in *Scale effects in animal locomotion*, ed. T. J. Pedley: Academic Press, 1977, pp. 365 – 404.

[53] C. J. Pennycuick, *Newton rules biology: A physical approach to biological problems*: Oxford University Press, 1992.

[54] K. Schmidt – Nielsen, *Scaling: Why is animal size so important*: Cambridge University Press, 1984.

[55] C. H. Greenewalt, "The flight of birds: The significant dimensions, their departure from the requirements for dimensional similarity, and the effect on flight aerodynamics of that departure," *Transactions of the American Philosophical Society*, vol. 65, pp. 1 – 67, 1975.

[56] J. M. V. Rayner, "Form and function in avian flight," in *Current ornithology*, ed. R. F. Johnston: Plenum, 1988, pp. 1 – 66.

[57] T. Liu, "Comparative scaling of flapping – and fixed – wing flyers," *AIAA Journal*, vol. 44, pp. 24 – 33, 2006.

[58] P. Jackson, *Jane's all the world's aircraft*: Jane's Information Group, 2001.

[59] C. J. Pennycuick, "Wingbeat frequency of birds in steady cruising flight: New data and improved predictions," *Journal of Experimental Biology*, vol. 199, pp. 1613 – 1618, 1996.

[60] C. J. Pennycuick, *Bird flight performance: A practical calculation manual*: Oxford University Press, 1989.

[61] S. J. Kirkpatrick, "Scale effects on the stresses and safety factors in the wing bones of birds and bats," *Journal of Experimental Biology*, vol. 19, pp. 195 – 515, 1994.

[62] C. J. Pennycuick, "Mechanics of flight," in *Avian biology*, eds. D. S. Farner and J. R. King: Academic Press, 1975, pp. 1 – 75.

[63] P. M. Alexander, *Principles of animal locomotion*: Princeton University Press, 2002.

[64] R. T. Jones, *Wing theory*: Princeton University Press, 1990.

[65] C. P. Ellington, "The aerodynamics of hovering insect. I. The quasi – steady analysis," *Philosophical Transactions of the Royal Society of London. Series B*, vol. 305, pp. 1 – 15, 1984.

[66] J. McGahan, "Flapping flight of the andean condor in nature," *Journal of Experimental Biology*, vol. 58, pp. 239 – 253, 1973.

[67] R. H. J. Brown, "The flight of birds," *Journal of Experimental Biology*, vol. 30, pp. 90 – 103, 1948.

[68] T. Weis – Fogh, "Quick estimates of flight fitness in hovering animals, including novel mechanisms for lift production," *Journal of Experimental Biology*, vol. 59, pp. 169 – 230, 1973.

[69] M. Stolpe and K. Zimmer, "Der schwirrflug des kolibri im zeitlupenfilm," *Journal of Ornithology*, vol. 87, pp. 136 – 155, 1939.

[70] C. P. Ellington, "The aerodynamics of hovering insect. III. Kinematics," *Philosophical Transactions of the Royal Society of London, Series B*, vol. 305, pp. 41 – 78, 1984.

[71] C. P. Ellington, "Unsteady aerodynamics of insect flight," *Symposia of the Society for Experimental Biology*, 1995, pp. 109 – 129.

[72] A. V. Hill, "The dimensions of animals and their muscular dynamics," *Science Progress*, vol. 38, pp. 209 – 230, 1950.

[73] C. J. Pennycuick, "Predicting wingbeat frequency and wavelength of birds," *Journal of Experimental Biology*, vol. 150, pp. 171 – 185, 1990.

[74] R. M. Alexander, "Mechanics of bipedal locomotion," in *Perspectives in experimental biology* 1, ed. P. S. Davis: Pergamon Press, 1976, pp. 493 – 504.

[75] C. J. Pennycuick, M. Klaassen, A. Kvist, and A. Lindstrom, "Wingbeat frequency and the body drag anomaly: Wind – tunnel observations on a thrush nightingale and a teal," *Journal of Experimental Biology*, vol. 199, pp. 2757 – 2765, 1996.

[76] P. Q. Collins and J. M. Graham, "Human flapping – Wing flight under reduced gravity," *Aeronautical Journal*, vol. 98, pp. 177 – 184, 1994.

[77] C. J. Pennycuick, "The mechanics of bird migration," *Ibis*, vol. 111, pp. 525 – 556, 1969.

[78] C. J. Pennycuick, "Mechanical constraints on the evolution of flight," in *The origin of birds and the evolution of flight*, ed. K. Padian: California Academy of Science, 1986, pp. 83 – 98.

[79] J. M. V. Rayner, "A vortex theory of animal flight. Part. 2. The forward flight of birds," *Journal of Fluid Mechanics*, vol. 91, pp. 731 – 763, 1979.

[80] U. M. Norberg, "Aerodynamics, kinematics, and energetics of horizontal flapping flight in the long – eared bat Plecotus Auritus," *Journal of Experimental Biology*, vol. 65, pp. 179 – 212, 1976.

[81] G. Goldspink, "Energy cost of locomotion," in *Mechanics and energetics of animal locomotion*, eds. R. M. Alexander and G. C. Chapman: Chapman and Hall, 1977.

[82] R. M. Alexander, "The U J and L of bird flight," *Nature*, vol. 390, p. 13, 1977.

[83] B. W. Tobalske, T. L. Hedrick, K. P. Dial, and A. A. Biewener, "Comparative power curves in bird flight," *Nature*, vol. 421, pp. 363 – 366, 2003.

[84] F. W. Schmitz, *Aerodynamik des Flugmodells*: Verlag, 1983.

[85] W. C. Brown, "Boston low – speed wind tunnel, and wind tunnel: Characteristics of indoor airfoils," *Journal of International Aeromodeling*, pp. 3 – 7, 1939.

[86] H. Weiss, "Wind tunnel: Effect of wing spar size," *Journal of International Aeromodeling*, pp. 5 – 7, 1939.

[87] R. H. Liebeck, "Laminar separation bubbles and airfoil design at low Reynolds numbers," in *AIAA Applied Aerodynamics Conference*, Palo Alto, 1992, pp. 441 – 456.

[88] M. S. Selig, J. J. Guglielmo, A. P. Broeren, and P. Giguere, *Summary of low – speed airfoil data*, vol. 1: SoarTech Publications, 1995.

[89] M. S. Selig, C. A. Lyon, P. Giguere, C. N. Ninham, and J. J. Guglielmo, *Summary of low – speed airfoil data*, vol. 2: SoarTech Publications, 1996.

[90] M. S. Selig, J. J. Guglielmo, A. P. Broeren, and P. Giguere, "Experiments on airfoils at low Reynolds numbers," in *34th AIAA Aerospace Sciences Meeting and Exhibit*, 1996.

[91] F. – B. Hisao, C. – F. Liu, and Z. Tang, "Aerodynamic performance and flow structure studies of a low Reynolds number airfoil," *AIAA Journal*, vol. 27, pp. 129 – 137, 1989.

[92] B. M. Jones, "Stalling," *Journal of the Royal Aeronautical Society*, vol. 38, pp. 747 – 770, 1934.

[93] W. B. Roberts, "Calculation of laminar separation bubbles and their effect on airfoil performance," *AIAA Journal*, vol. 18, pp. 25 – 31, 1980.

[94] B. H. Carmichael, "Low Reynolds number airfoil survey," National Aeronautics and Space Administration, NASA Contractor Report, 1981.

[95] I. Tani, "Low – speed flows involving bubble separations," *Progress in Aerospace Sciences*, No. 5, pp. 70 – 103, 1964.

[96] M. Drela, "XFOIL: An analysis and design system for low Reynolds number airfoils," in *Low Reynolds number aerodynamics*, ed. T. J. Mueller, vol. 54, Lecture Notes in Engineering, Springer – Verlag, 1989, pp. 1 – 12.

[97] A. D. Young and H. P. Horton, "Some results of investigation of separation bubbles," in *AGARD*, 1966, pp. 779 – 811.

[98] L. F. Crabtee, "Effect of leading edge separation on thin wings in two – dimensional incompressible flow," *Journal of Aeronautical Sciences*, vol. 24, pp. 597 – 604, 1957.

[99] R. F. Huang, W. Shyy, S. W. Lin, and F. – B. Hsiao, "Influence of surface flow on aerodynamic loads of a cantilever wing," *AIAA Journal*, vol. 34, pp. 527 – 532, 1996.

[100] R. Hillier and N. J. Cherry, "The effects of stream turbulence on separation bubbles," *Journal of Wind Engineering and Industrial Aerodynamics*, vol. 8, pp. 49 – 58, 1981.

[101] M. Kiya and K. Sasaki, "Free – stream turbulence effects on a separation bubble," *Journal of Wind Engineering and Industrial Aerodynamics*, vol. 14, pp. 375 – 386, 1983.

[102] C. D. Wilcox, *Turbulence modeling for CFD*: DCW Industries, 2000.

[103] T. Herbert, "Parabolized stability equations," *Annual Review of Fluid Mechanics*, vol. 29, pp. 245 – 283, 1997.

[104] M. Lesieur and O. Metais, "New trends in large – eddy simulations of turbulence," *Annual Review of Fluid Mechanics*, vol. 28, pp. 45 – 82, 1996.

[105] P. Moin and K. Mahesh, "Direct numerical simulation: A tool in turbulence research," *Annual Review of Fluid Mechanics*, vol. 30, pp. 539 – 578, 1998.

[106] R. J. Volino and D. G. Bohl, "Separated flow transition mechanism and prediction with high and low freestream turbulence under low pressure turbine conditions," in *ASME Turbo Expo 2004: Power for Land, Sea, and Air*, 2004.

[107] R. E. Mayle, "The role of laminar – turbulent transition in gas turbine engines," *Journal of Turbomachinery*, vol. 113, pp. 509 – 537, 1991.

[108] T. J. Praisner and J. P. Clark, "Predicting transition in turbomachinery. Part – I – A: Review and new model development," in *ASME Turbo Expo 2004: Power for Land, Sea, and Air*, 2004.

[109] S. K. Roberts and M. I. Yaras, "Effects of surface roughness geometry on separation bubble transition," *Journal of Turbomachinery*, vol. 128, pp. 349 – 357, 2006.

[110] A. R. Wazzan, J. C. Gazley, and A. M. O Smith, "Tollmien – Schlichting waves and transition: Heated and adiabatic wedge flows with application to bodies of revolution," *Progress in Aerospace Sciences*, vol. 18, pp. 351 – 392, 1979.

[111] A. M. O. Smith, "Transition, pressure gradient, and stability theory," in *IX International Congress of Applied Mechanics*, Brussels, 1956, pp. 234 – 283.

[112] J. L. van Ingen, "A suggested semi – empirical method for the calculation of the boundary layer transition region," Delft University of Technology, Internal Report 1956.

[113] R. Radespiel, K. Graage, and O. Brodersen, "Transition predictions using Reynolds – averaged Navier – Stokes and linear stability analysis methods," in *AIAA Fluid Dynamics, Plasma Dynamics and Lasers Conference*, Honolulu, 1991.

[114] H. W. Stock and W. Haase, "A feasibility study of e^N transition prediction in Navier – Stokes methods for airfoils," *AIAA Journal*, vol. 37, pp. 1187 – 1196, 1999.

[115] X. He, I. Senocak, W. Shyy, S. S. Thakur, and S. Gangadharan, "Evaluation of laminar – turbulent transition and equilibrium near wall turbulence models," *Numerical Heat Transfer, Part A*, vol. 37, pp. 101 – 112, 2000.

[116] W. Yuan, M. Khalid, J. Windte, U. Scholz, and R. Radespiel, "An investigation of low – Reynolds – number flows past airfoils," in *23rd AIAA Applied Aerodynamics Conference*, Toronto, 2005, pp. 1 – 19.

[117] Y. Lian and W. Shyy, "Laminar – turbulent transition of a low Reynolds number rigid or flexible airfoil," *AIAA Journal*, vol. 45, pp. 1501 – 1513, 2007.

[118] X. Zheng, C. Liu, F. Liu, and C. Yang, "Turbulence transition simulation using the k – omega model," *International Journal for Numerical Methods in Engineering*, vol. 42, pp. 907 – 926, 1998.

[119] C. D. Wilcox, "Simulation of transition with a two – equation turbulence model," *AIAA Journal*, vol. 32, pp. 247 – 255, 1994.

[120] D. S. Holloway, D. K. Walters, and J. K. Leylek, "Prediction of unsteady, separated boundary layer over a blunt body for laminar, turbulent, and transitional flow," *International Journal for Numerical Methods in Fluids*,

vol. 45, pp. 1291 – 1315, 2004.

[121] E. Dick and J. Steelant, "Coupled solution of the steady compressible Navier – Stokes equations and the k – omega turbulence equations with a multigrid method," *Applied Numerical Mathematics*, vol. 23, pp. 49 – 61, 1997.

[122] E. Dick and J. Steelant, "Modeling of bypass transition with conditioned Navier – Stokes equations coupled to an intermittency transport equation," *International Journal for Numerical Methods in Fluids*, vol. 23, pp. 193 – 220, 1996.

[123] Y. B. Suzen and P. G. Huang, "Modeling of flow transition using an intermittency transport equation," *Journal of Fluid Engineering*, vol. 122, pp. 273 – 284, 2000.

[124] I. Mary and P. Sagaut, "Large eddy simulation of flow around an airfoil near stall," *AIAA Journal*, vol. 40, pp. 1139 – 1145, 2002.

[125] A. R. Wazzan, T. Okamura, and A. M. O. Smith, "Spatial and temporal stability charts for the Falkner – Skan boundary layer profiles," Douglas Aircraft Co, 1968.

[126] M. R. Malik, "COSAL – a black – box compressible stability analysis code for transition prediction in three – dimensional boundary layers," National Aeronautics and Space Administration, Technical Report 1982.

[127] G. Schrauf, "COAST3 – a compressible stability code, user's guide and tutorial," Daimler Benz Aerospace Airbus GmbH, Technical Report 1998.

[128] C. Gleyzes, J. Cousteix, and J. L. Bonnet, "Theoretical and experimental study of low Reynolds number transitional separation bubbles," in *Proceedings of the Conference on Low Reynolds Number Airfoil Aerodynamics*, ed. T. J. Mueller: University of Notre Dame Press, 1985, pp. 137 – 152.

[129] F. M. White, *Viscous fluid flow*: McGraw Hill, 1991.

[130] L. M. Mack, "Transition prediction and linear stability theory," in *AGARD Laminar – Turbulent Transition*, 1977, pp. 1 – 22.

[131] J. L. van Ingen, "Some introductory remarks on transition prediction methods based on linear stability theory," in *Transitional boundary layers in aeronautics*, eds. R. A. W. M. Henkes and J. L. van Ingen: Elsevier, pp. 209 – 224, 1996.

[132] T. Cebeci, "Essential ingredients of amethod for low Reynolds number – airfoils," *AIAA Journal*, vol. 27, pp. 1680 – 1688, 1988.

[133] K. K. Chen and N. A. Thyson, "Extension of Emmon's spot theory to flows on blunt bodies," *AIAA Journal*, vol. 9, pp. 821 – 825, 1971.

[134] M. Ol, B. R. McAuliffe, E. S. Hanff, U. Scholz, and C. Kaehler, "Comparison of laminar separation bubble measurements on a low Reynolds number airfoil in three facilities," in *35th Fluid Dynamics Conference and Exhibit*, Toronto, 2005.

[135] R. Radespiel, J. Windte, and U. Scholz, "Numerical and experimental flow analysis of moving airfoils with laminar separation bubbles," *AIAA Journal*, vol. 45, pp. 1346 – 1356, 2007.

[136] M. C. Galbraith and M. R. Visbal, "Implicit large – eddy simulation of low Reynolds number flow past the SD7003 airfoil," in *46th AIAA Aerospace Sciences Meeting and Exhibit*, Reno, 2008.

[137] A. Uranga, P. – O. Drela, M. Persson, and J. Peraire, "Implicit large eddy simulation of transition to turbulence at low Reynolds numbers using a discontinuous Galerkin method," *International Journal for NumericalMethods in Engineering*, vol. 87, pp. 232 – 261, 2011.

[138] R. Hain, C. J. Kahler, and R. Radespiel, "Dynamics of laminar separation bubbles at low – Reynolds – number aerofoils," *Journal of Fluid Mechanics*, vol. 639, pp. 129 – 153, 2009.

[139] M. Okamoto, K. Yasuda, and A. Azuma, "Aerodynamic characteristics of the wings and body of a dragonfly,"

Journal of Experimental Biology, vol. 199, pp. 281 – 294, 1996.

[140] S. Sunada, T. Yasuda, and K. Yasuda, K., "Comparison of wing characteristics at an ultralow Reynolds number," *Journal of Aircraft*, vol. 39, pp. 331 – 338, 2002.

[141] B. G. Newman and H. T. Low, "Two – dimensional impervious sails: Experimental results compared with theory," *Journal of Fluid Mechanics*, vol. 144, pp. 455 – 462, 1984.

[142] R. H. Buckholz, "The functional role of wing corrugation in living systems," *Journal of Fluid Engineering*, vol. 108, pp. 93 – 97, 1986.

[143] A. B. Kesel, " Biologisches vorbild insektenflugel mehrkriterienoptimierung ultraleichter trangflachen," in*BIONA – report* 12 A, eds. W. Nachtigall and A. Wisser A., 1998.

[144] A. B. Kesel, "Aerodynamic characteristics of dragonfly wing sections compared with technical airfoils," *Journal of Experimental Biology*, vol. 203, pp. 3125 – 3135, 2000.

[145] A. Vargas, R. Mittal, and H. Dong, "A computational study of the aerodynamic performance of a dragonfly wing section in gliding flight," *Bioinspiration and Biomimetics*, vol. 3, p. 026004, 2008.

[146] W. – K. Kim, J. H. Ko, H. C. Park, and D. Byun, "Effects of corrugation of the dragonfly wing on gliding performance," *Journal of Theoretical Biology*, vol. 260, pp. 523 – 530, 2009.

[147] W. Shyy, F. Kleverbring, M. Nilsson, J. Sloan, and B. Carrol, " Rigid and flexible low Reynolds number airfoils," *Journal of Aircraft*, vol. 36, pp. 523 – 523, 1999.

[148] M. S. Selig and M. D. Maughmer, "Multipoint inverse airfoil design method based on conformal mapping," *AIAA Journal*, vol. 30, pp. 1162 – 1170, 1992.

[149] J. T. Murphy and H. Hu, "An experimental study of a bio – inspired corrugated airfoil for micro air vehicle applications," *Experiments in Fluids*, vol. 49, pp. 531 – 546, 2010.

[150] M. M. O'Meara and T. J. Mueller, "Laminar separation bubble characteristics on an airfoil at low Reynolds numbers," *AIAA Journal*, vol. 25, p. 1033, 1987.

[151] T. J. Mueller, L. J. Pohlen, P. E. Conigliaro, and B. J. J. Jansen, "The influence of free – stream disturbances on low Reynolds number airfoil experiments," *Experiments in Fluids*, vol. 1, pp. 3 – 14, 1983.

[152] H. J. Obremski and A. A. Fejer, "Transition in oscillating boundary layer flow," *Journal of Fluid Mechanics*, vol. 29, pp. 93 – 111, 1967.

[153] H. J. Obremski and M. V. Morkovin, "Application of a quasi – steady stability model to periodic boundary layer flows," *AIAA Journal*, vol. 7, pp. 1298 – 1301, 1969.

[154] Y. Lian and W. Shyy, "Numerical simulations of membrane wing aerodynamics for micro air vehicle applications," *Journal of Aircraft*, vol. 42, pp. 865 – 873, 2005.

[155] D. Viieru, R. Albertani, W. Shyy, and P. Ifju, "Effect of tip vortex on wing aerodynamics of micro air vehicles," *Journal of Aircraft*, vol. 42, pp. 1530 – 1536, 2005.

[156] R. Albertani, P. Huber, P. Ifju, R. Lind, and J. Jackowski, "Wind tunnel testing of micro air vehicles at low Reynolds numbers," *SAE Technical Paper* 2004.

[157] R. M. Cummings, S. A. Morton, S. G. Siegel, and S. Bosscher, "Numerical prediction and wind tunnel experiment for pitching unmanned combat air vehicles," in *41st Aerospace Sciences Meeting and Exhibit*, Reno, 2003.

[158] Y. Lian and W. Shyy, "Three – dimensional fluid – structure interactions of a membrane wing for micro air vehicle applications," *Journal of Aircraft*, vol. 208, pp. 3075 – 3092, 2003.

[159] T. J. Mueller and J. D. Delaurier, " Aerodynamics of small vehicles," *Annual Review of Fluid Mechanics*, vol. 35, pp. 89 – 111, 2003.

[160] Y. Lian, W. Shyy, D. Viieru, and B. H. Zhang, "Membrane wing aerodynamics for micro air vehicles," *Progress in Aerospace Sciences*, vol. 39, pp. 425 – 465, 2003.

[161] Y. Lian, "Membrane and adaptive – shaped fluid – structure interactions of membrane wing for micro air vehicle applications," University of Florida, PhD thesis 2003.

[162] G. E. Torres and T. J. Mueller, "Aerodynamics characteristics of low aspect ratio wings at low Reynolds numbers," in *Fixed and flapping wing aerodynamics for micro air vehicle applications*, ed. T. J. Mueller: American Institute of Aeronautics and Astronautics, 2001.

[163] Y. Lian, W. Shyy, P. Ifju, and E. Verron, "A membrane wing model for micro air vehicles," *AIAA Journal*, vol. 41, pp. 2492 – 2494, 2003.

[164] S. Leibovich, "The structure of vortex breakdown," *Annual Review of Fluid Mechanics*, vol. 10, pp. 221 – 246, 1978.

[165] D. Viieru, Y. Lian, W. Shyy, and P. Ifju, "Investigation of tip vortex on aerodynamic performance of low Reynolds number flight vehicles," in *33rd AIAA Fluid Dynamics Conference and Exhibit*, Orlando, 2003.

[166] L. Prandtl and O. G. Tietjens, *Fundamentals of hydro – and aeromechanics*: Dover, 1957.

[167] J. Tang and K. – Q. Zhu, "Numerical and experimental study of flow structure of low aspect – ratio wing," *Journal of Aircraft*, vol. 41, pp. 1196 – 1201, 2004.

[168] R. Katzmayr, "Effect of periodic change of angle of attack on behavior of airfoils," National Aeronautics and Space Administration, Technical Report 1922.

[169] A. Betz, "Ein beitrag zur erklarung des segelfuges," *Zeitschrift fur Flugtechnik and Motorluftschiffahrt*, vol. 3, pp. 269 – 272, 1912.

[170] R. Knoller, "Die gesetze des luftwiderstandes," *Flung – und Motorechnik*, vol. 3, pp. 1 – 7, 1909.

[171] Y. E. Polonskiy, "Some questions on the flapping wing," *Inzschenerniy Sbornik*, vol. 8, pp. 49 – 60, 1950.

[172] J. B. Bratt, "Flow patterns in the wake of an oscillating airfoil," Aeronautical Research Council Technical Report R and M, 1953.

[173] K. D. Jones, C. M. Dohring, and F. M. Platzer, "Experimental and computational investigation of the Knoller – Betz effect," *AIAA Journal*, vol. 36, pp. 1240 – 1246, 1998.

[174] J. M. Anderson, K. Streitlien, D. S. Barret, and M. S. Triantafyllou, "Oscillating foils of high propulsive efficiency," *Journal of Fluid Mechanics*, vol. 360, pp. 41 – 72, 1998.

[175] P. Freymuth, "Thrust generation by an airfoil in hover modes," *Experiments in Fluids*, vol. 9, pp. 17 – 24, 1990.

[176] M. M. Koochesfahani, "Vortical patterns in the wake of an oscillating airfoil," *AIAA Journal*, vol. 27, pp. 1200 – 1205, 1989.

[177] B. Satyanarayana and S. Davis, "Experimental studies of unsteady trailing – edge conditions," *AIAA Journal*, vol. 16, pp. 125 – 129, 1978.

[178] R. L. Bass, J. E. Johnson, and J. F. Unruh, "Correlation of lift and boundary – layer activity on an oscillating lifting surface," *AIAA Journal*, vol. 20, pp. 1051 – 1056, 1982.

[179] J. C. S. Lai and F. M. Platzer, "Jet characteristics of a plunging airfoil," *AIAA Journal*, vol. 37, pp. 1529 – 1537, 1999.

[180] J. C. S. Lai and F. M. Platzer, "Characteristics of a plunging airfoil at zero freestream velocity," *AIAA Journal*, vol. 39, pp. 531 – 534, 2001.

[181] K. D. Jones, T. C. Lund, and F. M. Platzer, "Experimental and computational investigation of flapping – wing propulsion for micro air vehicles," in *Fixed and flapping wings aerodynamics for micro air vehicles applications*, ed. T. J. Mueller: American Institute of Aeronautics and Astronautics, 2001, pp. 307 – 336.

[182] S. Taneda, "Visual study of unsteady separated flows around bodies," *Progress in Aerospace Sciences*, vol. 17, pp. 287 – 348, 1976.

[183] M. W. Rosen, *Water flow about a swimming fish*: University of California in LosAngeles, 1959.

[184] R. Gopalkrishnan, M. S. Triantafyllou, G. S. Triantafyllou, and D. K. P. Barret, "Active vorticity control in a shear flow using a flapping foil," *Journal of Fluid Mechanics*, vol. 274, pp. 1 - 21, 1994.

[185] K. Streitlien and G. S. Triantafyllou, "On thrust estimates for flapping foils," *Journal of Fluids and Structures*, vol. 12, pp. 47 - 55, 1998.

[186] M. S. Triantafyllou, G. S. Triantafyllou, and D. K. P. Yue, "Hydrodynamics of fishlike swimming," *Annual Review of Fluid Mechanics*, vol. 32, pp. 33 - 53, 2000.

[187] S. I. Devin, V. M. Zavyalov, and B. K. Korovich, "On the question of unsteady aerodynamic forces acting upon a wing of finite aspect ratio at large amplitudes of oscillation and large Strouhal numbers," *Voprosy Sudostroeniya Ser: Proekirovanie Sudov*, Vyp, vol. 1, pp. 34 - 41, 1972.

[188] H. D. Ham, "Aerodynamic loading on a two - dimensional airfoil during dynamic stall," *AIAA Journal*, vol. 6, pp. 1927 - 1934, 1968.

[189] P. W. Harper and R. E. Flanigan, "The effect of rate of change of angle of attack on the maximum lift of a small model," National Aeronautics and Space Administration, Technical Report 1950.

[190] F. D. Harris and R. R. Pruyn, "Blade stall: Half fact, half fiction," *Journal of the American Helicopter Society*, vol. 13, pp. 27 - 48, 1968.

[191] W. J. McCroskey and R. K. Fisher, "Detailed aerodynamic measurements on model rotor in the blade stall regime," *Journal of the American Helicopter Society*, vol. 17, pp. 20 - 30, 1972.

[192] K. D. Jones and F. M. Platzer, "Design and development considerations for biologically inspired flapping - wing micro air vehicles," *Experiments in Fluids*, vol. 13, pp. 26 - 32, 2009.

[193] D. J. Willis, E. R. Israeli, P. O. Persson, M. Drela, and J. Peraire, "A computational framework for fluid structure interaction in biologically inspired flapping flight," in *AIAA Applied Aerodynamics Meeting*, Miami, 2007, pp. 2007 - 3803.

[194] P. - O. Persson, D. J. Willis, and J. Peraire, "Numerical simulation of flapping wings using a panel method and a high - order Navier - Stokes solver," *International Journal for Numerical Methods in Engineering*, Feb. 2012, DOI: 10. 1002/nme. 3288.

[195] J. Katz and A. Plotkin, *Low - speed aerodynamics: From wing theory to panel methods*: McGraw - Hill College, 1981.

[196] J. D. Delaurier, "An aerodynamic model for flapping wing flight," *Aeronautical Journal*, vol. 97, pp. 125 - 130, 1993.

[197] M. J. C. Smith, "Simulating moth wing aerodynamics: towards the development of flapping - wing technology," *AIAA Journal*, vol. 34, pp. 1348 - 1355, 1996.

[198] M. S. Vest and J. Katz, "Unsteady aerodynamics model of flapping wings," *AIAA Journal*, vol. 34, pp. 1435 - 1440, 1996.

[199] C. P. Ellington, C. van den Berg, A. P. Willmott, and A. L. R. Thomas, "Leading - edge vortices in insect flight," *Nature*, vol. 384, pp. 626 - 630, 1996.

[200] H. Liu and K. Kawachi, "A numerical study of insect flight," *Journal of Computational Physics*, vol. 146, pp. 124 - 156, 1998.

[201] M. H. Dickinson, F. - O. Lehmann, and S. P. Sane, "Wing rotation and the aerodynamic basis of insect flight," *Science*, vol. 284, pp. 1954 - 1960, 1999.

[202] K. D. Jones and F. M. Platzer, "An experimental and numerical investigation of flapping wing propulsion," in *37th Aerospace Sciences Meeting*, Reno, 1999.

[203] K. D. Jones and F. M. Platzer, "Experimental investigation of the aerodynamic characteristics of flapping -

wing micro air vehicles," in *41st Aerospace Sciences Meeting and Exhibit*, Reno, 2003.

[204] Z. J. Wang, "Two dimensional mechanism for insect hovering," *Physical Review Letters*, vol. 85, pp. 2216 - 2219, 2000.

[205] W. Shyy, M. Berg, and D. Ljungqvist, "Flapping and flexible wings for biological and micro air vehicles," *Progress in Aerospace Sciences*, vol. 35, No. 5, pp. 455 - 505, 1999.

[206] C. J. Pennycuick, *Modelling the flying bird*: Academic Press, 2008.

[207] T. J. Mueller, *Fixed and flapping wing aerodynamics for micro air vehicle applications*: AIAA, 2001.

[208] A. Azuma, "Locomotion momentum and local circulation methods for fixed, rotary and beating wings," University of Tokyo, 1983.

[209] M. J. Lighthill, "On the Weis - Fogh mechanism of lift generation," *Journal of Fluid Mechanics*, vol. 60, pp. 1 - 17, 1973.

[210] G. R. Spedding, "The aerodynamics of flight," *Advances in Comparative Physiology*, vol. 11, pp. 51 - 111, 1992.

[211] P. Chai and R. Dudley, "Limits to flight energetics of hummingbirds hovering in hypo - dense and hypoxic gas mixtures," *Journal of Experimental Biology*, vol. 199, pp. 2285 - 2295, 1996.

[212] R. Dudley and C. P. Ellington, "Mechanics of forward flight in bumblebees II. Quasi - steady lift and power requirements," *Journal of Experimental Biology*, vol. 148, pp. 53 - 88, 1990.

[213] C. P. Ellington, "Unsteady aerodynamics of insect flight," *Symposium of the Society for Experimental Biology*, vol. 40, pp. 109 - 129, 1995.

[214] M. Cloupeau, "Direct measurements of instantaneous lift in desert locust: comparison with Jensen's experiments on detached wings," *Journal of Experimental Biology*, vol. 80, pp. 1 - 15, 1979.

[215] P. J. Wilkin and H. M. William, "Comparison of the aerodynamic forces on a flying sphingid moth with those predicted by quasi - steady theory," *Physiological Zoology*, vol. 66, pp. 1015 - 1044, 1993.

[216] S. P. Sane and M. H. Dickinson, "The control of flight force by a flapping wing: Lift and drag production," *Journal of Experimental Biology*, vol. 204, pp. 2607 - 2626, 2001.

[217] Z. J. Wang, J. M. Birch, and M. H. Dickinson, "Unsteady forces and flows in low Reynolds number hovering flight: Two - dimensional computations vs. robotic wing experiment," *Journal of Experimental Biology*, vol. 207, pp. 449 - 460, 2004.

[218] N. Vandenberghe, J. Zhang, and S. Childress, "Symmetry breaking leads to forward flapping flight," *Journal of Fluid Mechanics*, vol. 506, pp. 147 - 155, 2004.

[219] N. Vandenberghe, S. Childress, and J. Zhang, "On unidirectional flight of a free flapping wing," *Physics of Fluids*, vol. 18, p. 014102, 2006.

[220] S. Alben and M. Shelley, "Coherent locomotion as an attracting state for a free flapping body," *Proceedings of the National Academy of Sciences*, vol. 102, pp. 11163 - 11166, 2005.

[221] X. Zhang, S. Ni, and S. Wang, "Effects of geometric shape on the hydrodynamics of a self - propelled flapping foil," *Physics of Fluids*, vol. 21, p. 103302, 2009.

[222] J. Zhang, N. - S. Liu, and X. - Y. Lu, "Locomotion of a passively flapping flat plate," *Journal of Fluid Mechanics*, vol. 659, pp. 43 - 68, 2010.

[223] S. E. Spagnolie, L. Moret, M. J. Shelley, and J. Zhang, "Surprising behaviors in flapping locomotion with passive pitching," *Physics of Fluids*, vol. 22, p. 041903, 2010.

[224] S. M. Walker, A. L. R. Thomas, and G. K. Taylor, "Deformable wing kinematics in the desert locust: How and why do camber, twist and topography vary through the stroke?," *Journal of the Royal Society Interface*, vol. 6, pp. 735 - 747, 2008.

[225] H. Liu and H. Aono, "Size effects on insect hovering aerodynamics: An integrated computational study," *Bioinspiration and Biomimetics*, vol. 4, pp. 1 – 13, 2009.

[226] A. P. Willmott and C. P. Ellington, "The mechanics of flight in the hawkmoth Manduca sexta. I. Kinematics of hovering and forward flight," *Journal of Experimental Biology*, vol. 200, pp. 2705 – 2722, 1997.

[227] A. P. Willmott and C. P. Ellington, "The mechanics of flight in the hawkmoth Manduca sexta. II. Aerodynamic consequences of kinematic and morphological variation," *Journal of Experimental Biology*, vol. 200, pp. 2723 – 2745, 1997.

[228] S. N. Fry, R. Sayaman, and M. H. Dickinson, "The aerodynamics of free – flight maneuvers in Drosophila," *Science*, vol. 300, pp. 495 – 498, 2003.

[229] J. M. Wakeling and C. P. Ellington, "Dragonfly flight. II. Velocities, accelerations and kinematics of flapping flight," *Journal of Experimental Biology*, vol. 200, pp. 557 – 582, 1997.

[230] T. L. Hedrick, "Software techniques for two – and three – dimensional kinematic measurements of biological and biomimetic systems," *Bioinspiration and Biomimetics*, vol. 3, pp. 1 – 6, 2008.

[231] X. Tian, J. Iriarte, K. Middleton, R. Galvao, E. Israeli, A. Roemer, A. Sullivan, A. Song, S. Swartz, and K. Breuer, "Directmeasurements of the kinematics and dynamics of bat flight," *Bioinspiration and Biomimetics*, vol. 1, No. 2006 – 2865, pp. S10 – S18, 2006.

[232] D. K. Riskin, D. J. Willis, J. Iriarte – Diaz, T. L. Hedrick, M. Kostandov, J. Chen, D. H. Laidlaw, K. Breuer, and S. M. Swartz, "Quantifying the complexity of bat wing kinematics," *Journal of Theoretical Biology*, vol. 254, pp. 604 – 615, 2008.

[233] I. D. Wallace, N. J. Lawson, A. R. Harvey, J. D. C., and A. J. Moore, "High – speed photogrammetry system for measuring the kinematics of insect wings," *Applied Optics*, vol. 45, pp. 4165 – 4173, 2006.

[234] L. Ristroph, G. J. Berman, A. J. Bergou, Z. J. Wang, and I. Cohen, "Automated hull reconstruction motion tracking(HRWT) applied to sideways maneuvers of free – flying insects," *Journal of Experimental Biology*, vol. 212, pp. 1324 – 1335, 2009.

[235] L. Zeng, Q. Hao, and K. Kawachi, "A scanning projected line method for measuring a beating bumblebee wing," *Optical Communication*, vol. 183, pp. 37 – 43, 2000.

[236] L. Zeng, Q. Hao, and K. Kawachi, "Measuring the body vector of a free flight bumblebee by the reflection beam method," *Measurement Science and Technology*, vol. 12, pp. 1886 – 1890, 2001.

[237] L. Zeng, H. Matsumoto, and K. Kawachi, "A fringe shadow method for measuring flapping angle and torsional angle of a dragonfly wing," *Measurement Science and Technology*, vol. 7, pp. 776 – 781, 1996.

[238] D. Song, H. Wang, L. Zeng, and C. Yin, "Measuring the camber deformation of a dragonfly wing using projected comb fringe," *Review of Scientific Instruments*, vol. 72, pp. 2450 – 2454, 2001.

[239] H. Wang, L. Zeng, H. Liu, and C. Yin, "Measuring wing kinematics, flight trajectory and body attitude during forward flight and turning maneuvers in dragonflies," *Journal of Experimental Biology*, vol. 206, pp. 745 – 757, 2003.

[240] G. Zhang, J. Sun, D. Chen, and Y. Wang, "Flapping motion measurement of honeybee bilateral wings using four virtual structured – light sensors," *Sensors and Actuator A: Physical*, vol. 148, pp. 19 – 27, 2008.

[241] S. M. Walker, A. L. R. Thomas, and G. K. Taylor, "Deformable wing kinematics in free – flying hoverflies," *Journal of the Royal Society Interface*, vol. 7, pp. 131 – 142, 2010.

[242] G. Wu and L. Zeng, "Measuring the kinematics of a free – flying hawkmoth by a comb – fringe projected method," *Acta Mechanica Sinica*, vol. 26, pp. 67 – 71, 2010.

[243] T. Y. Hubel, D. K. Riskin, S. M. Swartz, and K. S. Breuer, "Wake structure and wing kinematics: The flight of the lesser dog – faced fruit bat, Cynopterus brachyotis," *Journal of Experimental Biology*, vol. 213, pp. 3427 –

3440, 2010.

[244] J. Tang, D. Viieru, and W. Shyy, "Effects of Reynolds number, reduced frequency and flapping kinematics on hovering aerodynamics," *AIAA Journal*, vol. 46, pp. 967 – 976, 2008.

[245] W. Shyy, Y. Lian, J. Tang, D. Viieru, and H. Liu, *Aerodynamics of low Reynolds number flyers*: Cambridge University Press, 2008.

[246] K. V. Rozhdestvensky and V. A. Ryzhov, "Aerohydrodynamics of flapping – wing propulsors," *Progress in Aerospace Sciences*, vol. 39, pp. 585 – 633, 2003.

[247] H. Liu, C. P. Ellington, K. Kawachi, C. van den Berg, and A. P. Willmott, "A computational fluid dynamics study of hawkmoth hovering," *Journal of Experimental Biology*, vol. 146, pp. 461 – 477, 1998.

[248] C. van den Berg and C. P. Ellington, "The three – dimensional leading – edge vortex of a hovering model hawkmoth," *Philosophical Transactions of the Royal Society of London*, Series B, vol. 352, pp. 329 – 340, 1997.

[249] G. K. Taylor, R. L. Nudds, and A. L. R. , "Flying and swimming animals cruise at a Stouhal number tuned for high power efficiency," *Nature*, vol. 425, pp. 707 – 711, 2003.

[250] S. N. Fry and M. H. Dickinson, "The aerodynamics of hovering flight in Drosophila," *Journal of Experimental Biology*, vol. 208, pp. 2303 – 2318, 2005.

[251] R. Dudley and C. P. Ellington, "Mechanics of forward flight in bumblebees I. Kinematics and morphology," *Journal of Experimental Biology*, vol. 148, pp. 19 – 52, 1990.

[252] P. Chai and D. Millard, "Flight and size constraints: Hovering performance of large hummingbirds under maximal loading," *Journal of Experimental Biology*, vol. 200, pp. 2757 – 2763, 1997.

[253] C. H. Greenewalt, *Dimensional relationships for flying animals*: Smithsonian Institution Publication, 1962.

[254] J. M. Birch and M. H. Dickinson, "Spanwise flow and the attachment of the leading – edge vortex on insect wings," *Nature*, vol. 412, pp. 729 – 733, 2001.

[255] A. K. Brodsky, "Vortex formation in the tethered flight of the peacock butterfly Inachis 10 L and some aspects of insect flight evolution," *Journal of Experimental Biology*, vol. 161, pp. 77 – 95, 1991.

[256] R. B. Srygley and A. L. R, Thomas, "Unconventional lift – generating mechanisms in free – flying butterflies," *Nature*, vol. 420, pp. 660 – 664, 2002.

[257] A. P. Willmott, C. P. Ellington, and A. L. R. Thomas, "Flow visualization and unsteady aerodynamics in the flight of the hawkmoth, Manduca secta," *Philosophical Transactions of the Royal Society of London*, Series B, vol. 352, pp. 303 – 316, 1997.

[258] A. L. R. Thomas, G. K. Taylor, R. B. Srygley, R. L. Nudds, and R. J. Bomphrey, "Dragonfly flight: Free – flight and tethered flow visualizations reveal a diverse array of unsteady lift – generating mechanisms, controlled primarily via angle of attack," *Journal of Experimental Biology*, vol. 207, pp. 4299 – 4323, 2004.

[259] R. J. Bomphrey, G. K. Taylor, and A. L. R. Thomas, "Smoke visualization of free – flying bumblebees indicates independent leading – edge vortices on each wing pair," *Experiments in Fluids*, vol. 46, pp. 811 – 821, 2009.

[260] R. J. Bomphey, "Advances in animal flight aerodynamics through flow measurement," *Evolutionary Biology*, vol. 39, pp. 1 – 11, 2012.

[261] D. L. Altshuler, M. Princevac, H. Pan, and J. Lozano, "Wake patterns of the wings and tail of hovering hummingbirds," *Experiments in Fluids*, vol. 46, pp. 835 – 846, 2009.

[262] T. Y. Hubel, N. I. Hrristov, S. W. Swartz, and K. Breuer, "Time – resolved wake structure and kinematics of bat flight," *Journal of Experimental Biology*, vol. 46, pp. 933 – 943, 2009.

[263] B. W. Tobalske, J. W. D. Hearn, S. M. Swartz, and K. S. Breuer, "Aerodynamics of intermittent bounds in flying birds," *Experiments in Fluids*, vol. 46, pp. 963 – 973, 2009.

[264] R. J. Bomphrey, N. J. Lawson, N. J. Harding, G. K. Taylor, and A. L. R. Thomas, "The aerodynamic of Mandu-

ca sexta: Digital particle image velocimetry analysis of the leading – edge vortex," *Journal of Experimental Biology*, vol. 208, pp. 1079 – 1094, 2005.

[265] R. J. Bomphrey, "Insects in flight: Direct visualization and flow measurements," *Bioinspiration and Biomimetics*, vol. 1, pp. 1 – 9, 2006.

[266] D. R. Warrick, B. W. Tobalske, and D. R. Powers, "Lift production in the hovering hummingbird," *Proceedings of the Royal Society B*, vol. 276, pp. 3747 – 3752, 2009.

[267] A. Hendenström, L. C. Johansson, M. Wolf, R. von Busse, Y. Winter, and G. R. Spedding, "Bat flight generates complex aerodynamic tracks," *Science*, vol. 316, pp. 894 – 897, 2007.

[268] F. T. Muijres, L. C. Johansson, R. Barfield, M. Wolf, G. R. Spedding, and A Hedenstrom, "Leading – edge vortex improves lift in slow – flying bats," *Science*, vol. 319, pp. 1250 – 1253, 2008.

[269] A. Hendenström, F. T. Muijres, R. von Busse, L. C. Johansson, Y. Winter, and G. R. Spedding, "High – speed stereo PIV measurement of wakes of two bats species flying freely in a wind tunnel," *Experiments in Fluids*, vol. 46, pp. 923 – 932, 2009.

[270] C. Poelma, W. B. Dickson, and M. H. Dickinson, "Time – resolved reconstruction of the full velocity field around a dynamically – scaled flapping wing," *Experiments in Fluids*, vol. 41, pp. 213 – 225, 2006.

[271] Y. Lu and G. X. Shen, "Three – dimensional flow structure and evolution of the leading – edge vortices on a flapping wing," *Journal of Experimental Biology*, vol. 211, pp. 1221 – 1230, 2008.

[272] D. Kim and M. Gharib, "Characteristics of vortex formation and thrust performance in drag – based paddling propulsion," *Journal of Experimental Biology*, vol. 214, pp. 2283 – 2291, 2011.

[273] F. – O. Lehmann, S. P. Sane, and M. H. Dickinson, "The aerodynamic effects of wingwing interaction in flapping insect wings," *Journal of Experimental Biology*, vol. 208, pp. 3075 – 3092, 2005.

[274] H. Wagner, "Uber die enstehung des dynamischen auftriebes von tragflugeln," *Zeitschrift fur Angewandte Mathematik und Mechanik*, vol. 5, pp. 17 – 35, 1925.

[275] M. H. Dickinson and K. G. Götz, "Unsteady aerodynamic performance of model wings at low Reynolds numbers," *Journal of Experimental Biology*, vol. 174, pp. 45 – 64, 1993.

[276] R. M. H. Beckwith and H. Babinsky, "Impulsively started flat plate flow," *Journal of Aircraft*, vol. 46, No. 6, pp. 2186 – 2188, 2009.

[277] W. J. McCroskey, K. W. McAlister, L. W. Carr, and S. L. Pucci, "An experimental study of dynamic stall on advanced airfoil section," NASA, 1982.

[278] R. G. Bradley, C. W. Smith, and W. O. Wary, "An experimental investigation of leading edge vortex augmentation by blowing," NASA, 1974.

[279] J. F. Campbell, "Augmentation of vortex lift by spanwise blowing," *Journal of Aircraft*, vol. 13, pp. 727 – 732, 1976.

[280] S. Sunada, K. Kawachi, I. Watanabe, and A. Azuma, "Fundamental analysis of three dimensional 'near fling,'" *Journal of Experimental Biology*, vol. 183, pp. 217 – 248, 1993.

[281] E. L. Houghton and P. W. Carpenter, *Aerodynamics for engineering students*: Butterworth – Heinemann, 2003.

[282] L. David, T. Jardin, P. Braud, and A. Farcy, "Time – resolved scanning tomography PIV measurements around a flapping wing," *Experiments in Fluids*, vol. 52, pp. 857 – 864, 2012.

[283] J. M. Birch, W. B. Dickson, and M. H. Dickinson, "Force production and flow structure of the leading edge vortex on flapping wings at high and low Reynolds numbers," *Journal of Experimental Biology*, vol. 207, pp. 1063 – 1072, 2004.

[284] D. Kim and M. Gharib, "Experimental study of three – dimensional vortex structures in translating and rotating plates," *Experiments in Fluids*, vol. 49, pp. 329 – 339, 2010.

[285] M. Escudier, "Vortex breakdown: Observations and explanations," *Progress in Aerospace Sciences*, vol. 25, pp. 189 – 229, 1988.

[286] M. G. Hall, "Vortex breakdown," *Annual Review of Fluid Mechanics*, vol. 4, pp. 195 – 218, 1972.

[287] O. de Vries, "On the theory of the horizontal – axis wind turbine," *Annual Review of Fluid Mechanics*, vol. 15, pp. 77 – 96, 1983.

[288] M. Kramer, "Die zunahme des maximalauftriebes von tragflugeln bei plotzlicher anstellwinkelvergrosserung," *Zeitschrift fur Flugtechnik and Motorluftschiffahrt*, vol. 23, pp. 185 – 189, 1932.

[289] M. Sun and J. Tang, "Lift and power requirements of hovering flight in Drosophila virilis," *Journal of Experimental Biology*, vol. 205, pp. 2413 – 2427, 2002.

[290] R. Ramamurti and W. Sandberg, "Simulation of flow about flapping airfoils using finite element incompressible flow solver," *AIAA Journal*, vol. 39, pp. 253 – 260, 2001.

[291] M. Sun and J. Tang, "Unsteady aerodynamic force generation by a model fruit fly wing in flapping motion," *Journal of Experimental Biology*, vol. 205, pp. 55 – 70, 2002.

[292] S. P. Sane and M. H. Dickinson, "The aerodynamic effects of wing rotation and a revised quasi – steady model of flapping flight," *Journal of ExperimentalBiology*, vol. 205, pp. 1087 – 1096, 2002.

[293] S. Sunada and C. P Ellington, "Approximate added – mass method for estimating induced power for flapping flight," *AIAA Journal*, vol. 38, pp. 1313 – 1321, 2000.

[294] M. M. F. Osborne, "Aerodynamics of flapping flight with application to insects," *Journal of Experimental Biology*, vol. 28, pp. 221 – 245, 1951.

[295] F. – O. Lehmann, "The mechanisms of lift enhancement in insect flight," *Naturewisenschaften*, vol. 91, pp. 101 – 122, 2004.

[296] W. Shyy, P. Trizila, C. – K. Kang, and H. Aono, "Can tip vortices enhance lift of a flapping wing?," *AIAA Journal*, vol. 47, pp. 289 – 293, 2009.

[297] J. D. Anderson, *Fundamentals of aerodynamics*: McGraw Hill, 1991.

[298] M. Ramasamy and J. G. Leishman, "Phase – locked particle image velocimetry measurements of a flapping wing," *Journal of Aircraft*, vol. 43, pp. 1868 – 1875, 2006.

[299] M. J. Ringuette, M. Milano, and M. Gharib, "Role of the tip vortex in the force generation of low – aspect – ratio normal flat plates," *Journal of Fluid Mechanics*, vol. 581, pp. 453 – 468, 2007.

[300] K. Taira and T. Colonius, "Three – dimensional flows around low – aspect – ratio wings at low Reynolds numbers," *Journal of Fluid Mechanics*, vol. 623, pp. 187 – 207, 2009.

[301] P. Trizila, C. – K. Kang, H. Aono, M. Visbal, and W. Shyy, "Low – Reynolds – number aerodynamics of a flapping rigid flat plate," *AIAA Journal*, vol. 49, No. 4, pp. 806 – 823, 2011.

[302] M. Gharib, E. Rambod, and K. Shariff, "A universal time scale for vortex ring formation," *Journal of Fluid Mechanics*, vol. 360, pp. 121 – 140, 1998.

[303] A. R. Ennos, "Inertial and aerodynamic torques on the wings of Diptera in flight," *Journal of Experimental Biology*, vol. 142, pp. 87 – 95, 1989.

[304] R. J. Wootton and D. J. S. Newman, "Whitefly have the highest contraction frequencies yet recorded in non – fibrillar flight muscles," *Nature*, vol. 280, pp. 402 – 403, 1979.

[305] K. G. Gotz, "Course – control, metabolism and wing interference during ultralong tethered flight in Drosophila melanogaster," *Journal of Experimental Biology*, vol. 128, pp. 35 – 46, 1987.

[306] J. Brackenbury, "Wing movements in the bush cricket Tettigonia viridissima and the mantis Ameles spallanziana during natural leaping," *Journal of Zoology*, vol. 220, pp. 593 – 602, 1990.

[307] R. J. Cooter and P. S. Baker, "Weis – Fogh clap and fling mechanism in locusta," *Nature*, vol. 269, pp. 53 –

54, 1977.

[308] J. Marden, "Maximum lift production during takeoff in flying animals," *Journal of Experimental Biology*, vol. 130, pp. 235 – 258, 1987.

[309] D. Kolomenskiy, H, K. Moffatt, M. Farge, and K. Schneider, "Two – and three dimensional numerical simulations of the clap – fling – sweep of hovering insects," *Journal of Fluid and Structures*, vol. 27, pp. 784 – 791, 2011.

[310] G. C. H. de Croon, K. M. E. de Clercq, R. R. B. Ruijsink, and C. deWagter, "Designing, aerodynamics, and vision – based control of the Delfly," *International Journal of Micro Air Vehicles*, vol. 1, pp. 71 – 97, 2009.

[311] T, Nakata, H. Liu, Y. Tanaka, N. Nishihashi, X. Wang, and A. Sato, "Aerodynamics of a bio – inspired flexible flapping – wingmicro air vehicle," *Bioinspiration and Biomimetics*, vol. 6, p. 045002, 2011.

[312] S. P. Sane, "The aerodynamics of insect flight," *Journal of Experimental Biology*, vol. 206, pp. 4191 – 4208, 2003.

[313] K. M. E. de Clercq, R. de Kat, B. Remes, B. W. van Oudheusden, and H. Bijl, "Aerodynamic experiments on Delfly II: Unsteady lift enhancement," *International Journal of Micro Air Vehicles*, vol. 1, No. 4, pp. 255 – 262, 2009.

[314] N. V, Queipo, R. T. Haftka, W. Shyy, T. Goel, R, Vaidyanathan, and P. K. Tucker, "Surrogate – based analysis and optimization," *Progress in Aerospace Sciences*, vol. 41, pp. 1 – 28, 2005.

[315] P. Trizila, C. – K. Kang, M. Visbal, and W. Shyy, "Unsteady fluid physics and surrogate modeling of low Reynolds number flapping airfoils," in 12*th AIAA/ISSMO Multidisciplinary Analysis and Optimization Conference*, Victoria, 2008.

[316] K. B. Lua, Lim. T. T. , and K. S. Yeo, "Aerodynamic forces and flow fields of a two dimensional hovering wing," *Experiments in Fluids*, vol. 45, pp. 1047 – 1065, 2008.

[317] K. M. Miettine, *Nonlinear multi – objective optimization*: Kluwer Academic, 1999.

[318] K. Viswanath and D. K. Tafti, "Effect of frontal gusts on forward flapping flight," *AIAA Journal*, vol. 48, pp. 2049 – 2062, 2010.

[319] D. Lentink and M. Gerritsma, "Influence of airfoil shape of performance in insect flight," in 33*rd AIAA Fluid Dynamics Conference and Exhibit*, 2003, pp. 1 – 17.

[320] J. R. Usherwood and C. P. Ellington, "The aerodynamics of revolving wings. I. Model hawkmoth wings," *Journal of Experimental Biology*, vol. 205, pp. 1547 – 1564, 2002.

[321] E. Polhamus, "Prediction of vortex – lift characteristics by a leading – edge suction analogy," *Journal of Aircraft*, vol. 8, pp. 193 – 199, 1971.

[322] M. A. Ashraf, J. Young, and J. C. S. Lai, "Reynolds number, thickness and camber effects on flapping airfoil propulsion," *Journal of Fluids and Structures*, vol. 27, pp. 145 – 160, 2011.

[323] M. Ol, L. Bernal, C. – K. Kang, and W. Shyy, "Shallow and deep dynamic stall for flapping low Reynolds number airfoils," *Experiments in Fluids*, vol. 46, No. 5, pp. 883 – 901, 2009.

[324] C. – K. Kang, H. Aono, P. Trizila, Y. S. Baik, J. M. Rausch, L. P. Bernal, M. Ol, and W. Shyy, "Modeling of pitching and plunging airfoils at Reynolds number between 1×10^4 and 6×10^4," in 27*th AIAA Applied Aerodynamics Conference*, San Antonio, 2009.

[325] Y. Baik, J. M. Raush, L. P. Bernal, and M. V. Ol, "Experimental investigation of pitching and plunging airfoils at Reynolds number between 1×10^4 and 6×10^4," in 39*th AIAA Fluid Dynamic Conference*, San Antonio, 2009.

[326] M. Ol and et al. , "Unsteady aerodynamics for micro air vehicles," *NATO Research and Technology Organization*, Technical Report AVT – 149, 2009.

[327] M. Visbal, "Numerical investigation of deep dynamic stall of a plunging airfoil," *AIAA Journal*, vol. 49,

pp. 2152-2170,2011.

[328] M. Visbal, "Three-dimensional flow structure on a hovering low-aspect-ratio wing," in 49*th AIAA Aerospace Sciences Meeting including the New Horizons Forum and Aerospace Exposition*, Orlando, 2011.

[329] H. Wagner, "Über die entstehung des dynamischer auftriebes von tragflügeln," *Z. angew. Math. u. Mech.*, vol. 5, pp. 17-35, 1925.

[330] T. Theodorsen, "General theory of aerodynamic instability and the mechanism of flutter," NACA Technical Report, 1935.

[331] H. G. Küssner, "Zusammenfassender bericht über den instationären auftrieb von flügeln," *Luftfahrtforschung*, vol. 13, p. 410, 1936.

[332] T. von Karman and W. R. Sears, "Airfoil theory for non-uniform motion," *Journal of the Aeronautical Sciences*, vol. 5, No. 10, p. 379, 1938.

[333] R. L. Bisplinghoff, H. Ashley, and R. L. Halfman, *Aeroelasticity*: Dover Publications, inc., 1996.

[334] T. von Karman and J. M. Burgers, *General aerodynamic theory - Perfect fluids*: Springer, 1935.

[335] I. E. Garrick, "Propulsion of a flapping and oscillating airfoil," *NACA*567, 1936.

[336] S. Heathcote and I. Gursul, "Flexible flapping airfoil propulsion at low Reynolds numbers," *AIAA Journal*, vol. 45, No. 5, pp. 1066-1079, 2007.

[337] J. Young and J. C. S. Lai, "Oscillation frequency and amplitude effects on the wake of a plunging airfoil," *AIAA Journal*, vol. 42, No. 10, pp. 2042-2052, 2004.

[338] W. Hoff, "Der flug der insekten," *Naturwissenschaften*, vol. 7, p. 159, 1919.

[339] T. Weis-Fogh, "Energetics of hovering flight in hummingbirds and in drosophila," *Journal of Experimental Biology*, vol. 56, pp. 79-104, 1972.

[340] C. P. Ellington, "The aerodynamics of hovering insect. V. A vortex theory," *Philosophical Transactions of the Royal Society of London, Series B*, vol. 305, pp. 115-144, 1984.

[341] J. M. V. Rayner, "A new approach to animal flight mechanics," *Journal of Experimental Biology*, vol. 80, pp. 17-54, 1979.

[342] G. R. Spedding, J. M. V. Rayner, and C. J. Pennycuik, "Momentum and energy in the wake of a pigeon (Columba livia) in slow flight," *Journal of Experimental Biology*, vol. 111, pp. 81-102, 1984.

[343] G. R. Spedding, "The wake of a jackdaw (Corvus monedula) in slow flight," *Journal of Experimental Biology*, vol. 125, pp. 287-307, 1986.

[344] G. R. Spedding, M. Rosen, and A. Hendenstrom, "A family of vortex wakes generated by a thrush nightingale in free flight in a wind tunnel over its entire natural range of flight," *Journal of Experimental Biology*, vol. 206, pp. 2313-2344, 2003.

[345] F. Noca, D. Shields, and D. Jeon, "A comparison of methods for evaluating time-dependent fluid dynamic forces on bodies using only velocity fields and their derivatives," *Journal of Fluids and Structures*, vol. 13, pp. 551-578, 1999.

[346] T. Weis-Fogh and M. Jensen, "Biology and physics of locust flight: I. Basic principles in insect flight. A critical review," *Philosophical Transactions of the Royal Society of London, Series B*, vol. 239, pp. 415-458, 1956.

[347] C. P. Ellington, "The aerodynamics of hovering insect. II. The aerodynamics of hovering insect flight," *Philosophical Transactions of the Royal Society of London, Series B*, vol. 305, pp. 17-40, 1984.

[348] C. P. Ellington, "The aerodynamics of hovering insect. IV. Aerodynamic mechanisms," *Philosophical Transactions of theRoyal Society of London, SeriesB*, vol. 305, pp. 79-113, 1984.

[349] C. P. Ellington, "The aerodynamics of hovering insect. VI. Lift and power requirements," *Philosophical Transactions of the Royal Society of London, Series B*, vol. 305, pp. 145-181, 1984.

[350] Y. C. Fung, *An introduction to the theory of aeroelasticity*: Dover, 1969.

[351] C. - K. Kang, H. , Aono, C. E. S. Cesnik, and W. Shyy, "Effects of flexibility on the aerodynamic performance of flapping wings," *Journal of Fluid Mechanics*, vol. 689, pp. 32 - 74, 2011.

[352] B. G. Newman, S. B. Savage, and D. Schouella, "Model test on a wing section of a dragonfly," in *Scale effects in animal locomotion*, ed. T. J. Pedley: Academic, 1977.

[353] J. M. Zanker and K. G. Gotz, "The wing beat of Drosophila Melanogaster. II Dynamics," *Philosophical Transactions of the Royal Society of London*, Series B, vol. 327, pp. 19 - 44, 1990.

[354] S. Vogel, "Flight in Drosophila: III. Aerodynamic characteristics of fly wings and wing models," *Journal of Experimental Biology*, vol. 46, pp. 431 - 443, 1967.

[355] F. - O. Lehmann and M. H. Dickinson, "The control of wing kinematics and flight forces in fruit flies," *Journal of Experimental Biology*, vol. 201, pp. 385 - 401, 1998.

[356] U. M. Norberg, "Hovering flight of the dragonfly Aeschna juncea L. ," in *Kinematics and aeronautics*, vol. 2. , eds. T. Y. - T. Wu, C. J. Brokaw, and C. Brennen: Plenum, 1975.

[357] J. A. Walker and M. W. Westneat, "Mechanical performance of aquatic rowing and flying," *Philosophical Transactions of the Royal Society of London*, Series B, vol. 410, pp. 323 - 341, 2000.

[358] J. M. Birch and M. H. Dickinson, "The influence of wing - wake interactions on the productions of aerodynamic forces in flapping flight," *Journal of Experimental Biology*, vol. 206, pp. 2257 - 2272, 2003.

[359] C. Kang and W. Shyy, "Passive wing rotation in flexible flapping wing," in *30th AIAA Applied Aerodynamics Conference*, New Orleans, 2012, pp. AIAA 2012 - 2763.

[360] C. B. Pendersen and R. Zbikowski, "An indicial - Polhamus aerodynamic model of insect - like flapping wings in hover," in *Flow Phenomena in Nature*, ed. R. Liebe: WIT Press, 2006, pp. 606 - 665.

[361] J. M. Wakeling and C. P. Ellington, "Dragonfly flight. III. Lift and power requirements," *Journal of Experimental Biology*, vol. 200, pp. 583 - 600, 1997.

[362] S. A. Ansari, K. Knowles, and R. Zbikowski, "Insectlike flapping wings in the hover. Part 1: Effect of wing kinematics," *Journal of Aircraft*, vol. 45, pp. 1945 - 1954, 2008.

[363] S. A. Ansari, R. Zbikowski, and K. Knowles, "Nonlinear unsteady aerodynamic model for insect - like flapping wings in the hover. Part 2: Implementation and validation," *Proceedings of the Institute of Mechanical Engineering. Part G: Journal of Aerospace Engineering*, vol. 220, pp. 169 - 186, 2006.

[364] J. E. McCune, C. G. Lami, and M. T. Scott, "Nonlinear aerodynamics of two dimensional airfoils in server maneuver," *AIAA Journal*, vol. 28, pp. 385 - 393, 1990.

[365] T. S. Tavares and J. E. McCune, "Aerodynamics of maneuvering slender wings with leading - edge separation," *AIAA Journal*, vol. 31, pp. 977 - 986, 1993.

[366] R. Zbikowski, "On aerodynamic modelling of an insect - like flapping wing in hover for micro air vehicles," *Philosophical Transactions of the Royal Society of London*, Series A, vol. 360, pp. 273 - 290, 2002.

[367] A. Gogulapati and P. Friedmann, "Approximate aerodynamic and aeroelastic modeling of flapping wings in hover and forward flight," in *52nd AIAA/ASME/ASCE/AHS/ASC Structures, Structural Dynamics and Materials Conference 19th AIAA/ASME/AHS Adaptive Structures Conference*, Denver, 2011.

[368] M. Ol and K. Granlund, "Abstraction of aerodynamics of flapping wings: Is it quasi - steady?," in *50th AIAA Aerospace Sciences Meeting including the New Horizons Forum and Aerospace Exposition*, Nashville, 2012.

[369] Z. J. Wang, "Dissecting insect flight," *Annual Review of Fluid Mechanics*, vol. 37, pp. 183 - 210, 2005.

[370] P. G. Saffman, *Vortex dynamics*: Cambridge University Press, 1995.

[371] F. Noca, "On the evaluation of time - dependent fluid - dynamic forces on bluff bodies," California Institute of

Technology, PhD Thesis 1997.

[372] William Graebel, *Advanced fluid mechanics*: Academic Press, 2007.

[373] M. Visbal, R. E. Gordnier, and M. C Galbraith, "High – fidelity simulations of moving and flexible airfoils at low Reynolds numbers," *Experiments in Fluids*, vol. 46, pp. 903 – 922, 2009.

[374] T. Theodorsen, "General theory of aerodynamic instability and the mechanism of flutter," NACA report, 1935.

[375] W. J. McCroskey, L. W. Carr, and K. W. McAlister, "Dynamic stall experiments on oscillating airfoils," *AIAA Journal*, vol. 14, pp. 57 – 63, 1976.

[376] K. Knowles, P. C. Wilkins, S. A. Ansari, and R. W. Zbikowski, "Integrated computational and experimental studies of flapping – wing micro air vehicle aerodynamics," in *3rd International Symposium on Integrating CFD and Experiments in Aerodynamics*, 2007, pp. 1 – 15.

[377] H. Liu and K. Kawachi, "Leading – edge vortices of flapping and rotary wings at low Reynolds number," in *Fixed and flapping wing aerodynamics for micro air vehicle applications*, ed. T. J. Mueller: American Institute of Aeronautics and Astronautics, 2001, pp. 275 – 285.

[378] P. G. Drazin and W. H. Reid, *Hydrodynamic stability*: Cambridge University Press, 1981.

[379] D. Lentink and M. H. Dickinson, "Rotational accelerations stabilize leading edge vortices on revolving fly wings," *Journal of Experimental Biology*, vol. 212, No. 16, pp. 2705 – 2719, 2009.

[380] A. R. Jones and H. Babinsky, "Unsteady lift generation on rotating wings at low Reynolds numbers," *Journal of Aircraft*, vol. 47, pp. 1013 – 1021, 2010.

[381] F. Togashi, Y. Ito, M. Murayama, K. Nakahashi, and T. Kato, "Flow simulation of flapping wings of an insect using overset unstructured grid," in *15th AIAA Computational Fluid Dynamics Conference*, Anaheim, 2001.

[382] D. Zuo, W. Chen, S. Peng, and W. Zhang, "Modeling and simulation study of an insect – like flapping – wing micro air vehicle," *Advanced Robotics*, vol. 20, pp. 807 – 824, 2006.

[383] D. Zuo, W. Chen, S. Peng, and W. Zhang, "Numerical simulation of flapping – wing insect hovering flight at unsteady flow," *International Journal for Numerical Methods in Fluids*, vol. 53, pp. 1801 – 1817, 2007.

[384] H. Aono, W. Shyy, and H. Liu, "Near wake vortex dynamics of a hovering hawkmoth," *Acta Mechanica Sinica*, vol. 25, pp. 23 – 36, 2009.

[385] Y. P. Liu and M. Sun, "Wing kinematics measurement and aerodynamics of hovering droneflies," *Journal of Experimental Biology*, vol. 211, pp. 2014 – 2025, 2008.

[386] Y. P. Liu and M. Sun, "Wing kinematics measurement and aerodynamic force and moments computation of hovering hoverfly," *Bioinformatics and Biomedical Engineering*, pp. 452 – 455, 2007.

[387] H. Aono, F. Liang, and H. Liu, "Near – and far – field aerodynamics in insect hovering flight: An integrated computational study," *Journal of Experimental Biology*, vol. 211, pp. 239 – 257, 2008.

[388] H. Liu, "Integrated modeling of insect flight: from morphology, kinematic to aerodynamics," *Journal of Computational Physics*, vol. 228, pp. 439 – 459, 2009.

[389] U. M. L. Norberg, "Structure, form, and function of flight in engineering and the living world," *Journal of Morphology*, vol. 252, pp. 52 – 81, 2002.

[390] J. Y. Su, S. C. Ting, Y. H. Chang, and J. T. Yang, "Aerodynamic trick for visual stabilization during downstroke in a hovering bird," *Physical Review E*, vol. 84, p. 012901, 2011.

[391] Y – H Chang, S. C. Ting, C – C Liu, J – T Yang, and C – Y Soong, "An unconventional mechanism of lift production during the downstroke in a hovering bird (Zosterops japonicus)," *Experiments in Fluids*, vol. 51, pp. 1231 – 1243, 2011.

[392] A. Hedenstrom, M. Rosen, and G. R. Spedding, "Vortex wakes generated by robin Erithacus rubecula during free flight in a wind tunnel," *Journal of Royal Society Interface*, vol. 3, pp. 263 – 276, 2006.

[393] M. Rosen, G. R. Spedding, and A. Hedenstrom, "Wake structure and wingbeat kinematics of a house - martin Delichon urbica," *Journal of Royal Society Interface*, vol. 4, pp. 659 - 668, 2007.

[394] G. R. Spedding and A. Hedenstrom, "PIV - based investigations of animal flight," *Experiments in Fluids*, vol. 46, pp. 749 - 763, 2009.

[395] E. J. Stmhuis and S. Nauwlaerts, "Propulsive force calculations in swimming frogs. II. Applications of a vortex ring model to DPIV data," *Journal of Experimental Biology*, vol. 208, pp. 1445 - 1451, 2005.

[396] S. C. Ting and J. T. Yang, "Pitching stabilization via caudal fin - wave propagation in a forward - sinking parrot cichlid (Cichlasoma citrinellum x Cichlasoma synspilum)," *Journal of Experimental Biology*, vol. 211, pp. 3147 - 3159, 2008.

[397] W. Shyy and H. Liu, "Flapping wings and aerodynamic lift: The role of leading - edge vortices," *AIAA Journal*, vol. 45, pp. 2817 - 2819, 2007.

[398] D. Weihs and E. Barta, "Comb wings for flapping flight at extremely low Reynolds numbers," *AIAA Journal*, vol. 46, pp. 285 - 288, 2008.

[399] E. Barta, "Motion of slender bodies in unsteady Stokes flow," *Journal of Fluid Mechanics*, vol. 688, pp. 66 - 87, 2011.

[400] S. M. Swartz, "Allometric patterning in the limb skeleton of bats," *Journal of Morphology*, vol. 234, pp. 277 - 294, 1997.

[401] S. M. Swartz, M. B. Bennertt, and D. R. Carrier, "Wing bone stresses in free flying bats and the evolution of skeletal design for flight," *Nature*, vol. 359, pp. 726 - 729, 1992.

[402] S. A. Combes and T. L. Daniel, "Flexural stiffness in insect wings. I: Scaling and the influence of wing venation," *Journal of Experimental Biology*, vol. 206, No. 17, pp. 2979 - 2987, 2003.

[403] S. A. Combes and T. L. Daniel, "Flexural stiffness in insectwings. II: Spatial distribution and dynamic wing bending," *Journal of Experimental Biology*, vol. 206, pp. 2989 - 2997, 2003.

[404] C. - K. Kang and W. Shyy, "Scaling law and enhancement of lift generation of an insect - size hovering flexible wing," *Journal of the Royal Society Interface*, vol. 10, No. 85, pp. 20130361, 2013.

[405] W. Shyy and R. Smith, "A study of flexible airfoil aerodynamics with application to micro aerial vehicles," in *28th AIAA Fluid Dynamics Conference*, Snowmass, 1997.

[406] R. M. Waszak, N. L. Jenkins, and P. Ifju, "Stability and control properties of an aeroelastic fixed wing micro aerial vehicle," in *AIAA Atmospheric Flight Mechanics Conference and Exhibit*, Montreal, 2001.

[407] B. Stanford, P. Ifju, R. Albertani, and W. Shyy, "Fixed membrane wings for micro air vehicles: Experimental characterization, numerical modeling, and tailoring," *Progress in Aerospace Sciences*, vol. 44, pp. 258 - 294, 2008.

[408] W. Shyy, P. G. Ifju, and D. Viieru, "Membrane wing - based micro air vehicles," *Applied Mechanics Reviews*, vol. 58, pp. 283 - 301, 2005.

[409] D. Lentink, W. B. Dickson, J. L. van Leeuwen, and M. H. Dickinson, "Leading - edge vortices elevate lift of autorotating plant seeds," *Science*, vol. 324, pp. 1438 - 1440, 2009.

[410] U. Pesavento and Z. J. Wang, "Falling paper: Navier - Stokes solutions, model of fluid forces, and center of mass elevation," *Physical Review Letters*, vol. 93, pp. 144501 - 144504, 2004.

[411] A Andersen, U. Pesavento, and Z. J. Wang, "Unsteady aerodynamics of fluttering and tumbling plates," *Journal of Fluid Mechanics*, vol. 541, pp. 65 - 90, 2005.

[412] A. Andersen, U. Pesavento, and Z. J. Wang, "Analysis of transitions between fluttering, tumbling and steady descent of falling cards," *Journal of Fluid Mechanics*, vol. 541, pp. 91 - 104, 2005.

[413] C. Shao, Y. Chen, and J. Lin, "Wind induced deformation and vibration of a Platanus Acerifolia Leaf," *Acta*

Mechanica Sinica, vol. 28, pp. 583 – 594, 2012.

[414] M. J. Shelley and J. Zhang, "Flapping and bending bodies interacting with fluid flows," *Annual Reviews in Fluid Mechanics*, vol. 43, pp. 449 – 465, 2011.

[415] H. Garcia, M. Abdulrahim, and R. Lind, "Roll control for a micro air vehicle using active wing morphing," in *AIAA Guidance, Navigation, and Control Conference and Exhibit*, Austin, 2003.

[416] D. W. Bechert, M. Bruse, W. Hage, and R. Meyer, "Biological surfaces and their technological application – laboratory and flight experiments on drag reduction and separation control," in 28*th AIAA Fluid Dynamics Conference*, Snowmass, 1997.

[417] W. Shyy, H. S. Udaykumar, M. R. Madhukar, and W. S. Richard, *Computational fluid dynamics with moving boundaries*: Taylor and Francis, 1996.

[418] P. P. Friedmann, "Renaissance of aeroelasticity and its future," *Journal of Aircraft*, vol. 36, pp. 105 – 121, 1999.

[419] E. Livne, "Future of airplane aeroelasticity," *Journal of Aircraft*, vol. 40, pp. 1066 – 1092, 2003.

[420] S. K. Chimakurthi, J. Tang, R. Palacios, C. E. S. Cesnik, and W. Shyy, "Computational aeroelasticity framework for analyzing flapping wing micro air vehicles," *AIAA Journal*, vol. 47, pp. 1865 – 1878, 2009.

[421] K. Voelz, "Profil und luftriebeines segels," *Zeitschrift fur Angewandte Mathematik und Mechanik*, vol. 30, pp. 301 – 317, 1950.

[422] B. Thwaites, "The aerodynamic theory of sails, Part I. Two – dimensional sails.," *Philosophical Transactions of the Royal Society of London*, Series B, vol. 261, pp. 402 – 422, 1961.

[423] J. N. Nielsen, "Theory of flexible aerodynamic surfaces," *Journal of Applied Mechanics*, vol. 30, pp. 435 – 442, 1963.

[424] L. G. Chamber, "A variational formulation of the Thwaites sail equation," *Quarterly Journal of Mechanics and Applied Mathematics*, vol. 19, pp. 221 – 231, 1966.

[425] S. Greenhalgh, H. S. Curtiss, and B. F. Smith, "Aerodynamic properties of a two dimensional inextensible flexible airfoil," *AIAA Journal*, vol. 22, pp. 865 – 870, 1984.

[426] B. G. Newman, "Aerodynamic theory for membranes and sails," *Progress in Aerospace Sciences*, vol. 24, pp. 1 – 27, 1987.

[427] T. Sugimoto and J. Sato, "Aerodynamic characteristics of two – dimensional membrane airfoils," *Journal of the Japan Society for Aeronautical and Space Sciences*, vol. 36, pp. 36 – 43, 1988.

[428] J. M. Vanden – Broeck and J. B. Keller, "Shape of a sail in a flow," *Physics of Fluids*, vol. 24, pp. 552 – 553, 1981.

[429] J. M. Vanden – Broeck, "Nonlinear two – dimensional sail theory," *Physics of Fluids*, vol. 25, pp. 420 – 423, 1982.

[430] H. Murai and S. Maruyama, "Theoretical investigation of the aerodynamics of double membrane sailwing airfoil sections," *Journal of Aircraft*, vol. 17, pp. 294 – 299, 1980.

[431] P. S. Jackson, "A simple model for elastic two – dimensional sails," *AIAA Journal*, vol. 25, pp. 672 – 682, 1983.

[432] A. D. Sneyd, "Aerodynamic coefficients and longitudinal stability of sail airfoils," *Journal of Fluid Mechanics*, vol. 149, pp. 127 – 146, 1984.

[433] S. Murata and S. Tanaka, "Aerodynamic characteristics of a two – dimensional porous sail," *Journal of Fluid Mechanics*, vol. 144, pp. 445 – 462, 1984.

[434] G. de Matteis and L. de Socio, "Nonlinear aerodynamics of a two – dimensional membrane airfoil with separation," *Journal of Aircraft*, vol. 23, pp. 831 – 836, 1986.

[435] A. Song, X. Tian, E. Israeli, R. Galvao, K. Bishop, S. Swartz, and K. Breuer, "Aeromechanics of membrane wings with implications for animal flight," *AIAA Journal*, vol. 46, pp. 2096 – 2106, 2008.

[436] P. S. Jackson and G. W. Christie, "Numerical analysis of three – dimensional elastic membrane wings," *AIAA Journal*, vol. 25, pp. 676 – 682, 1987.

[437] J. T. Oden and T. Sato, "Finite strains and displacements of elastic membrane by the finite element method," *International Journal for Solids and Structures*, vol. 3, pp. 471 – 488, 1967.

[438] C. H. Jenkins and J. W. Leonard, "Nonlinear dynamic response of membranes: State of the art," *Applied Mechanics Reviews*, vol. 44, pp. 319 – 328, 1991.

[439] C. H. Jenkins, "Nonlinear dynamic response of membranes: State of the art update," *Applied Mechanics Reviews*, vol. 49, pp. S41 – S48, 1996.

[440] E. Verron, G. Marckmann, and B. Pesaux, "Dynamic inflation of non – linear elastic and viscoelastic rubber – like membranes," *International Journal for Numerical Methods in Engineering*, vol. 50, pp. 1233 – 1251, 2001.

[441] H. Ding, B. Yang, M. Lou, and H. Fang, "New numerical method for two – dimensional partially wrinkled membrane," *AIAA Journal*, vol. 41, pp. 125 – 132, 2003.

[442] B. Stanford, D. Viieru, R. Albertani, W. Shyy, and P. Ifju, "A numerical and experimental investigation of flexible micro air vehicle wing deformation," in *44th AIAA Aerospace Sciences Meeting and Exhibit*, Reno, 2006.

[443] M. Mooney, "A theory of large elastic deformation," *Journal of Applied Physics*, vol. 11, pp. 582 – 592, 1940.

[444] A. E. Green and J. E. Adkins, *Large elastic deformations*: Clarendon, 1960.

[445] T. Nakata and H. Liu, "A fluid – structure interaction model of insect flight with flexible wings," *Journal of Computational Physics*, vol. 231, pp. 1822 – 1847, 2012.

[446] S. K. Chimakurthi, C. E. S. Cesnik, and B. K. Stanford, "Flapping – wing structural dynamics formulation based on a corotational shell finite element," *AIAA Journal*, vol. 49, No. 1, pp. 128 – 142, 2011.

[447] G. I. Barenblatt, *Scaling*: Cambridge University Press, 2003.

[448] G. I. Barenblatt, *Scaling, self – similarity, and intermediate asymptotics*: Cambridge University Press, 1996.

[449] W. E. Baker, P. S. Westine, and F. T. Dodge, *Similarity methods in engineering dynamics*: Elsevier, 1991.

[450] W. Shyy, H. Aono, S. K. Chimakurthi, P. Trizila, C. – K. Kang, C. E. S. Cesnik, and H. Liu, "Recent progress in flapping wing aerodynamics and aeroelasticity," *Progress in Aerospace Sciences*, vol. 46, No. 7, pp. 284 – 327, 2010.

[451] D. Ishihara, T. Horie, and M. Denda, "A two – dimensional computational study on the fluid – structure interaction cause of wing pitch changes in dipteran flapping flight," *Journal of Experimental Biology*, vol. 212, No. 1, pp. 1 – 10, 2009.

[452] D. Ishihara, Y. Yamashita, T. Horie, S. Yoshida, and T. Niho, "Passive maintenance of high angle of attack and its generation during flapping translation in crane fly wing," *Journal of Experimental Biology*, vol. 212, pp. 3882 – 3891, 2009.

[453] B. Thiria and R. Godoy – Diana, "How wing compliance drives the efficiency of self – propelled flapping flyers," *Physical Review E*, vol. 82, No. 1, p. 015303, 2010.

[454] S. Ramananarivo, R. Godoy – Diana, and B. Thiria, "Rather than resonance, flapping wing flyers may play on aerodynamics to improve performance," *Proceedings of the National Academy of Sciences*, vol. 28, p. 10179 – 10180, 2011.

[455] W. Shyy, Y. Lian, J. Tang, H. Liu, P. Trizila, B. Stanford, L. Bernal, C. E. S. Cesnik P. P. Friedmann, and P. Ifju, "Computational aerodynamics of low Reynolds number plunging, pitching and flexible wings for MAV applications," *Acta Mechanica Sinica*, vol. 24, pp. 351 – 373, 2008.

[456] W. Shyy, Jenkins D. A., and R. W. Smith, "Study of adaptive shape airfoils at low Reynolds number in oscillatory flow," *AIAA Journal*, vol. 35, pp. 1545 – 1548, 1997.

[457] R. Albertani, B. Standford, J. P. Hubner, and P. G. Ifju, "Aerodynamic coefficients and deformation measurements on flexible micro air vehicle wings," *Experimental Mechanics*, vol. 47, pp. 625 – 635, 2007.

[458] Y. Abudaram, B. Stanford, and P. Ifju, "Wing tunnel testing of load – alleviating membrane wings at low Reynolds numbers," in 47*th AIAA Aerospace Sciences Meeting including The New Horizons Forum and Aerospace Exposition*, Orlando, 2009, p. 1468.

[459] P. Rojratsirikul, Z. Wang, and I. Gursul, "Effect of pre – strain and excess length on unsteady fluid – structure interactions of membrane airfoils," in *AIAA*, 2009, pp. 2009 – 578.

[460] H. Hui, M. Tamai, and J. Murphy, "Flexible – membrane airfoils at low Reynolds numbers," *Journal of Aircraft*, vol. 45, pp. 1767 – 1778, 2008.

[461] B. Stanford, M. Sytsma, R. Albertani, D. Viieru, W. Shyy, and P. Ifju, "Static aeroelastic model validation of membrane micro air vehicle wings," *AIAA Journal*, vol. 45, pp. 2828 – 2837, 2007.

[462] R. Galvao, E. Israel, A. Song, X. Tian, K. Bishop, S. Swartz, and K. Breuer, "The aerodynamics of compliant membrane wings modeled on mammalian flight mechanics," in 36*th AIAA Fluid Dynamics Conference and Exhibit*, San Francisco, 2006.

[463] Y. Lian and W. Shyy, "Laminar – turbulent transition of a low Reynolds number rigid or flexible airfoil," in 36*th AIAA Fluid Dynamic Conferences and Exhibit*, San Francisco, 2006.

[464] B. Stanford and P. Ifju, "Aeroelastic tailoring of fixed membrane wings for micro air vehicles," in 49*th AIAA/ ASME/ASCE/AHS/ASC Structures, Structural Dynamics, and Materials Conference*, Schaumburg, 2008.

[465] M. Hepperle, "MH AeroTools Online Database," available atwww.mh – aerotools.de/ airfoils/ribs.htm, March 2007.

[466] M. Argentina and L. Mahadevan, "Fluid – flow – induced flutter of a flag," *Proceedings of the National Academy of Sciences*, vol. 102, pp. 1829 – 1834, 2005.

[467] R. Ormiston, "Theoretical and experimental aerodynamics of the sail wing," *Journal of Aircraft*, vol. 8, pp. 77 – 84, 1971.

[468] J. W. Johansson, W. Romberg, P. J. Attar, and R. Parthasarathy, "Experimental characterization of limit cycle oscillations in membrane wing micro air vehicles," *Journal of Aircraft*, vol. 47, pp. 1300 – 1308, 2010.

[469] R. E. Gordnier, "High fidelity computational simulation of a membrane wing airfoil," *Journal of Fluid and Structures*, vol. 25, pp. 897 – 917, 2009.

[470] T. L. Daniel and S. A. Combes, "Flexible wings and fins: Bending by inertial or fluid dynamic forces,?" *Integrative and Comparative Biology*, vol. 42, No. 5, pp. 1044 – 1049, 2002.

[471] S. A. Combes, "Wing flexibility and design for animal flight," University of Washington, PhD Thesis 2002.

[472] S. A. Combes and T. L. Daniel, "Into thin air: Contributions of aerodynamic and inertial – elastic forces to wing bending in the hawkmoth Manduca sexta," *Journal of Experimental Biology*, vol. 206, No. 17, pp. 2999 – 3006, 2003.

[473] A. M. Mountcastle and T. L. Daniel, "Aerodynamic and functional consequences of wing compliance," *Experiments in Fluids*, vol. 46, pp. 873 – 882, 2009.

[474] Q. Zhu, "Numerical simulation of a flapping foil with chordwise or spanwise flexibility," *AIAA Journal*, vol. 45, pp. 2448 – 2457, 2007.

[475] S. Shkarayev, D. Silin, G. Abate, and R. Albertani, "Aerodynamics of cambered membrane flapping wing," in 48*th AIAA Aerospace Sciences Meeting including the New Horizons Forum and Aerospace Exposition*, Orlando, 2010.

[476] H. Hui, A. G. Kumar, G. Abate, and R. Albertani, "An experimental investigation on the aerodynamic performances of flexible membrane wings in flapping flight," *Aerospace Science and Technology*, vol. 4, pp. 575 – 586, 2010.

[477] D. – K. Kim, J. – H. Han, and K. – J. Kwon, "Wind tunnel tests for a flapping wing model with a changeable camber using macro – fiber composite actuators," *Smart Materials and Structures*, vol. 18, pp. 024008 – 1 – 024008 – 8, 2009.

[478] D. Mueller, H. A. Bruck, and S. K. Gupta, "Measurement of thrust and lift forces associated with drag of compliant flapping wing for micro air vehicles using a new test stand design," *Experimental Mechanics*, pp. 1 – 11, 2009.

[479] D. Watman and T. Furukawa, "A parametric study of flapping wing performance using a robotic flapping wing," in *IEEE International Conference on Robotics and Automation*, 2009, pp. 3638 – 3643.

[480] M. F. Platzer, K. D. Jones, J. Young, and J. C. S. Lai, "Flapping wing aerodynamics: Progress and challenges," *AIAA Journal*, vol. 46, pp. 2136 – 2149, 2008.

[481] R. J. Wood, "Design fabrication and analysis of a 3 dof, 3 cm flapping – wing MAV," in *IEEE/RSJ International Conference on Intelligent Robots and Systems*, San Diego, 2007, pp. 1576 – 1581.

[482] P. Wu, B. Stanford, E. Sallstrom, L. Ukeiley, and P. Ifju, "Structural dynamics and aerodynamics measurements of biologically inspired flexible flapping wings," *Bioinspiration and Biomimetics*, vol. 6, pp. 016009 – 1 – 016009 – 20, 2011.

[483] J. Katz and D. Weihs, "Hydrodynamic propulsion by large amplitude oscillation of an airfoil with chordwise flexibility," *Journal of Fluid Mechanics*, vol. 88, pp. 485 – 497, 1978.

[484] J. Pederzani and Haj – Hariri, "Numerical analysis of heaving flexible airfoils in a viscous flow," *AIAA Journal*, vol. 44, pp. 2773 – 2779, 2006.

[485] M. R. Chaithanya and K. Venkatraman, "Hydrodynamic propulsion of a flexible foil," in *12th Asian Congress of Fluid Mechanics*, 2008.

[486] P. Gopalakrishnan, "Unsteady aerodynamic and aeroelastic analysis of flapping flight," Virginia Polytechnic Institute and State University, PhD Thesis 2008.

[487] P. J. Attar, R. E. Gordnier, J. W. Johansson, W. Romberg, and R. N. Parthasarathy, "Aeroelastic analysis of membrane micro air vehicles – Part II. Computational study of a plunging membrane airfoil," *Journal of Vibration and Acoustics*, vol. 133, pp. 021009 – 1 – 021009 – 6, 2011.

[488] U. Gulcat, "Propulsive force of a flexible flapping thin airfoil," *Journal of Aircraft*, vol. 46, pp. 465 – 473, 2009.

[489] J. – M. Miao and M. – H. Ho, "Effect of flexure on aerodynamic propulsive efficiency of flapping flexible airfoil," *Journal of Fluids and Structures*, vol. 22, pp. 401 – 409, 2006.

[490] J. Toomey and J. D. Eldredge, "Numerical and experimental study of the fluid dynamics of a flapping wing with low order flexibility," *Physics of Fluids*, vol. 20, pp. 1 – 10, 2008.

[491] D. Poirel, Y. Harris, and A. Benaissa, "Self – sustained aeroelastic oscillations of a NACA0012 airfoil at low – to – moderate Reynolds numbers," *Journal of Fluids and Structures*, vol. 24, pp. 700 – 719, 2008.

[492] M. Vanella, T. Fitzgerald, S. Preidikman, E. Balaras, and B. Balachandran, "Influence of flexibility on the aerodynamic performance of a hovering wing," *Journal of Experimental Biology*, vol. 212, pp. 95 – 105, 2009.

[493] S. Heathcote, D. Martin, and I. Gursul, "Flexible flapping airfoil propulsion at zero freestream velocity," *AIAA Journal*, vol. 42, pp. 2196 – 2204, 2004.

[494] S. Michelin and S. G. Llewellyn Smith, "Resonance and propulsion performance of a heaving flexible wing," *Physics of Fluids*, vol. 21, p. 071902, 2009.

[495] L. A. Miller and C. S. Peskin, "A computational fluid dynamic of 'clap and fling' in the smallest insects," *Journal of Experimental Biology*, vol. 208, pp. 195 – 212, 2005.

[496] L. A. Miller and C. S. Peskin, "Flexible clap and fling in tiny insect flight," *Journal of Experimental Biology*, vol. 212, pp. 3076 – 3090, 2009.

[497] L. Zhao, X. Deng, and S. P. Sane, "Modulation of leading edge vorticity and aerodynamic forces in flexible flapping wings," *Bioinspiration and Biomimetics*, p. 036007, 2011.

[498] L. Zhao, Q. Huang, X. Deng, and S. P. Sane, "Aerodynamic effects of flexibility in flapping wings," *Journal of the Royal Society Interface*, vol. 7, No. 44, pp. 485 – 497, 2010.

[499] G. Du and M. Sun, "Effects of unsteady deformation of flapping wing on its aerodynamic forces," *Applied Mathematics and Mechanics*, vol. 29, pp. 731 – 743, 2008.

[500] K. - B. Lee, J. - H. Kim, and C. Kim, "Aerodynamic effects of structural flexibility in two – dimensional insect flapping flight," *Journal of Aircraft*, vol. 48, pp. 894 – 909, 2011.

[501] A. M. Mountcastle and T. L. Daniel, "Vortexlet models of flapping flexible wings show tuning for force production and control," *Bioinspiration and Biomimetics*, vol. 5, p. 045005, 2010.

[502] S. Heathcote, Z. Wang, and I. Gursul, "Effect of spanwise flexibility on flapping wing propulsion," *Journal of Fluids and Structures*, vol. 24, No. 2, pp. 183 – 199, 2008.

[503] P. Liu and N. Bose, "Propulsive performance from oscillating propulsors with Spanwise flexibility," *Philosophical Transactions of the Royal Society of London, Series A*, vol. 453, pp. 1763 – 1770, 1963.

[504] R. E. Gordnier, P. J. Attar, S. K. Chimakurthi, and C. E. S. Cesnik, "Implicit LES simulations of a flexible flapping wing," in *18th AIAA/ASME/AHS Adaptive Structures Conference*, Orlando, 2010.

[505] H. Aono, S. K. Chimakurthi, C. E. S. Cesnik, H. Liu, and W. Shyy, "Computational modeling of spanwise effects on flapping wing aerodynamics," 47th AIAA aerospace sciences meeting including the new horizons forum and aerospace exposition, January 5 – 8, 2009, Orlando, Florida, AIAA – 2009 – 1270, 2009.

[506] H. Aono, S. K. Chimakurthi, P. Wu, E. S̈ allstr¨ om, B. K. Stanford, C. E. S., P. Ifju, L. Ukeiley, and W. Shyy, "A computational and experimental study of flexible flapping wing aerodynamics," in *48th AIAA Aerospace Sciences Meeting including the New Horizons Forum and Aerospace Exposition*, Orlando, 2010.

[507] P. Wu, P. Ijfu, and B. Stanford, "Flapping wing structural deformation and thrust correlation study with flexible membrane wings," *AIAA Journal*, vol. 48, No. 9, pp. 2111 – 2122, 2010.

[508] H. Masoud and A. Alexeev, "Resonance of flexible flapping wings at low Reynolds number," *Physical Review E*, vol. 81, p. 056304, 2010.

[509] S. Sunada, L. Zeng, and K. Kawachi, "The relationship between dragonfly wing structure and torsional deformation," *Journal of Theoretical Biology*, vol. 193, pp. 39 – 45, 1998.

[510] J. - S. Chen, J. - Y. Chen, and Y. - F. Chou, "On the natural frequencies and mode shapes of dragonfly wings," *Journal of Sound and Vibration*, vol. 313, pp. 643 – 654, 2008.

[511] R. D. Mindlin and L. E. Goodman, "Beam vibrations with time – dependent boundary conditions," *Journal of Applied Mechanics*, vol. 17, pp. 353 – 356, 1950.

[512] R. Buchwald and R. Dudley, "Limits to vertical force and power production in bumblebees (Hymenoptera: Bombus impatiens)," *Journal of Experimental Biology*, vol. 213, pp. 426 – 432, 2010.

[513] S. Vogel, "Flight in Drosophila: I. Flight performance of tethered flies," *Journal of Experimental Biology*, vol. 44, pp. 567 – 578, 1966.

[514] E. Shevtsova, C. Hansson, D. H. Janzen, and J. Kjaerandsen, "Stable structural color patterns displayed on transparent insect wings," *Proceedings of the National Academy of Sciences*, vol. 108, No. 213, pp. 668 – 673, 2011.

[515] S. Timoshenko, D. H. Young, and W. Weaver, JR., *Vibration problems in engineering*: John Wiley & Sons, Ltd., 1974.

[516] B. Yin and H. Luo, "Effect of wing inertia on hovering performance of flexible flapping wings," *Physics of Fluids*, vol. 22, p. 111902, 2010.

[517] Z. J. Wang, "Aerodynamic efficiency of flapping flight: Analysis of a two-stroke model," *Journal of Experimental Biology*, vol. 211, pp. 234-238, 2008.

[518] A. Agrawal and S. K. Agrawal, "Design of bio-inspired flexible wings for flapping-wing micro-sized air vehicle applications," *Advanced Robotics*, vol. 23, No. 7-8, pp. 979-1002, 2009.

[519] B. Singh and I. Chopra, "Insect-based hover-capable flapping wings for micro air vehicles: Experiments and analysis," *AIAA Journal*, vol. 46, pp. 2115-2135, 2008.

[520] M. Hamamoto, Y. Ohta, K. Hara, and T. Hisada, "Application of fluid-structure interaction analysis to flapping flight of insects with deformable wings," *Advanced Robotics*, vol. 21, pp. 1-21, 2007.

[521] J. Young, S. M. Walker, R. J. Bomphrey, G. K. Taylor, and A. L. R. Thomas, "Details of insect wing design and deformation enhance aerodynamic function and flight efficiency," *Science*, vol. 325, pp. 1549-1552, 2009.

[522] H. Tanaka, J. P. Whitney, and R. J. Wood, "Effect of flexural and torsional wing flexibility on lift generation in hoverfly flight," *Integrative and Comparative Biology*, pp. 1-9, 2011.

[523] T. Nakata and H. Liu, "Aerodynamic performance of a hovering hawkmoth with flexible wings: A computational approach," *Proceeding of the Royal Society B: Biological Sciences*, vol. 22, pp. 722-731, 2012.

[524] R. J. Wootton, "Leading edge section and asymmetric twisting in the wings of flying butterflies," *Journal of Experimental Biology*, vol. 180, pp. 105-117, 1993.

[525] S. M. Walker, A. L. R. Thomas, and G. K. Taylor, "Deformable wing kinematics in the desert locust: How and why do camber, twist and topography vary through the stroke?," *Journal of the Royal Society Interface*, vol. 6, pp. 735-747, 2008.

[526] J. M. V. Rayner and R. Gordon, "Visualization and modelling of the wakes of flying birds," in *Biona Report* 13, *Motion Systems*, eds. R. Blickhan, A. Wisser, and W. Nachtiga, 1998.

[527] B. W. Tobalske, D. R. Warrick, J. P. Clark, D. R. Powers, T. L. Hedrick, G. A. Hyder, and A. A. Biewener, "Three-dimensional kinematics of hummingbirds flight," *Journal of Experimental Biology*, vol. 210, pp. 2368-2382, 2007.

[528] P. Henningsson, G. R. Spedding, and A. Hedenstrom, "Vortex wake and flight kinematics of a swift in cruising flight in a wind tunnel," *Journal of Experimental Biology*, pp. 717-730, 2008.

[529] D. K. Riskin, J. Iriarte-Diaz, K. M. Middleton, S. M. Swartz, and K. S. Breuer, "The effect of body size on the wing movements of pteropodid bats, with insights into thrust and lift production," *Journal of Experimental Biology*, vol. 213, pp. 4110-4122, 2010.

[530] J.-S. Lee, J.-K. Kim, D.-K. Kim, and J.-H. Han, "Longitudinal flight dynamics of bioinspired ornithopter considering fluid-structure interaction," *Journal of Guidance, Control, and Dynamics*, vol. 34, pp. 667-677, 2011.

[531] A. J. Bergou, L. Ristroph, J. Guckenheimer, I. Cohen, and Z. J. Wang, "Fruit flies modulate passive wing pitching to generate in-flight turns," *Physical Review Letters*, vol. 104, p. 148101, 2010.

[532] S. A. Combes and R. Dudley, "Turbulence-driven instabilities limit insect flight performance," *Proceedings of the National Academy of Sciences*, vol. 106, pp. 9105-9108, 2009.

[533] Z. J. Wang and D. Russell, "Effect of forewing and hindwing interactions on aerodynamic forces and power in hovering dragonfly flight," *Physical Review Letters*, vol. 99, p. 148101, 2007.

[534] J. K. Wang and M. Sun, "A computational study of the aerodynamics and forewing hindwing interaction of a

model dragonfly in forward flight," *Journal of Experimental Biology*, vol. 208, pp. 3785 – 3804, 2005.

[535] J. H. Brackenbury, "Kinematics of take – off and climbing flight in butterflies," *Journal of Zoology*, vol. 224, pp. 251 – 270, 1991.

[536] A. Gogulapati, P. Friedmann, E. Kheng, and W. Shyy, "Approximate aeroelastic modeling of flapping wings: Comparisons with CFD and experimental data," in 51st *AIAA/ASME/ASCE/AHS/ASC Structures, Structural Dynamics, and Materials Conference*, 2010, pp. AIAA – 2010 – 2707.

[537] C. T. Orlowski and A. R. Girard, "Dynamics, stability, and control analyses of flapping wing micro air vehicles," *Progress in Aerospace Sciences*, vol. 51, pp. 18 – 30, 2012.

[538] G. Taylor and A. R. Thomas, "Dynamic flight stability in the desert locus Schistocerca gregaria," *Journal of Experimental Biology*, vol. 206, pp. 2803 – 2829, 2003.

[539] I. Faruque and J. S. Humbert, "Dipteran insect flight dynamics. Part 1: Longitudinal motion about hover," *Journal of Theoretical Biology*, vol. 264, pp. 538 – 552, 2010.

[540] I. Faruque and J. S. Humbert, "Dipteran insect flight dynamics. Part 2: Lateral directional motion about hover," *Journal of Theoretical Biology*, vol. 265, pp. 306 – 313, 2010.

[541] Y. - L. Zhang and M. Sun, "Dynamic flight stability of a hovering model insect: Lateral motion," *Acta Mechanica Sinica*, vol. 26, pp. 175 – 190, 2010.

[542] M. A. Bolender, "Open – loop stability of flapping flight in hover," in *the AIAA Guidance, Navigation, and Control Conference*, Ontario, 2010.

[543] J. Dietl and E. Garcia, "Stability in hovering ornithopter flight," in *Industrial and Commercial Applications of Smart Structure Technologies*, San Diego, 2008.

[544] J. Dietl and E. Garcia, "Stability in ornithopter longitudinal dynamics," *Journal of Guidance, Control, and Dynamics*, vol. 31, pp. 1157 – 1162, 2008.

[545] M. Sun, J. Wang, and Y. Xiong, "Dynamic flight stability of hovering insects," *Acta Mechanica Sinica*, vol. 23, pp. 231 – 246, 2007.

[546] M. Sun and Y. Xiong, "Dynamic flight stability of a hovering bumblebee," *Journal of Experimental Biology*, vol. 208, pp. 447 – 459, 2005.

[547] X. Deng, L. Schenato, W. Wu, and S. Sastry, "Flapping flight for biomimetic robot insects: Part I – system modeling," *IEEE Transactions on Robotics*, vol. 22, pp. 776 – 788, 2006.

[548] X. Deng, L. Schenato, and S. Sastry, "Flapping flight for biomimetic robot insects: Part II – flight control design," *IEEE Transactions on Robotics*, vol. 22, pp. 789 – 803, 2006.

[549] B. Cheng and X. Deng, "Near – hover dynamics and attitude stabilization of an insect model," in *IEEE American Control Conference*, Baltimore, 2010, pp. 39 – 44.

[550] N. C. Rosenfel and N. M. Wereley, "Time – periodic stability of a flapping insect wing structure in hover," *Journal of Aircraft*, vol. 46, pp. 450 – 464, 2009.

[551] G. Abate and W. Shyy, "Bio – inspiration of morphing for micro air vehicles," in *Morphing aerospace vehicles and structures*, ed. J. Valasek: Wiley, 2012, pp. 41 – 53.

[552] M. S. Triantafyllou, F. S. Hover, A. H. Techet, and D. K. P. Yue, "Review of hydrodynamic scaling laws in aquatic locomotion and fishlike swimming," *Transactions of the ASME*, vol. 58, pp. 226 – 237, 2005.

[553] T. Y. Wu, "Fish swimming and bird/insect flight," *Annual Review of Fluid Mechanics*, vol. 43, pp. 25 – 58, 2011.

[554] D. Weihs, "A hydrodynamical analysis of fish turning manoeuvres," *Proceedings of Royal Society of London B*, vol. 182, pp. 59 – 72, 1972.

[555] D. Weihs, "Energetic advantages of burst swimming of fish," *Journal of Theoretical Biology*, pp. 215 –

229,1974.
[556] A. L. Douglas, W. B. Dickson, J. T. Vance, S. P. Roberts, and M. H. Dickinson, "Short – amplitude high – frequency wing strokes determine the aerodynamics of honeybee flight," *Proceedings of the National Academy of Sciences*, vol. 102, pp. 18213 – 18218, 2005.
[557] O. M. Curet, S. M. Swartz, and K. S. Breuer, "An aeroelastic instability provides a possible basis for the transition from gliding to flapping flight," *Journal of the Royal Society Interface*, vol. 10, 20120940, 2013. (doi: 10.1098/rsif. 2012. 0940)

符 号 表

符号	含义	文中出处
AR	展弦比	式(1.7)
b	翼展	式(1.7)
c	弦长	式(1.19)
c_3	从前缘到后缘方向上的单位矢量	式(4.28)
C_D	阻力系数	式(2.22)
$C_{D,F}$	摩擦引起的阻力系数	式(2.22)
$C_{D,P}$	压力导致的阻力系数	式(2.22)
C_F	力系数	式(3.35)
C_L	升力系数	式(1.1)
C_T	推力系数,张力系数	式(3.23),式(4.2)
D_{aero}	总空气动力学阻力	式(1.29)
D_{ind}	诱导阻力	式(1.29)
D_{par}	寄生阻力	式(1.29)
D_{pro}	型阻	式(1.29)
D_w	有限展长翅膀上的总阻力	式(1.28)
e	展向效率因子	式(2.22)
E	弹性模量	式(4.1)
f	频率	式(1.12)
f_{ext}	单位长度上分布的外力	式(4.1)
f_n	固有频率	式(1.21)
g	重力加速度	式(1.3)
h_a	沉浮运动的幅值	式(3.4)
h_s	翅膀的厚度,膜厚度	式(4.1),式(4.8)
$h(t)$	时间相关沉浮运动位移	式(3.4)
H	形状因子	式(2.2)
I	惯性矩	式(1.10)
J	前进比	式(3.14)
J_T	扭矩	式(1.9)

（续）

符号	含义	文中出处
k	减缩频率,湍流动能	式(1.19),式(2.6)
l	特征长度	式(1.4)
L	升力,变形后膜的长度	式(1.1),式(4.10)
L_0	膜的无应变长度	式(4.3)
L/D	升阻比	式(2.20)
m	质量	式(1.3)
$\tilde{n}$	放大系数	式(2.12)
N	e^N方法中引起湍流的阈值	式(2.17)
p	静压	式(2.5)
P_{aero}	总空气动力学功率	式(1.30)
P_{ind}	诱导功率	式(1.32)
P_{iner}	惯性功率	式(1.33)
P_{par}	寄生功率	式(1.32)
P_{pro}	型功率	式(1.32)
P_{tot}	飞行所需的总功率	式(1.33)
q_∞	远场动压	式(4.13)
R	翅膀长度	式(3.24)
Re	雷诺数	
Re_{f2}	二维扑动雷诺数	式(3.8a),式(3.8b)
Re_{f3}	三维扑动雷诺数	式(3.7)
Re_T	湍流雷诺数	式(2.10)
Re_θ	动量厚度雷诺数	式(2.12)
S	机翼面积	式(1.1)
S^0	膜预应力	式(4.8)
St	斯特劳哈尔数	式(3.9)
t	时间	式(2.5)
T	行程时间尺度,推力	式(1.12),式(1.31)
u_i	平均流速	式(2.4)
U	前飞速度	式(1.1)
U_f	拍动速度	式(1.20)
U_{mp}	最小功率速度	式(1.35)
U_{Mr}	最大航程速度	式(1.35)
U_r	相对流速	式(1.20)

(续)

符号	含义	文中出处
U_{ref}	动物向前飞行的速度	式(1.19)
w	横向挠度	式(4.1)
w_i	诱导速度	式(1.14)
W	重量	式(1.1)
W/S	翼载荷	式(1.2)
x_i	空间坐标	式(2.4)
α	迎角,羽角(俯仰角)	式(3.3),式(3.5)
β	拍动平面角	式(3.25)
δ^*	附面层位移厚度	式(2.3)
ϕ	方位角	式(3.15)
Φ	翅膀拍动的幅值	式(3.7)
μ	动力黏度系数	表4.2
γ	膜张力,翼尖变形幅度	式(4.4),式(4.34)
Γ	环量	式(2.23)
φ	沉浮运动和俯仰运动的相位差	式(3.5)
ν	运动黏度,泊松比	式(2.5),式(4.23)
ν_{Te}	有效的涡黏度	式(2.18)
ν_T	湍流运动涡黏度	式(2.6)
Π_0	有效惯性	式(4.32)
Π_1	有效刚度	式(4.15)
$\Pi_{1,pret}$	有效的预张力	式(4.17)
Π_2	有效转动惯量	式(4.25)
θ	滑翔角,动量厚度,抬升角	式(1.17),式(2.1),式(3.2)
ρ	密度	式(1.1)
ρ_s	翅膀的密度	式(4.1)
τ_{ij}	雷诺应力张量	式(2.6)
ω	$k-\omega$ 湍流模型的耗散率	式(2.7)
ω_n	固有频率	式(4.33)
$\dot{\omega}$	角加速度	式(1.11)
η	推进效率	式(4.41)
ψ	弯曲角	式(4.29)
$(\ )^*$	无量纲量	
$<\ >$	时均量	

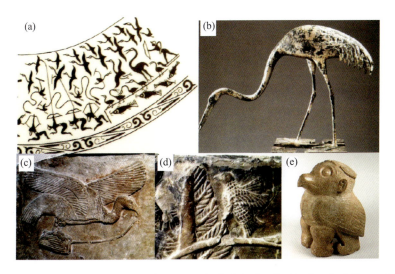

图1.3 人类历史早期记录的鸟类。(a)羽翅纹壶拓印,战国初期(公元前475年—公元前400年),中国上海(上海博物馆);(b)中国西安秦始皇陵园出土的啄鱼青铜鹤(西安秦始皇陵博物院);(c)、(d)亚述浅浮雕,大约公元前8世纪(大英博物馆,伦敦);(e)中国商代的一只站立猫头鹰石雕,公元前12世纪或更早("中央研究院",中国台北)

图1.5 在一系列准静态的条件下,扑翼瞬时形态有时看起来可能与固定翼类似

彩1

图1.6 实际上,扑翼瞬时形态非常复杂。根据实时飞行的要求,必要的升力和推力由翅膀的非定常运动和形状变化导致的动态机制产生

图1.9 自然界飞行动物的机动能力。(a)加拿大鹅对阵风的反应;(b)海鸥对速度的控制和目标跟踪;(c)雀鸟精确着陆;(d)蜂鸟与蜜蜂对抗;(e)黑鸢狩猎时翅膀和尾巴的不对称运动

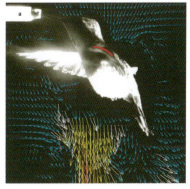

图1.11 蜂鸟翅膀的扑动模式和附近流场。在各种不确定的环境中进行敏捷机动至关重要。右图的图片来自 Warrick 等[14]

图1.12 在起飞过程中,自然界飞行动物展示出更大的扑动幅度,更宽、更大的翅膀和尾翼面及更大幅度的弹跳。翅膀、尾巴和身体之间的协调水平非常突出

图 1.13 像海鸥这样的鸟类在滑翔的同时弯曲翅膀以调整速度以及控制方向

图 1.14 鸟类着陆时有各种选择。如果飞行速度合适并且没有诸如阵风之类的环境干扰,它们可以折叠翅膀以减小升力。它们还经常故意在着陆的最后时刻使其完全伸展的翅膀失速,最大化阻力以快速减速并且不关心飞行最后阶段的升力

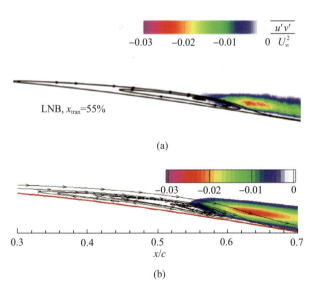

图 2.8 AoA = 4°时的流线和湍流剪切应力。(a) Radespiel 等的实验测量[135];(b) Lian 和 Shyy[117]进行 $N=8$ 的数值模拟

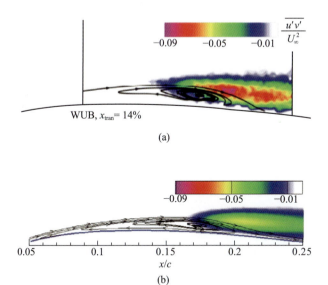

图 2.9 AoA = 8°的流线和湍流剪切应力。(a) Radespiel 等的实验测量[135];(b) Lian 和 Shyy[117]进行 $N=8$ 的数值模拟

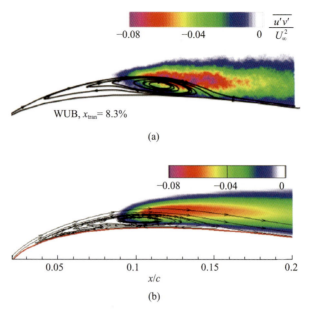

图 2.10 AoA = 11°的流线和湍流剪切应力。(a) Radespiel 等的实验测量[135];(b) Lian 和 Shyy[117] 进行 $N = 8$ 的数值模拟

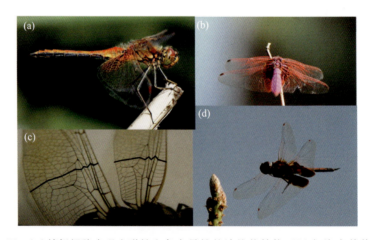

图 2.17 (a)蜻蜓翅膀表现出弹性和各向异性的波纹状结构;(b)与许多其他自然界飞行动物一样,蜻蜓表现出非常鲁棒的飞行能力,即使翅膀受损也能够充分发挥其功能;(c)蜻蜓翅膀结构的近景,左边显示的是后翅,右边是前翅;(d)蜻蜓正在接近目标

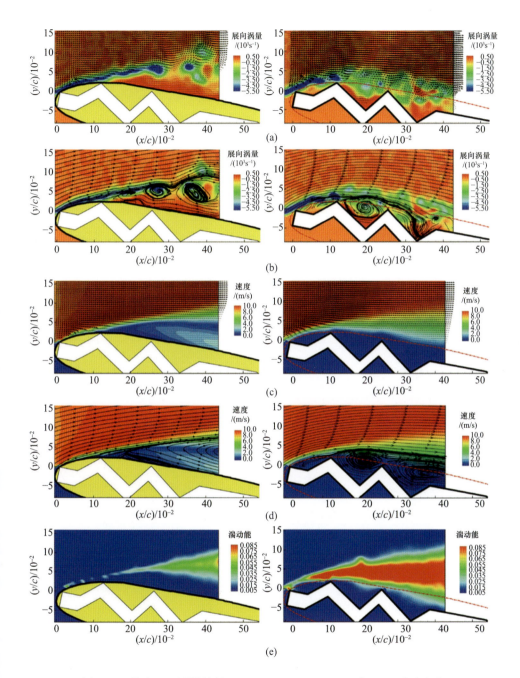

图 2.26 精密 PIV 测量结果。AoA = 12°, $Re = 5.8 \times 10^4$。(a)瞬时速度场;(b)瞬时流场的流线图;(c)系综平均速度场;(d)系综平均流场的流线图;(e)归一化的湍动能分布。来自 Murphy 和 Hu[149]

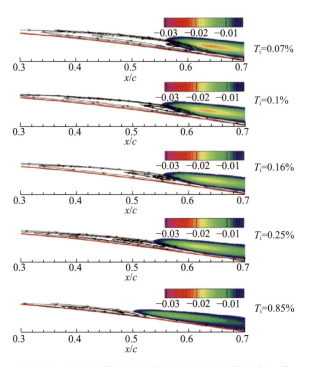

图 2.29 SD7003 翼型在不同湍流度下的流线和归一化剪切应力等值线,AoA = 4°,$Re = 6 \times 10^4$ [117]

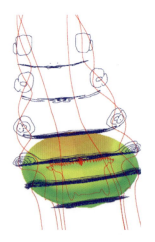

图 2.39 在 AoA = 39°时刚性机翼的流线型和选定的平面上的涡结构。图片来自 Lian 等[163]

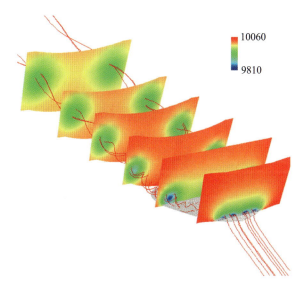

图 2.40 刚性机翼截面周围的压力分布及流线图，AoA = 39°。图片来自 Lian 等[163]

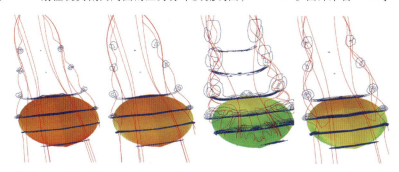

图 2.41 刚性机翼流动模式随迎角的演变。从左到右，分别为 6°、15°、27° 和 51°。图片来自 Lian 和 Shyy[154]

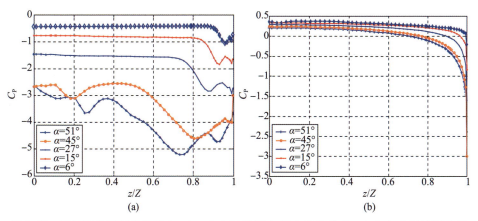

图 2.42 不同迎角下刚性机翼在 $x/c = 0.4$ 时的展向压力系数分布。(a)上表面的压力系数；(b)下表面的压力系数。来自 Lian 和 Shyy[154]

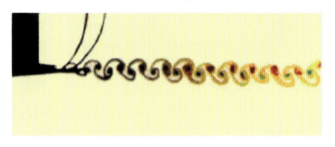

图 3.1 自由来流速度为 0.2m/s 时静止 NACA0012 翼型后的涡结构[179]

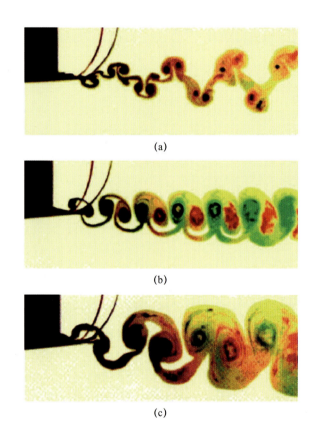

图 3.2 沉浮振荡 NACA0012 翼型在不同振荡幅值时的涡形式,自由来流速度约为 0.2m/s,频率 $f = 2.5$Hz,雷诺数 $Re = 2.1 \times 10^4$ [179]。(a) $h_a = 0.0125$ ($St = 0.098$); (b) $h_a = 0.025$ ($St = 0.196$); (c) $h_a = 0.05$ ($St = 0.392$)

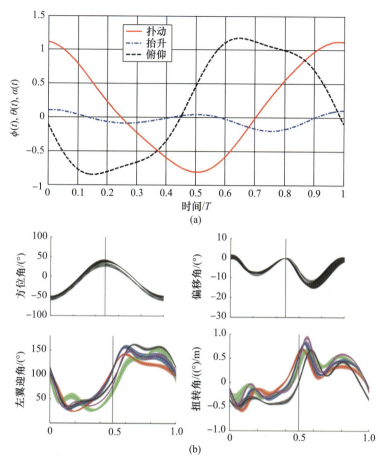

图 3.6 （a）悬停天蛾一个扑动周期内方位角 $\phi(t)$、抬升角 $\theta(t)$、羽角 α 等的变化情况（单位：rad），来自 Liu 和 Aono[225]；（b）自由飞行的食蚜蝇一个周期内的拍动（方位）、偏移角、迎角（羽角），以及扭转角的变化情况，来自 Walker 等[241]

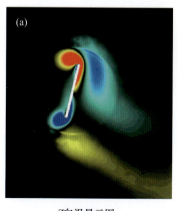

Z 向涡量云图

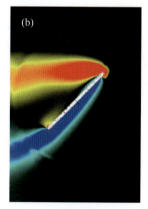

Z 向涡量云图

彩 11

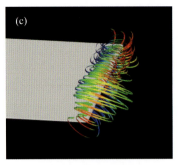
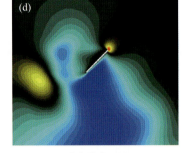

流线上的法向速度云图　　　　　法向速度云图

图 3.10　一个拍动周期内影响扑翼气动性能的时间相关流动结构。(a)起动涡和尾迹捕获;(b)延迟失速和前缘涡;(c)翼尖涡;(d)射流相互作用

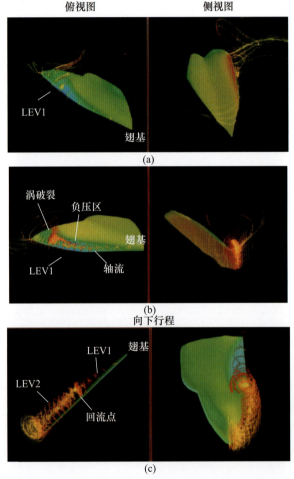

图 3.12　三维数值模拟得到的表现悬停天蛾涡流结构的翅膀表面压力和流线[247]。(a)方位角 $\phi=30°$;(b)$\phi=0$;(c)$\phi=-36°$。雷诺数为 4.0×10^3,减缩频率为 0.37

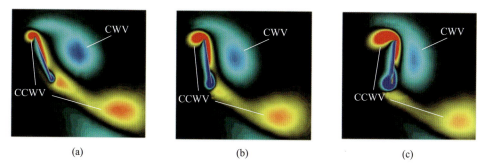

图 3.14 尾迹捕获机制图示[201,296]。(a)仰旋;(b)上行开始;(c)上行初期。在(a)行程结束时,前一个行程脱落的尾流,命名为 CWV,在平板周围出现。随着平板移动到(b)、(c)中的流中,有效流动速度增加,附加气动力产生。云图中的颜色代表涡量的展向分量。CWV 和 CCWV 分别代表顺时针和逆时针涡

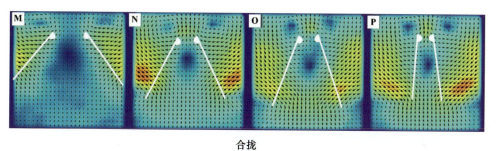

合拢

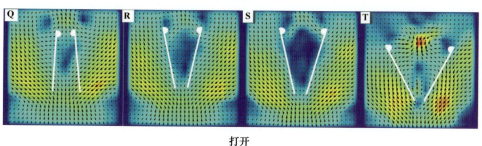

打开

图 3.18 对机械翅膀模型的两个翅膀的合拢-打开机制(M~T)的实验流动可视化结果,来自 Lehmann 等[273]。根据伪彩色代码绘制涡量,箭头表示流体速度的大小,箭头越长,代表速度越大

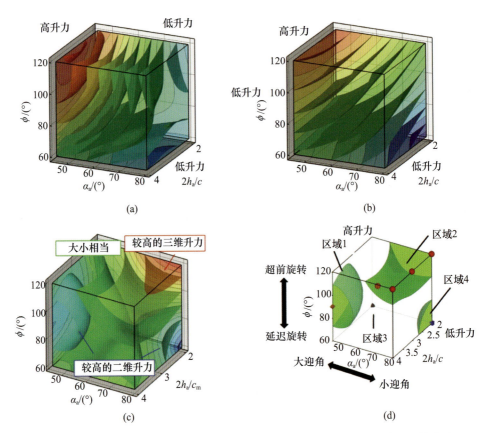

图 3.21 时均升力等值面。(a)二维升力;(b)三维升力;(c)三维升力减去二维升力;(d)二维和三维升力绝对差值为 0.10。符号代表有详细的力变化和流场变量的区域的训练点;棕色八面体(区域1),圆(区域2),黑色 1/4 球体(区域3),蓝色立方(区域4)。(c)中的蓝色区域表示二维升力大于相应运动学下的三维升力。类似地,黄/红色区域表示较高的三维平均升力

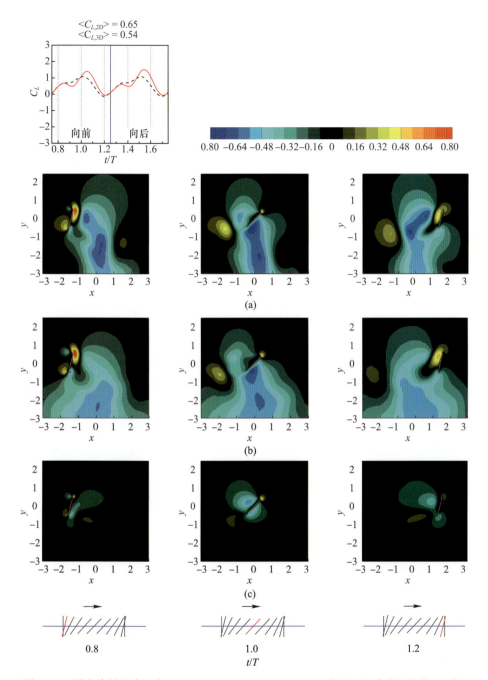

图 3.22 同步旋转和高迎角($2h_a/c_m = 3.0, \alpha_a = 45°, \phi = 90°$)情况下,瞬时力变化(二维:实线,红色;三维:虚线,黑色)以及向前行程三个时刻的垂直速度云图((a)二维计算;(b)三维计算的对称面;(c)三维翼尖附近($z/c_m = 1.8$))

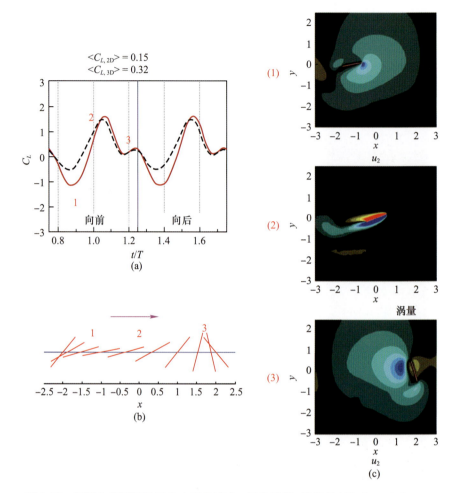

图 3.23 区域 2 典型工况下升力系数变化;超前旋转,低迎角($2h_a/c_m = 4.0$,$\alpha_a = 80°$,$\phi = 120°$),有相关的流动特点。(a)一个运动周期的升力系数 C_L,红色实线为二维计算,黑色虚线为三维计算;(b)平板运动的运动学规律示意图;(c)典型的流动特点((1)$t/T = 0.9$,垂直速度(u_2)云图;(2)$t/T = 1.0$,涡量云图;(3)$t/T = 1.2$,垂直速度云图)

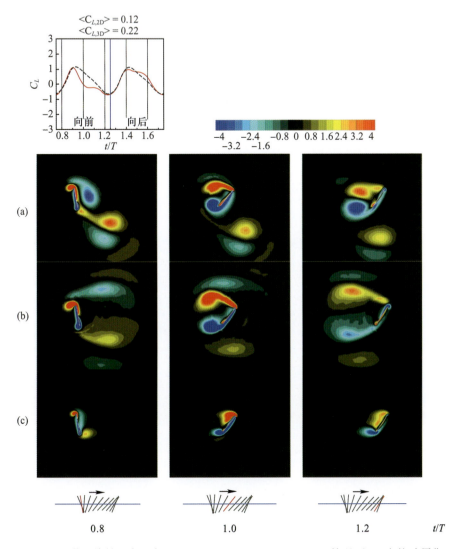

图 3.24 滞后旋转和高迎角($2h_a/c_m = 2.0, \alpha_a = 45°, \phi = 60°$)情况下,一个扑动周期力变化(二维:实线,红色;三维:虚线,黑色)以及向前行程三个时刻的 z 向涡量云图((a)二维计算;(b)三维计算的对称面;(c)三维翼尖附近($z/c_m = 1.8$))

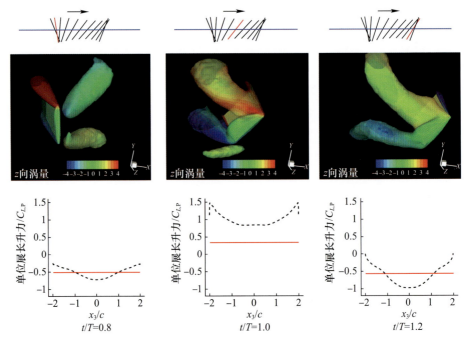

图 3.25 滞后旋转和高迎角($2h_a/c_m = 2.0$, $\alpha_a = 45°$, $\phi = 60°$)情况下,在三个时刻 $t/T = 0.8, 1.0, 1.2$,单位展长的升力以及在半个翅膀上用运动学参数,由 z 向涡量标度的 Q 等值面云图($Q = 0.75$)

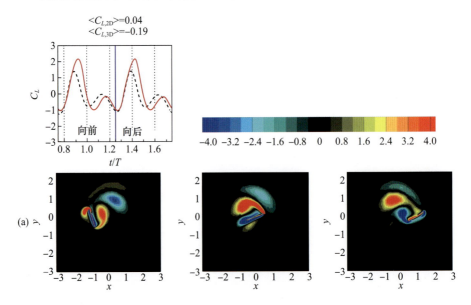

彩 18

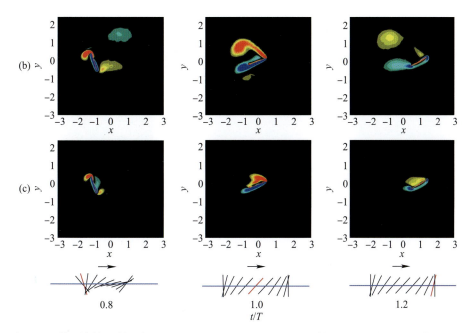

图 3.26 滞后旋转和低迎角($2h_a/c_m = 4.0, \alpha_a = 80°, \phi = 60°$)情况下,一个运动周期力变化(二维:实线,红色;三维:虚线,黑色)以及向前行程三个时刻的 z 向涡量云图((a)二维计算;(b)三维计算的对称面;(c)翼尖附近($z/c_m = 1.8$))

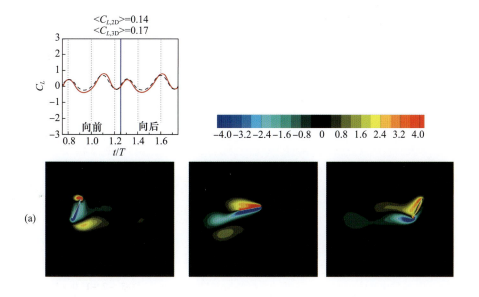

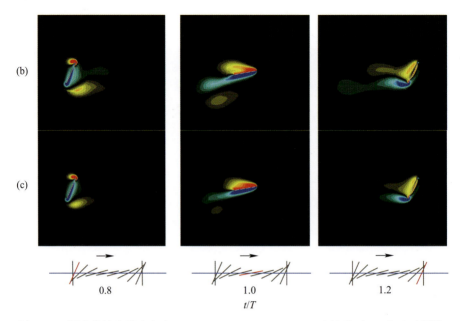

图 3.27 同步旋转和低迎角($2h_a/c_m = 3.0$, $\alpha_a = 80°$, $\phi = 90°$)情况下,一个运动周期力变化(二维:实线,红色;三维:虚线,黑色)以及向前行程三个时刻的 z 向涡量云图((a)二维计算;(b)三维计算的对称面;(c)翼尖附近($z/c_m = 1.8$))

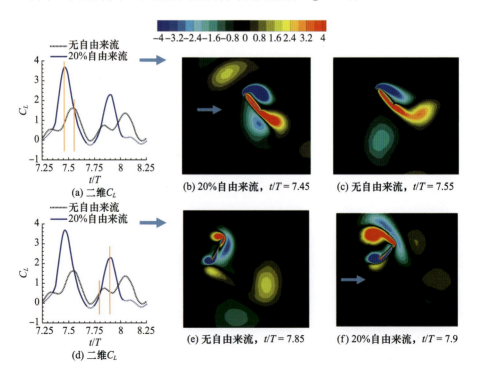

彩 20

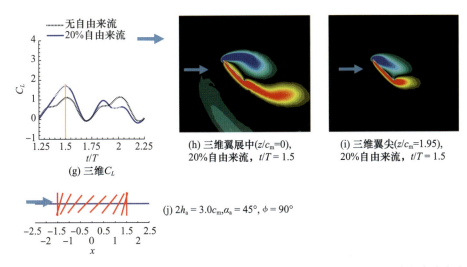

图 3.29 升力变化以及显示涡形成和相互作用的涡量云图,分别对应 20% 强度的自由来流以及无来流时的最大升力位置。(a)~(c) LEV 占主导地位的行程;(d)~(f) 尾迹捕获占主导地位的行程;(g)~(i) 三维 LEV 占主导地位的行程,自由来流强度为 20%,图示的是两个不同展向位置的 z 向涡量;(j) 机翼运动规律

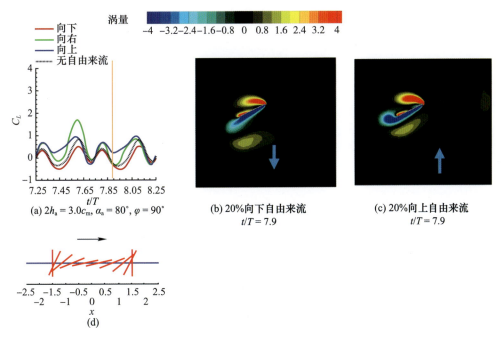

图 3.30 力变化以及显示逆行程和它们各自最大升力处之间涡形成的涡量云图,分别对应 20% 强度的自由来流以及无来流时的最大升力位置。(a) 升力系数;(b) 20% 强度的向下来流;(c) 20% 强度的向上来流;(d) 表示机翼运动规律

彩 21

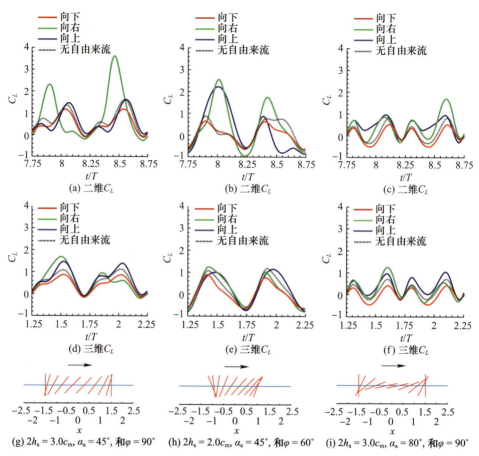

图 3.31 二维((a)~(c))和三维((d)~(f))升力系数 C_L,自由来流大小为 20% 的最大沉浮运动速度,对应三个不同的速度方向(下:红色,右:绿色,上:蓝色);(g)~(i)对应三种悬停运动;黑色点线是悬停参考工况

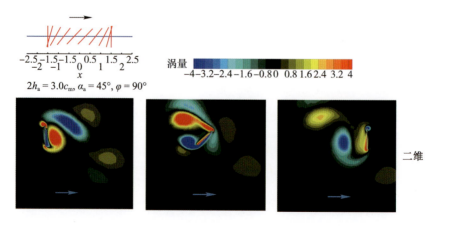

二维

彩 22

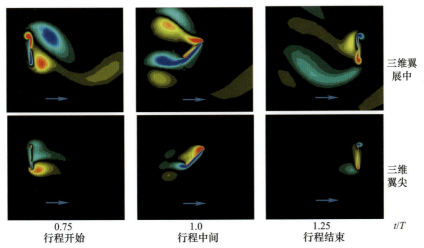

图 3.32 二维平板以及展弦比 AR = 4 的三维平板的中间展长位置($z/c=0$)、翼尖位置($z/c=1.95$),在 20% 顺风来流的情况下,行程开始、中间以及结束时的涡量云图

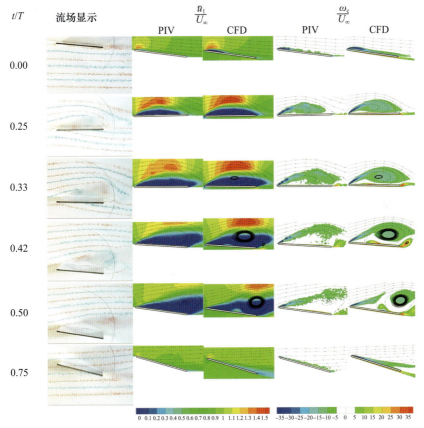

图 3.33 染料注入,在 $Re = 6 \times 10^4$ 的轻度失速情况,二维平板绕流流场中的 $\bar{u}_1/U_\infty$ 以及涡量云图,来自 Kang 等[324]

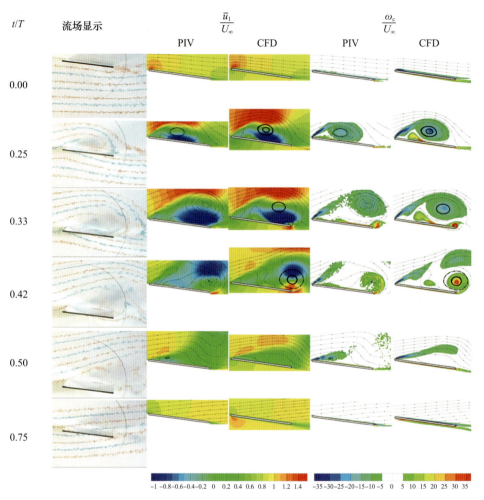

图 3.34 染料注入,在 $Re = 6 \times 10^4$ 的深度失速情况,二维平板绕流流场中的 $\bar{u}_1/U_\infty$ 以及涡量云图,来自 Kang 等[324]

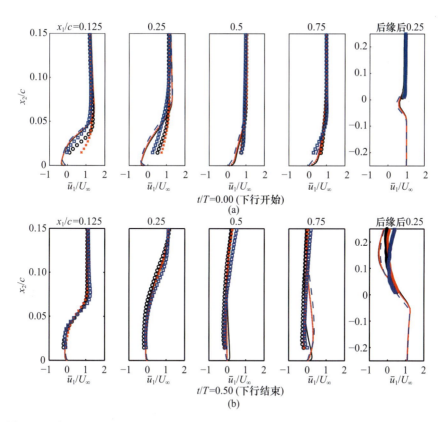

图 3.36 在 $t/T = 0.00$ 和 0.50 时刻,在 $x_1/c_m = 0.125, 0.25, 0.50, 0.75$ 以及后缘后 0.25 位置处,深度失速二维平板的计算以及实验的 $\bar{u}_1/U_\infty$ 轮廓图,雷诺数分别为 1×10^4(计算:虚线;实验:方块),3×10^4(计算:虚点线;实验:十字形),6×10^4(计算:实线;实验:圆形)的深度失速情况下,二维平板的系数变化。(a)升力系数;(b)阻力系数。来自 Kang 等[324]

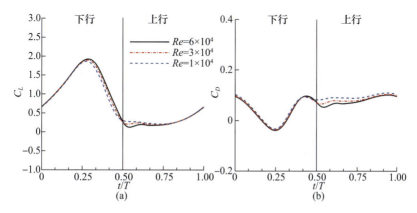

图 3.37 在三个不同雷诺数的深度失速情况下,二维平板的系数变化。(a)升力系数;(b)阻力系数。来自 Kang 等[324]

彩 25

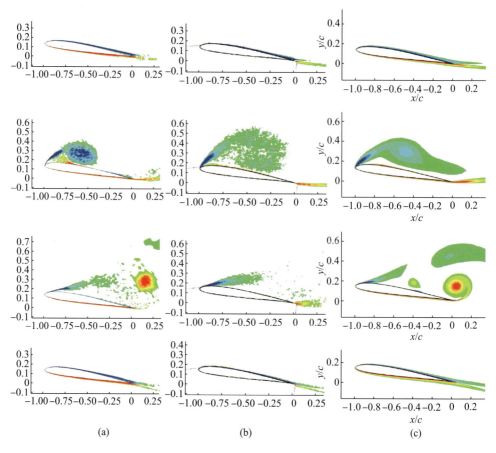

图 3.38 SD7003 翼型深度失速的无量纲涡量场。(a) AFRL 采用相平均和展向平均隐式 LES 方法计算结果;(b) AFRL 相平均 PIV 测量结果;(c) 密歇根大学 RANS 计算结果。$t/T=0,0.25,0.5,0.75$。来自 Ol 等[326]

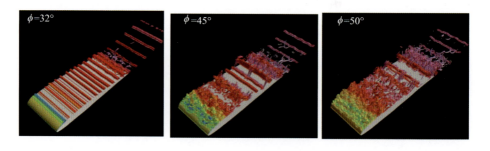

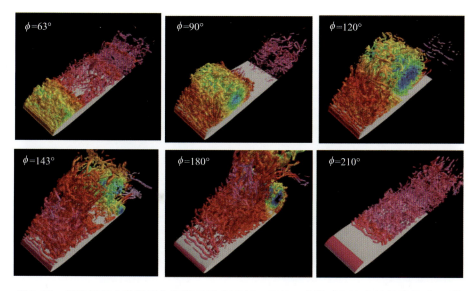

图 3.39 运动周期内选定相位的瞬时等 Q 面($Q=500$)。由隐式 LES 方法计算得到,三维流动结构由密度着色。来自 Visbal 等[327]

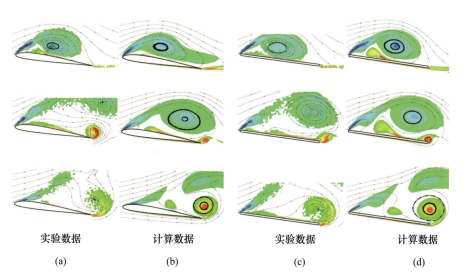

实验数据　　计算数据　　实验数据　　计算数据
(a)　　　　(b)　　　　(c)　　　　(d)

图 3.41 在 $Re=6\times10^4$ 的深度失速情况下,无量纲涡量云图。(a) SD7003 翼型,实验数据[325];(b) SD7003 翼型,计算数据[324];(c) 平板,实验数据[325];(d) 平板,计算数据[324]

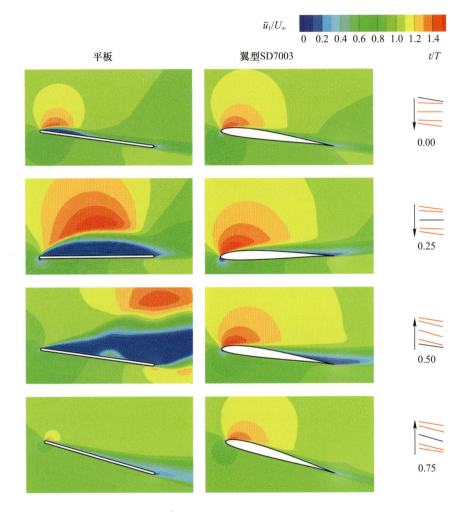

图 3.43 在 $Re = 6 \times 10^4$ 的深度失速时,二维平板和翼型的 $\bar{u}_1/U_\infty$ 云图,来自 Kang 等[324]

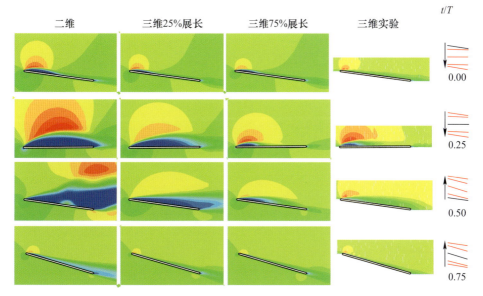

图 3.44 在 $Re = 4 \times 10^4$ 的深度失速情况，二维和三维（$AR = 2$，展向 25% 和 75% 位置）平板的 $\bar{u}_1/U_\infty$ 云图；实验数据为 $Re = 3 \times 10^4$，展向 75% 位置。来自 Kang 等[324]

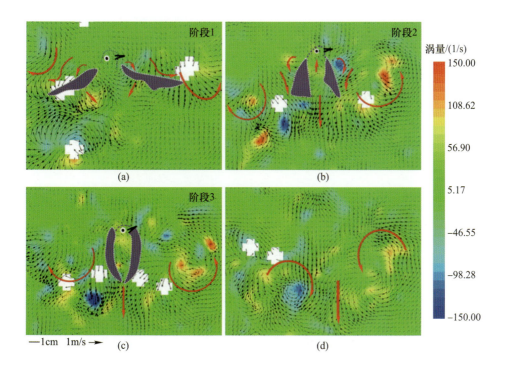

彩 29

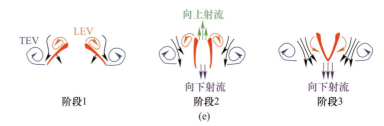

(e)

图 3.62 悬停的日本白眼雀正面的尾迹流场。颜色云图代表流场的涡量分布。(a)~(c)腹部合拢运动阶段相关的近尾迹流场,紫色块标记两个翅膀的位置,紫色点线表示鸟的轮廓;(d)在阶段 3 之后悬停日本白眼雀下方的远尾迹流场,深红色箭头表示流体运动的趋向;(a)~(d)深红色箭头表示流体运动的趋向;(e)三个运动阶段尾迹流动结构图示。黑色箭头表示流体射流,橙色和蓝色旋转箭头分别代表 LEV 和 TEV。紫色箭头代表翅膀下行执行腹部合拢时产生的向下射流。来自 Chang 等[391]

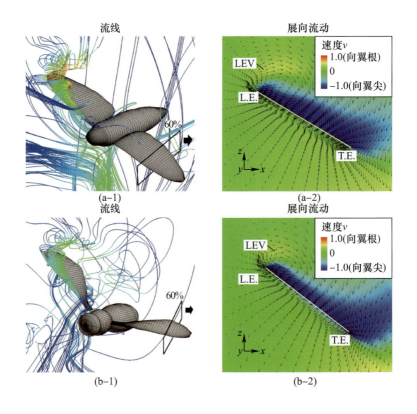

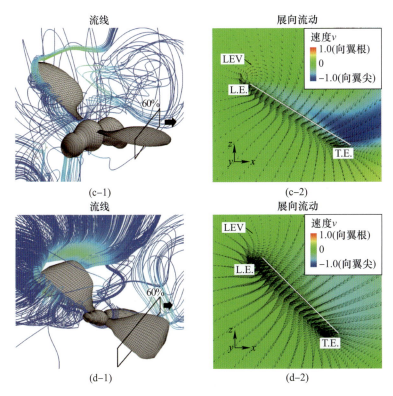

图3.63 四种模型在下行中间位置附近近场流场对比。(a)天蛾模型($Re=6.3\times10^3$,$k=0.30$);(b)蜜蜂模型($Re=1.1\times10^3$,$k=0.24$);(c)果蝇模型($Re=1.3\times10^2$,$k=0.21$);(d)牧草虫模型($Re=1.2\times10^1$,$k=0.25$)

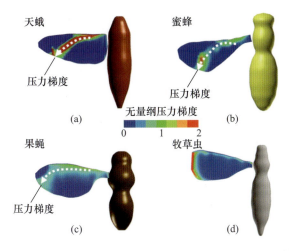

图3.64 在下行中间位置附近扑动翅膀上的展向压力梯度云图:(a)天蛾模型($Re=6.3\times10^3$,$k=0.30$);(b)蜜蜂模型($Re=1.1\times10^3$,$k=0.24$);(c)果蝇模型($Re=1.3\times10^2$,$k=0.21$);(d)牧草虫模型($Re=1.2\times10^1$,$k=0.25$)

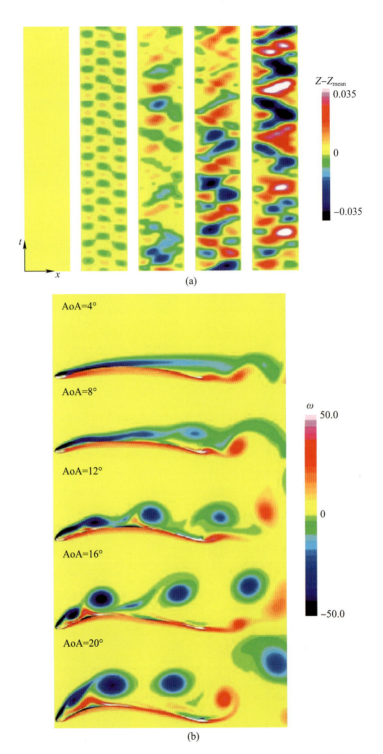

图 4.15 (a)平均膜偏转扰动的 $x-t$ 图;(b)不同迎角时的瞬时涡量。来自 Gordnier[469]

彩 32

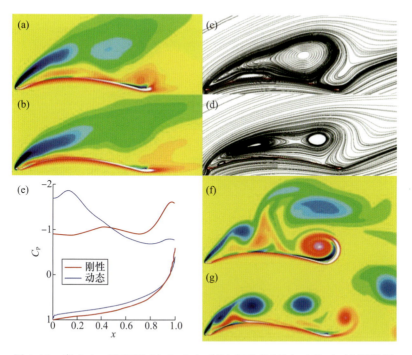

图 4.16 当 AoA = 20°刚性((a)、(c)、(f))和动态((b)、(d)、(g))膜翼解的对比。(a)、(b) 平均涡量;(c)、(d) 平均流线;(e) 表面压力系数;(f)、(g) 瞬时涡量。来自 Gordnier[469]

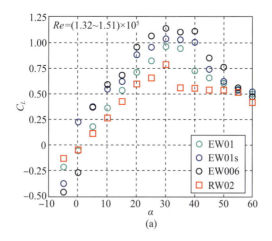

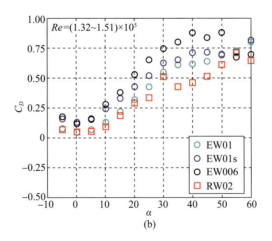

图 4.17 不同柔度矩形翼的升力系数和阻力系数：RW02，刚性钢板翼；EW006 和 EW01，薄的和厚的橡胶翼；EW01s，松弛度为 6% 的橡胶翼[462]

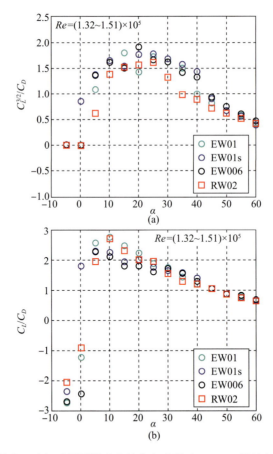

图 4.18 不同柔度四个矩形翼测量功率效率和升阻比：RW02，刚性钢板翼；EW006 和 EW01，薄的和厚的橡胶翼；EW01s，松弛度为 6% 的橡胶翼[462]

彩 34

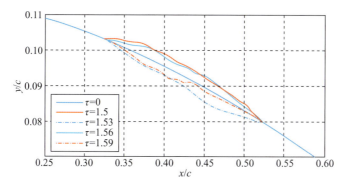

图 4.19 定常来流时不同时刻膜翼的外形。外形变化改变了翼的有效弯度，τ 是无量纲时间，定义为 tc/U[463]

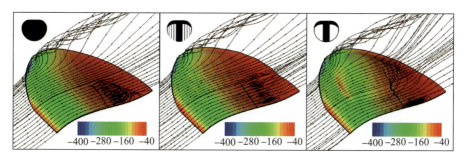

图 4.25 上翼面流线和压力(Pa)分布。AoA $= 15°$，$U_\infty = 15\text{m/s}$[407]

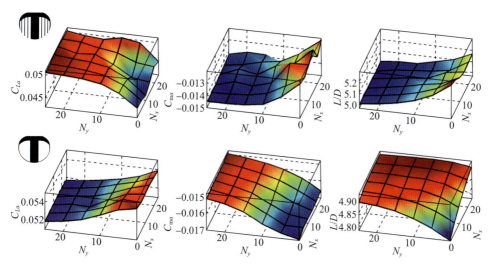

图 4.27 弦向(N_x)、展向(N_y)膜预应力的气动弹性剪裁结果(N/m)。云图表示 z 轴值[407]

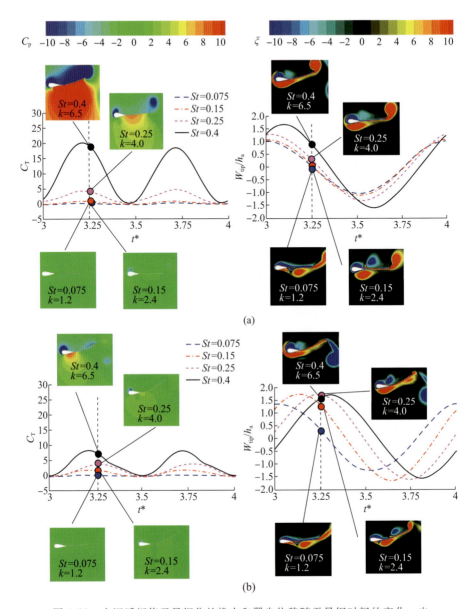

图 4.30 由沉浮幅值无量纲化的推力和翼尖位移随无量纲时间的变化。也显示了每个斯特劳哈尔数时压力系数和涡量在 $t^* = 0.25$ 时的云图（$Re = 9.0 \times 10^3$，$\rho^* = 7.8$）。(a) 柔性（$h_s^* = 1.41 \times 10^{-3}$）；(b) 极度柔性（$h_s^* = 0.56 \times 10^{-3}$）。来自 Kang 等[351]

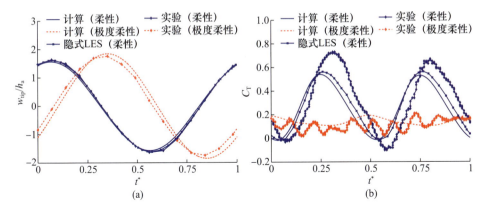

图 4.33 在 $Re = 3.0 \times 10^4$ 时,对于不同的刚度、翼密度和运动频率,沉浮展向柔性翼参数随时间的变化。(a)翼尖位移;(b)推力系数。实验数据来自 Heathcote、Wang 和 Gursul[502],隐式 LES 来自 Gordnier 等[504]、Kang 等[351]

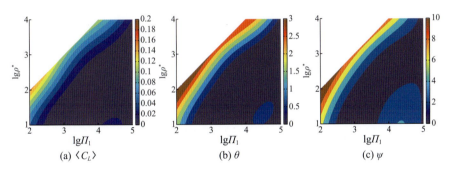

图 4.39 在 $Re = 1.5 \times 10^3$,$k = 0.56$ 的悬停条件下,扑动各向同性 Zimmerman 翼。(a)升力;(b)扭转;(c)弯曲角度的代理模型响应

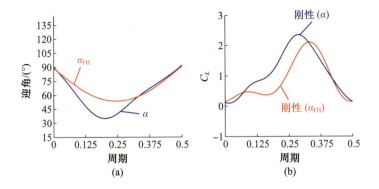

彩 37

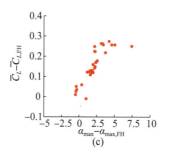

图 4.45 非线性结构运动增加了升力。(a)对于有明显变形的情况,产生的翼运动(蓝色)偏离一阶谐波近似值(红色);(b)施加 α(蓝色)和 α_{FH}(红色)运动的刚性翼相应的升力时间变化;(c) $\bar{C}_L^*$ 的增加随 α_{max} 差值的变化。来自 Kang 和 Shyy[404]

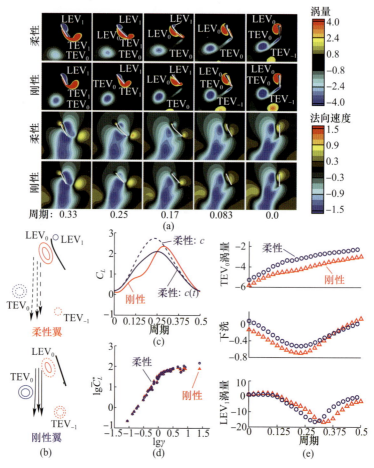

图 4.46 与旋转 α 的刚性翼相比,对称旋转模式的流线化效应。(a)涡量和法向速度场(为了清晰,翼厚度被夸大);(b)翼-尾迹相互作用示意图;(c)由 c 或 $c(t^*)$ 归一化升力的时间变化;(d) $\bar{C}_L^*$ 随 γ 的变化;(e)TEV_0、LEV_1 以及下洗的涡量时间变化。来自 Kang 和 Shyy[404]

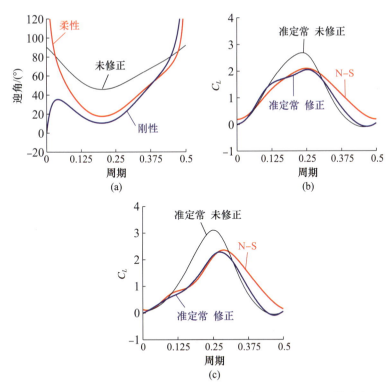

图 4.47 准定常模型预测的下洗效应。(a)迎角;(b)、(c)基于翼速度和方位的准定常模型预测的未修正迎角(黑色),以及图 4.46 所示下洗修正的迎角(蓝色),(b)柔性翼,(c)刚性翼。来自 Kang 和 Shyy[404]

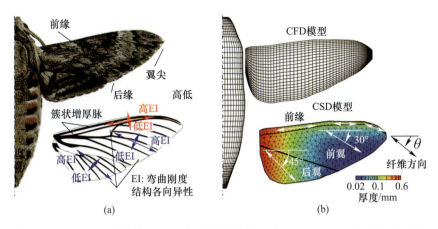

图 4.54 (a)有广泛翼纹理,且有前后翼的天蛾 Agrius Convolvuli;(b)CFD 和 CSD 分析的计算模型。来自 Nakata 和 Liu 等[523]

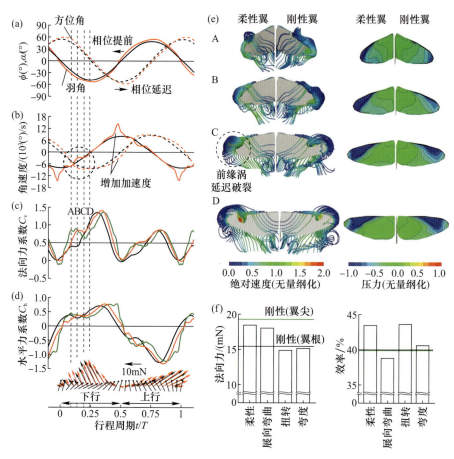

图 4.55 （a）在 $0.8R$ 处的方位角和羽角的时间变化。红线，柔性翼；灰线，刚性翼。（b）角速度时间变化。（c）、（d）分别是柔性翼和刚性翼的法向力和水平力系数。红线，柔性翼；灰线，刚性翼（基部）；绿线，刚性翼（翼尖）。（e）如（c）所示的 A、B、C、D 四个时刻，柔性翼和刚性翼上表面的瞬时流线和压力云图。（f）柔性翼、刚性翼和规定弯曲、扭转和弯度的三种刚性翼模态产生的时均法向空气动力。来自 Nakata 和 Liu 等[523]

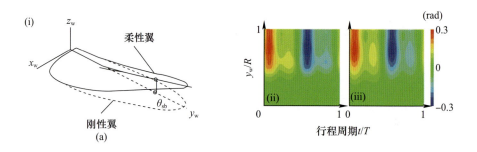

彩 40

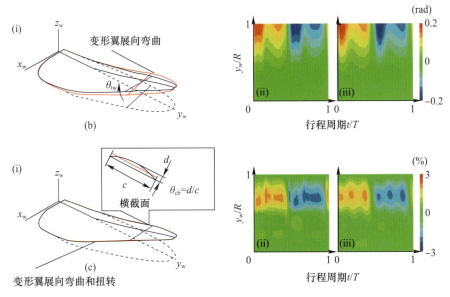

图 4.56 (i)柔性翼模拟参数定义。(a)展向弯曲角;(b)扭转角;(c)弯度。(ii)柔性翼三种变形展向分布时间变化。(iii)插值变形。来自 Nakata 和 Liu 等[523]

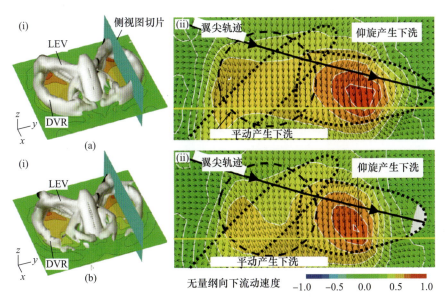

图 4.57 (a)柔性翼;(b)刚性翼下行的尾流结构;(i)以数值 1.5 绘制的等涡面,水平面下洗;(ii)离翼根 0.5R 的切面的速度矢量和下洗速度云图。注意 DVR 代表下行涡环。来自 Nakata 和 Liu 等[523]

图4.58 前飞速度为1m/s、翼水平时,蝙蝠下行中的主要涡结构卡通图。该结构包括两个闭环,每翼一个。环包含翼顶部的一个LEV,通过TiV和翼根涡连接到尾迹中脱落的起动涡。颜色编码表示当地环量的绝对值;黄色是低环量,红色是高环量。来自Muijres等[268]

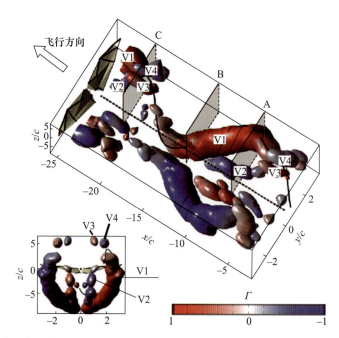

图4.59 约一个半翼扑动周期的尾流结构(上部)重建。横向涡流的等值面基于二维PIV图像显示。尾流由体坐标系的 $y-z$ 平面显示,时间转换为空间以允许蝙蝠后面涡流结构的空间显示。尾流结构沿着身体轨迹延伸方向镜像,并依据发现的主要涡结构环量着色(V1~V4:蓝色,顺时针旋转;红色,逆时针旋转)。来自Hubel等[243]